大数据技术精品系列教材

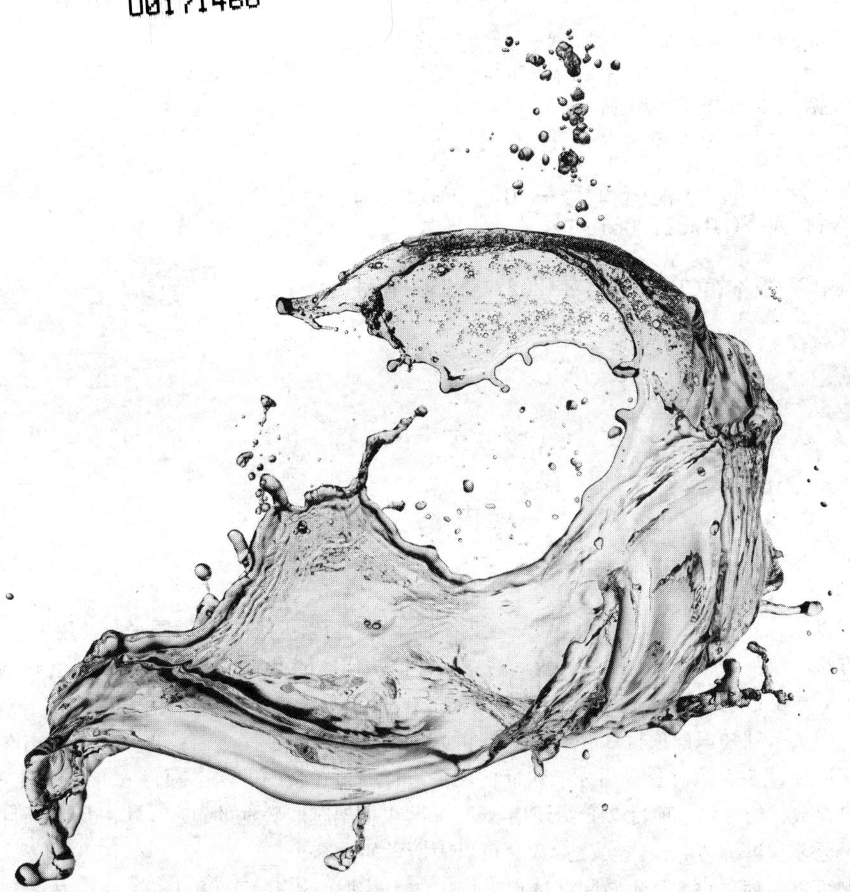

Python 网络爬虫技术

第 2 版 | 微课版

Web Scraping with Python

池瑞楠 张良均 ◉ 主编
高凤毅 梁晓阳 刘礼培 ◉ 副主编

人 民 邮 电 出 版 社
北 京

图书在版编目（CIP）数据

Python网络爬虫技术 : 微课版 / 池瑞楠, 张良均主编. -- 2版. -- 北京 : 人民邮电出版社, 2023.10
大数据技术精品系列教材
ISBN 978-7-115-62505-2

Ⅰ. ①P… Ⅱ. ①池… ②张… Ⅲ. ①软件工具－程序设计－教材 Ⅳ. ①TP311.561

中国国家版本馆CIP数据核字(2023)第155348号

内容提要

本书以项目为导向，以任务为驱动，较为全面地介绍了不同场景、不同平台使用 Python 爬取网络数据的方法，涉及静态网页、动态网页、登录后才能访问的网页、PC 客户端、App 客户端等。全书共 7 个项目，项目 1 介绍爬虫与反爬虫的基本概念，以及 Python 爬虫环境的配置；项目 2 介绍爬取过程中涉及的网页基础知识；项目 3 介绍在静态网页中爬取数据的过程；项目 4 介绍在动态网页中爬取数据的过程；项目 5 介绍对登录后才能访问的网页进行模拟登录的方法；项目 6 介绍爬取 PC 客户端和 App 客户端数据的方法；项目 7 介绍使用 Scrapy 爬虫框架爬取数据的过程。本书所有项目都包含实训与课后习题，通过练习和操作实战，读者可巩固所学的内容。

本书可以作为"1+X"证书制度试点工作中的大数据应用开发（Python）职业技能等级证书（中级）的参考书，也可以作为高校大数据技术类专业的教材和大数据技术爱好者的自学用书。

◆ 主　　编　池瑞楠　张良均
副 主 编　高凤毅　梁晓阳　刘礼培
责任编辑　赵　亮
责任印制　王　郁　焦志炜

◆ 人民邮电出版社出版发行　　北京市丰台区成寿寺路 11 号
邮编　100164　　电子邮件　315@ptpress.com.cn
网址　https://www.ptpress.com.cn
保定市中画美凯印刷有限公司印刷

◆ 开本：787×1092　1/16
印张：13.75　　2023 年 10 月第 2 版
字数：303 千字　　2024 年 8 月河北第 4 次印刷

定价：49.80 元

读者服务热线：(010)81055256　印装质量热线：(010)81055316
反盗版热线：(010)81055315
广告经营许可证：京东市监广登字 20170147 号

大数据技术精品系列教材

专家委员会

序 FOREWORD

随着“大数据时代”的到来，电子商务、云计算、互联网金融、物联网、虚拟现实、人工智能等不断渗透并重塑传统产业。大数据当之无愧地成为新的产业革命核心，产业的迅速发展使教育系统面临新的要求与考验。

职业院校作为人才培养的重要载体，肩负着为社会培育人才的重要使命。职业院校做好大数据人才的培养工作，对职业教育向专业化、特色化类型教育发展具有重要的意义。2016 年，中华人民共和国教育部（以下简称教育部）批准职业院校设立大数据技术与应用专业，各职业院校随即做出反应，目前已经有超过 600 所学校开设了大数据技术相关专业。2019 年 1 月 24 日，中华人民共和国国务院印发《国家职业教育改革实施方案》，明确提出“经过 5—10 年左右时间，职业教育基本完成由政府举办为主向政府统筹管理、社会多元办学的格局转变”。从 2019 年开始，教育部等四部门在职业院校、应用型本科高校启动“学历证书+若干职业技能等级证书”制度试点（以下简称“1+X”证书制度试点）工作。希望通过试点，深化教师、教材、教法“三教”改革，加快推进职业教育国家“学分银行”和资历框架建设，探索实现“书证融通”。

为响应“1+X”证书制度试点工作，广东泰迪智能科技股份有限公司联合业内知名企业及高校相关专家，共同制订《大数据应用开发（Python）职业技能等级标准》，并于 2020 年 9 月正式获批。大数据应用开发（Python）职业技能等级证书是以 Python 技术为主线，结合企业大数据应用开发场景制定的人才培养等级评价标准。此证书主要面向中等职业院校、高等职业院校和应用型本科院校的大数据、商务数据分析、信息统计、人工智能、软件工程和计算机科学等相关专业，涵盖企业大数据应用中各个环节的关键技术，如数据采集、数据处理、数据分析与挖掘、数据可视化、文本挖掘、深度学习等。

目前，大数据技术相关专业的高校教学体系配置过多地偏向理论教学，课程设置与企业实际应用契合度不高，学生很难把理论转化为实践应用技能。为此，广东泰迪智能科技股份有限公司针对大数据应用开发（Python）职业技能等级证书编写了相关配套教材，希望能有效解决大数据技术相关专业实践型教材紧缺的问题。

本系列教材的第一大特点是注重学生的实践能力培养，针对高校在实践教学中的痛点，首次提出“鱼骨教学法”的概念，携手“泰迪杯”竞赛，以企业真实需求为导向，使学生能紧紧围绕企业实际应用需求来学习技能，将学生需掌握的理论知识通过企业案例的形式与实际应用进行衔接，从而达到知行合一、以用促学的目的。这恰好与大数据应用开发（Python）职业技能等级证书中对人才的考核要求完全契合，可达到“书证融通”“赛证融通”的目的。本系列教材的第二大特点是以大数据技术应用为核心，紧紧围绕大数据技术应用闭环的流程进行教学。本系列教材涵盖企业大数据应用中的各个环节，符合企业大数据应用的真实场景，使学生从宏观上理解大数据技术在企业中的具体应用场景和应用方法。

在深化教师、教材、教法“三教”改革和“书证融通”“赛证融通”的人才培养实践过程中，本系列教材将根据读者的反馈意见和建议及时改进、完善，努力成为大数据时代的新型“编写、使用、反馈”螺旋式上升的系列教材建设样板。

全国工业和信息化职业教育教学指导委员会委员
计算机类专业教学指导委员会副主任委员
“泰迪杯”数据分析职业技能大赛组委会副主任

2020 年 11 月于粤港澳大湾区

前 言 PREFACE

“数字经济”时代，数据资源已经成为互联网企业经营的生产要素，而获取数据资源并基于此产出有价值的数据，已成为企业提升核心竞争力的关键。企业能够收集、获取的数据越多，越有可能在行业中占据优势地位。行业的发展带动了岗位需求的增长，工作中对网络爬虫技术的需求越来越多，爬虫工程师岗位涌现。网络爬虫技术与数据分析、数据挖掘、人工智能等技术紧密关联，是从互联网上批量获取数据的重要技术之一，网络爬虫、数据采集等课程也成为众多高校大数据相关专业的重要课程。

Python 语言因其简单、易读、可扩展的特性，在编写爬虫程序方面有特别的优势。本书以 Python 语言为工具来介绍爬虫技术，读者无须掌握太多技术就可以快速上手，并能快速看到成果。

第 2 版教材与第 1 版教材的区别

结合近几年 Python 语言的发展情况和广大读者的意见反馈，本书在保留第 1 版原书特色的基础上，进行了全面的升级，修订的主要内容如下。

- 体例结构由章节式修改为项目任务式。
- 将 Python 版本由 Python 3.6.0 升级为 Python 3.8.5；将 MySQL 版本由 MySQL 5.6.39 升级为 MySQL 8.0.13；将 MongoDB 版本由 MongoDB 3.4 升级为 MongoDB 5.0.13。
- 每个项目中增设了项目背景、思维导图、思考题。
- 项目 1 中新增了 PyCharm 的配置等内容。
- 任务 2.1 由介绍 Python 网络编程更新为介绍网页基础知识。
- 项目 4 新增了图片数据的获取方法。
- 更新了项目 5 和项目 6 的项目案例。
- 更新了全书的实训和课后习题。

本书特色

本书全面贯彻党的二十大报告精神，坚持以为党育人、为国育才为己任，以社会主义核心价值观为指引，尊重人才培养时代性、规律性、创造性，内容契合“1+X”证书制度试点工作中的大数据应用开发（Python）职业技能等级证书（中级）考核标准。本书从初学者的角度出发，以项目为导向，将 Python 爬虫常用技术和真实项目相结合，循序渐进地讲解学习网络爬虫必备的基础知识，以及一些爬虫库、框架的基本用法。本书设计时以应用为中心，围绕真实项目展开，让读者明确如何利用所学知识来解决问题，并可通过实训和课后习题巩固所学知识，使读者真正理解并能够应用所学知识。本书大部分项目紧扣任务需求展开，不堆积知识点，着重于思路的启发与解决方案的实施。通过从任务需求到实现这一完整工作流程的体验，读者将真正理解与掌握 Python 网络爬虫技术。

本书适用对象

- 开设有网络爬虫、数据采集课程的高校的教师和学生。
- Python 程序开发相关人员。
- 进行数据采集应用研究的科研人员。
- "1+X"证书制度试点工作中的大数据应用开发（Python）职业技能等级证书（中级）考生。

代码下载及问题反馈

为了帮助读者更好地使用本书，本书配套原始数据文件、Python 程序代码，以及 PPT 课件、教学大纲、教学进度表和教案等教学资源，读者可以从泰迪云教材网站免费下载，也可以登录人邮教育社区（www.ryjiaoyu.com）下载。同时欢迎教师加入 QQ 交流群"人邮大数据教师服务群"（669819871）进行交流探讨。

由于编者水平有限，书中难免出现一些疏漏和不足之处。如果读者有更多的宝贵意见，欢迎在"泰迪学社"微信公众号（TipDataMining）回复"图书反馈"进行反馈。更多本系列图书的信息可以在泰迪云教材网站查阅。

泰迪云教材

编　者

2023 年 5 月

目录 CONTENTS

项目 1 了解爬虫与 Python 爬虫环境

项目背景

随着互联网的快速发展，越来越多的信息被发布到互联网上。发布后的信息都会被嵌入各式各样的网站结构当中，虽然搜索引擎可以辅助人们寻找这些信息，但是搜索引擎也存在局限性。通用的搜索引擎的目标是尽可能覆盖全网络，其难以针对特定的目的和需求进行索引。面对如今结构越来越复杂，且信息含量越来越密集的数据，通用的搜索引擎很难对数据进行有效的发现和获取。在上述背景下，网络爬虫应运而生，它为互联网数据的应用提供了新的方法。

学习目标

1. 技能目标

（1）能够独立安装 PyCharm，并配置好 Python 爬虫环境。

（2）能够在 Windows 系统下配置 MySQL 和 MongoDB。

（3）能够在 Linux 系统下配置 MySQL 和 MongoDB。

2. 知识目标

（1）了解爬虫的概念及分类。

（2）熟悉反爬虫的概念及对应爬取策略。

（3）熟悉常见的爬虫库和解析器。

（4）掌握 Python 爬虫环境的配置方法。

3. 素质目标

（1）学习相关法律法规，增强法律意识，提高法治观念。

（2）遵纪守法，在爬虫过程中通过正常渠道合理、合法地爬取数据。

（3）独立配置 Python 爬虫编程环境，提高动手实践能力。

思维导图

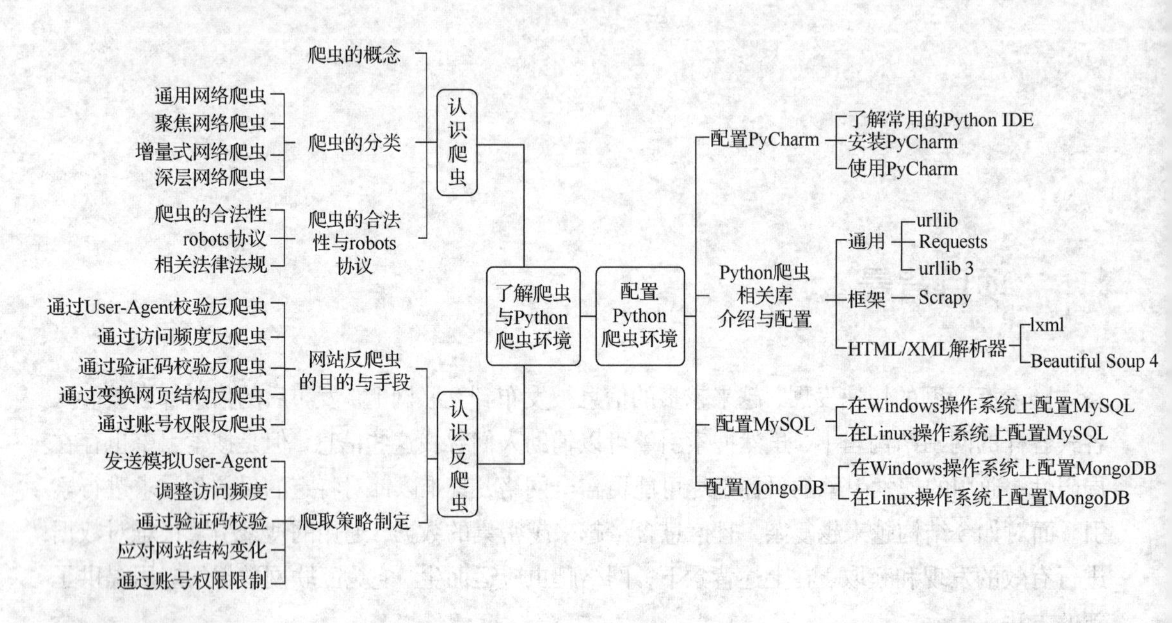

任务 1.1　认识爬虫

微课 1-1　认识爬虫

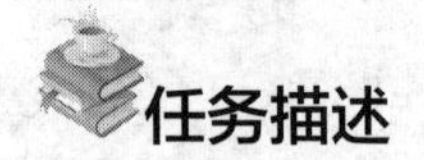

任务描述

网络爬虫作为收集互联网数据的一种常用方法，近年来随着互联网的发展而快速发展。使用网络爬虫爬取网络数据首先需要了解网络爬虫的概念和分类，了解各类爬虫的系统结构、运作原理，常用的爬取策略，以及主要的应用场景。其次，出于法律和数据安全的考虑，还需要了解目前有关爬虫应用的合法性及爬取网站时需要遵守的协议。

任务分析

（1）了解爬虫的概念。

（2）了解爬虫的分类。

（3）了解爬虫运作时应遵守的规则。

1.1.1　爬虫的概念

网络爬虫（Web Spider，简称爬虫）也被称为网络蜘蛛、网络机器人，是可以自动下载网页的计算机程序或自动化脚本。网络爬虫就像一只蜘蛛一样在互联网上爬行，它以一个被称为种子集的统一资源定位符（Uniform Resource Locator，URL）集合为起点，沿着URL 的“丝线”爬行，下载每一个 URL 所指向的网页，分析页面内容，再提取新的 URL并记录下每个已爬行过的 URL，如此往复，直到 URL 队列为空或满足设定的终止条件为止，最终爬取所要的信息。

1.1.2 爬虫的分类

网络爬虫按照其系统结构和运作原理，大致可以分为 4 种：通用网络爬虫、聚焦网络爬虫、增量式网络爬虫和深层网络爬虫。

1. 通用网络爬虫

通用网络爬虫又称全网爬虫，其爬取对象可由一批种子 URL 扩充至 Web，主要由搜索引擎或大型 Web 服务提供商使用。通用网络爬虫的爬取范围和数量都非常大，其对于爬取速度及存储空间的要求都比较高，而对于爬取页面的顺序要求比较低。通用网络爬虫通常采用并行工作的方式来应对大量的待刷新页面。

通用网络爬虫比较适合为搜索引擎搜索广泛的主题，常用的爬取策略可分为以下两种。

（1）深度优先策略

该策略的基本方法是按照深度由低到高的顺序，依次访问网页链接，直到无法再深入为止。在完成一个爬取分支后，返回上一节点搜索其他链接进行访问，当遍历完全部链接后，爬取过程结束。深度优先策略比较适合垂直搜索或站内搜索，其缺点是当爬取层次较深的站点时会造成巨大的资源浪费。

（2）广度优先策略

该策略按照网页内容目录层次的深浅进行爬取，优先爬取较浅层次的页面。当同一层中的页面全部爬取完毕后，再深入下一层。相较于深度优先策略，广度优先策略能更有效地控制页面爬取的深度，避免当遇到一个无穷深层次的分支时无法结束爬取的问题。广度优先策略不需要存储大量的中间节点，但其缺点是需要较长时间才能爬取到目录层次较深的页面。

2. 聚焦网络爬虫

聚焦网络爬虫又被称作主题网络爬虫，其最大的特点是选择性地爬取与预设主题相关的页面。与通用网络爬虫相比，聚焦网络爬虫仅需爬取与主题相关的页面，极大地节省了硬件资源和网络资源，能更快地更新保存的页面，更好地满足特定人群对特定领域信息的需求。

按照页面内容和链接的重要性评价，聚焦网络爬虫的爬取策略可分为以下 4 种。

（1）基于内容评价的爬取策略

该策略将用户输入的查询词作为主题，包含查询词的页面被视为与主题相关的页面。

（2）基于链接结构评价的爬取策略

该策略将包含很多结构信息的半结构化文档（如 Web 页面）用于评价链接的重要性。

其中，一种被广泛使用的算法为 PageRank（页面排序）算法。该算法可用于排序搜索引擎信息检索的查询结果，也可用于评价链接重要性，其每次选择 PageRank 值较大页面中的链接进行访问。

（3）基于增强学习的爬取策略

该策略将增强学习引入聚焦网络爬虫，利用贝叶斯分类器基于整个网页文本和链接文本来对超链接进行分类，计算每个链接的重要性，按照重要性决定链接的访问顺序。

（4）基于语境图的爬取策略

该策略通过建立语境图来学习网页之间的相关度，具体方法为：计算当前页面到相关页面的距离，距离越近的页面中的链接越被优先访问。

3．增量式网络爬虫

增量式网络爬虫只对已下载网页采取增量式更新，或只爬取新产生的、已经发生变化的网页，这种机制能够在某种程度上保证所爬取的页面尽可能新。与其他周期性爬取和刷新页面的网络爬虫相比，增量式网络爬虫仅在需要的时候爬取新产生的或有更新的页面，而没有变化的页面则不进行爬取，能有效地减少数据下载量，并及时更新已爬取过的网页，可减少时间和存储空间上的浪费，但此类爬虫的算法的复杂度和实现难度更高。

增量式网络爬虫需要通过重新访问网页来对本地页面进行更新，从而保持本地集中存储的页面为最新页面，常用的方法有以下 3 种。

（1）统一更新法

爬虫以相同的频率访问所有网页，不受网页本身的改变频率的影响。

（2）个体更新法

爬虫根据单个网页的改变频率来决定重新访问各页面的频率。

（3）基于分类的更新法

爬虫按照网页变化频率将网页分为更新较快的网页和更新较慢的网页，并分别设定不同的频率来访问这两类网页。

为保证本地集中页面的质量，增量式网络爬虫需要对网页的重要性进行排序，常用的策略有广度优先策略和 PageRank 优先策略。其中，广度优先策略按照页面的深度层次进行排序，PageRank 优先策略按照页面的 PageRank 值进行排序。

4．深层网络爬虫

Web 页面按照存在方式可以分为表层页面和深层页面两类。表层页面是指传统搜索引擎可以索引到的页面，以通过超链接可以到达的静态页面为主。深层页面是指大部分内容无法通过静态链接获取，隐藏在搜索表单后的，需要用户提交关键词后才能获得的 Web 页面，如登录后可见的网页。在深层页面中，可访问的信息量为表层页面的几百倍。深层页面是目前互联网上发展最快、最大的新型信息资源。

在深层网络爬虫爬取数据的过程中，最重要的部分就是表单填写。表单填写主要包含以下两种方法。

（1）基于领域知识的表单填写

该方法一般会维持一个本体库，并通过语义分析来选取合适的关键词填写表单。通过将表单按语义分配至各组中，从多方面对每组进行注解，并结合各组注解结果预测最终的注解标签。基于领域知识的表单填写方法也可以利用一个预定义的领域本体知识库来识别深层页面的内容，并利用来自 Web 站点的导航模式识别当自动填写表单时所需进行的路径导航。

（2）基于网页结构分析的表单填写

该方法一般无领域知识或仅有有限的领域知识，其将超文本标记语言（Hypertext Markup Language，HTML）网页表示为文档对象模型（Document Object Model，DOM）树形式，将表单区分为单属性表单和多属性表单，并分别进行处理，从 DOM 树中提取表单各字段值。

1.1.3 爬虫的合法性与 robots 协议

网络爬虫在访问网站时，需要遵从一定的原则，这样才能友好地爬取更多的数据资源。即使如此，利用爬虫技术爬取数据的行为仍会给网站服务器带来压力，严重时可能会影响网站的正常访问。因此，针对网络爬虫的恶意行为，网站内部通常加入了一些防爬虫措施。同时，为了健全网络综合治理体系，推动形成良好网络生态，国家也针对网络爬虫制定了相关的法律法规。

1. 爬虫的合法性

如今，网络爬虫领域还处于早期的拓荒阶段，虽然已经由互联网行业自身的协议建立起一定的道德规范，但是法律部分还在建立和完善中。

目前，多数网站允许将爬虫爬取的数据用于个人使用或科学研究。但如果将爬取的数据用于其他用途，尤其是转载或商业用途，则依据各网站的具体情况可能会产生不同的后果，严重的可能会触犯法律或引起民事纠纷。

同时，设计爬虫的人员需要注意，以下两种数据是不能爬取的，更不能用于商业用途。

（1）个人隐私数据，如姓名、手机号码、年龄、血型、婚姻情况等，爬取此类数据将会触犯《中华人民共和国个人信息保护法》。

（2）明确禁止他人访问的数据，如用户设置过权限控制的账号、密码或加密过的内容等。

另外，设计爬虫的人员还需要注意版权相关问题，有作者署名的、受版权保护的内容不允许爬取后随意转载或用于商业用途。

2. robots 协议

当使用爬虫爬取网站的数据时，需要遵守网站所有者针对所有爬虫所制定的协议——robots 协议。该协议通常存放在网站根目录下，里面规定了此网站中哪些内容可以被爬虫爬取、哪些内容是不允许爬虫爬取的。robots 协议并不是一份规范的协议，只是一个约定俗成的协议。当用户在爬取网页信息时，应当遵守 robots 协议，否则很可能会被网站所有者封禁互联网协议（Internet Protocol，IP）地址，甚至网站所有者会采取进一步法律行动。

由于爬虫爬取网站时，模拟的是用户的访问行为，所以用户必须约束自身的行为，遵守网站所有者的规定，避免引起不必要的麻烦。

3. 相关法律法规

网络爬虫技术属于技术范畴，利用该技术时，可发挥积极正面的价值，同时，由于技术本身的特点会带来一定的法律风险。常见的法律风险包含以下 3 类。

（1）如果爬虫人员未经授权，利用爬虫技术爬取竞争对手的数据，并用于自身企业的经营，那么该行为就有可能被认定为截取了竞争对手的竞争优势，损害其商业资源、妨碍其正常服务，构成不正当竞争行为。

（2）现如今，数据作为一种新型生产要素，被视为“数字经济”时代的“石油”。有些网页、数据信息对于竞争对手或上下游关联的企业来说，具有非常高的价值。为此，部分人便利用爬虫技术爬取有价值的信息，在爬取信息过程中，极有可能涉嫌构成非法获取计算机信息系统数据罪、非法侵入计算机信息系统罪、破坏计算机信息系统罪等刑事犯罪。

（3）除技术应用行为本身会带来法律风险之外，根据爬取内容的性质、领域的不同，爬虫人员还可能由于爬取到个人信息涉嫌侵犯公民个人信息罪、爬取受著作权保护的内容并加以使用涉嫌侵犯著作权罪、爬取商业秘密范围的数据等受法律保护的信息涉嫌侵犯商业秘密罪。

任务 1.2 认识反爬虫

微课 1-2 认识反爬虫

任务描述

网站所有者为避免被爬虫爬取一些重要信息，对数据进行有效保护，往往会针对爬虫做出限制措施。爬虫人员需要了解网站所有者反爬虫的原因和想要通过反爬虫达成的目的，并针对网站常用的爬虫检测方法和反爬虫手段，制定相应的爬取策略来规避网站的检测和限制。

任务分析

（1）了解反爬虫的目的和常用手段。

（2）针对反爬虫的常用手段制定相应的爬取策略。

1.2.1 网站反爬虫的目的与手段

网站所有者从所有网站来访者中识别出爬虫并对其做出相应处理（通常为封禁 IP 地

址）的过程，被称为反爬虫。对于网站所有者而言，爬虫并不是一个受欢迎的“客人”。爬虫会消耗大量的服务器资源，影响服务器的稳定性，增加运营的网络成本。可供免费查询的资源也有极大可能被竞争对手使用爬虫爬走，造成自身竞争力下降。以上种种因素会让网站所有者想方设法阻止爬虫爬取自家网站的数据。

爬虫行为与普通用户访问网站行为极为类似，网站所有者在进行反爬虫时会尽可能地减少对普通用户的干扰。网站常用反爬虫手段通常分为以下几种。

1. 通过 User-Agent 校验反爬虫

浏览器在发送请求时，会附带一部分浏览器参数和当前系统环境参数给服务器，这部分数据放在超文本传送协议（Hypertext Transfer Protocol，HTTP）请求的 Headers 部分，Headers 的表现形式为 key-value（键值）对。其中，User-Agent 标识一个浏览器的型号，服务器会通过 User-Agent 的值来区分不同的浏览器。

2. 通过访问频度反爬虫

由于普通用户通过浏览器访问网站的速度相对爬虫而言要慢得多，所以不少网站会利用这一特点对访问频度设定一个阈值。如果一个 IP 地址单位时间内的访问频度超过预设的阈值，那么网站将会对该 IP 地址做出访问限制。通常情况下，该 IP 地址需要经过验证码验证后才能继续正常访问；严重时，网站甚至会在一段时间内禁止该 IP 地址的访问。

3. 通过验证码校验反爬虫

与通过访问频度反爬虫不同，部分网站不论访问频度如何，一定要来访者输入验证码才能继续操作。例如，在人民邮电出版社网站上，用户进行登录时是需要校验验证码的，与访问频度无关。

4. 通过变换网页结构反爬虫

一些社交网站常常会更换网页结构，而爬虫在大部分情况下，需要通过网页结构来解析需要的数据，变换网页结构的做法能起到反爬虫的作用。在网页结构变换后，爬虫往往无法在原本的网页位置找到需要的内容。

5. 通过账号权限反爬虫

部分网站需要登录才能继续操作。该类型网站虽然并不是为反爬虫才要求登录的，但是确实起到了反爬虫的效果，如新浪微博的评论内容需要用户登录账号才可查看。

1.2.2 爬取策略制定

针对 1.2.1 小节介绍的常用反爬虫手段，可以制定以下相对应的爬取策略。

1. 发送模拟 User-Agent

爬虫可通过发送模拟 User-Agent 来进行服务器的 User-Agent 检验。模拟 User-Agent

是将要发送至网站服务器的请求的 User-Agent 值伪装成一般用户登录网站时使用的 User-Agent 值，通过这种方法能很好地规避服务器检验。但有时有些服务器可能会禁止某种特定组合的 User-Agent 值，这时就需要通过手动指定来进行测试，直到试出服务器所禁止的组合，再进行规避。

2. 调整访问频度

目前，大部分网站都会通过 User-Agent 值做基础反爬虫检验。在此基础上，还有部分网站会再设置访问频度阈值，并通过访问频度反爬虫。当爬取此类网站时，如果设置的访问频度不当，那么有极大可能会遭到封禁或需要输入验证码，为此，需要通过备用 IP 地址测试网站的访问频度阈值，然后设置比阈值略低的访问频度。通过这种方法既能保证爬取的稳定性，又能防止爬取效率过于低下。如果仍觉得调整的访问频度不足以满足自身的爬取需求，那么可以考虑使用异步爬虫和分布式爬虫。

3. 通过验证码校验

若访问频度问题导致需要通过验证码校验，则按照访问频度的方案实施即可，也可以通过使用代理 IP 地址或更换爬虫 IP 地址的方法来规避反爬虫。但对于一定要输入验证码才能进行操作的网站，只能通过算法识别验证码或使用 Cookie 绕过验证码才能进行后续操作。需要注意的是，Cookie 有可能会过期，且过期的 Cookie 无法使用。

4. 应对网站结构变化

根据爬取需求，应对网站结构变化主要有两种方法。第一种方法，如果网站只爬取一次，那么要尽量赶在其网站结构调整之前，将需要的数据全部爬取下来。第二种方法，如果网站需要持续性爬取，那么可以使用脚本对网站结构进行监测，若结构发生变化，则发出告警并及时停止爬虫，避免爬取过多无效数据。

5. 通过账号权限限制

对于需要登录的网站，可通过模拟登录的方法进行规避。当模拟登录时，除了需要提交账号和密码，往往也需要通过验证码校验。

任务 1.3 配置 Python 爬虫环境

任务描述

为了提高编写程序的开发效率，需要掌握集成开发环境（Integrated Development Environment，IDE）的安装和配置。Python 提供了许多用于网络爬虫开发的库，在使用 Python 进行爬虫前需要了解 Python 中常用的爬虫库，各爬虫库的特性、功能和配置方法。通常情况下，通过爬虫爬取到的数据需要存储到数据库中。本任务可使读者了解 PyCharm 的安装全过程，以及在 Windows 和 Linux 环境下的 MySQL 数据库和 MongoDB 数据库的配置方法。

任务分析

（1）了解常用的 Python IDE。

（2）掌握 PyCharm 的配置方法。

（3）了解 Python 中常用的爬虫库。

（4）掌握 MySQL 数据库的配置方法。

（5）掌握 MongoDB 数据库的配置方法。

1.3.1　配置 PyCharm

为了提高开发效率，人们往往使用 IDE 来编写和执行 Python 程序文件。

1. 了解常用的 Python IDE

IDE 是一种辅助程序开发人员进行开发工作的应用软件，在开发工具内部即可辅助编写代码，并编译打包，使其成为可用的程序，有些 IDE 甚至可以用于设计图形接口。IDE 是集成了代码编写功能、分析功能、编译功能、调试功能等于一体的开发软件服务套（组），通常包括编程语言编辑器、自动构建工具和调试器。

在 Python 的应用过程中少不了 IDE 工具，这些工具可以帮助开发者加快开发速度，提高效率。在 Python 中，常见的 IDE 有 IDLE、PyCharm、Jupyter Notebook、VSCode 等，基本介绍如下。

（1）IDLE。IDLE 完全由 Python 编写，并使用 Tkinter UI 工具集。尽管 IDLE 不适用于大型项目开发，但它对小型的 Python 代码和 Python 不同特性的实验非常有帮助。

（2）PyCharm。PyCharm 由 JetBrains 公司开发，带有一整套可以帮助用户在使用 Python 语言开发时提高其效率的工具，如调试、语法高亮、单元测试、版本控制等。此外，PyCharm 提供了一些高级功能，以用于支持 Django 框架下的专业 Web 开发，凭借这些功能以及先进代码分析程序的支持，PyCharm 成为 Python 专业开发人员和初学人员的有力工具。PyCharm 中的大多数特性都能通过免费的 Python 插件带入 IntelliJ 中，本书将会着重介绍 PyCharm，且后续的爬虫代码编写均基于 PyCharm 开发环境。

（3）Jupyter Notebook。Jupyter Notebook 采用网页版的 Python 编写交互模式，其使用过程类似于使用纸和笔，可轻松擦除先前编写的代码，并且可以将编写的代码进行保存记录，可用于做笔记以及编写简单代码，相当方便。

（4）VSCode。VSCode（Visual Studio Code）是 Microsoft（微软）在 2015 年 4 月 30 日正式发布的针对编写现代 Web 应用和云应用的跨平台源代码编辑器，可在多种平台运行，它内置对 JavaScript、TypeScript 和 Node.js 支持的功能，并支持丰富的语言（如 C++、C #、Java、Python、PHP、Go 等）和运行时扩展的生态系统。

2．安装 PyCharm

微课 1-3　安装 PyCharm

PyCharm 可以跨平台使用，分为社区版和专业版。其中，社区版是免费的，专业版是付费的。本小节使用 pycharm-community-2022.2.2。在使用 PyCharm 之前，需安装该应用软件。在 64 位的 Windows 操作系统上，安装该版本 PyCharm 的具体安装步骤如下。

① 打开 PyCharm 官网，如图 1-1 所示，单击“DOWNLOAD”下载按钮。

图 1-1　PyCharm 官网

② 选择 Windows 系统的“Community”（社区版），单击“Download”按钮即可下载安装包，如图 1-2 所示。

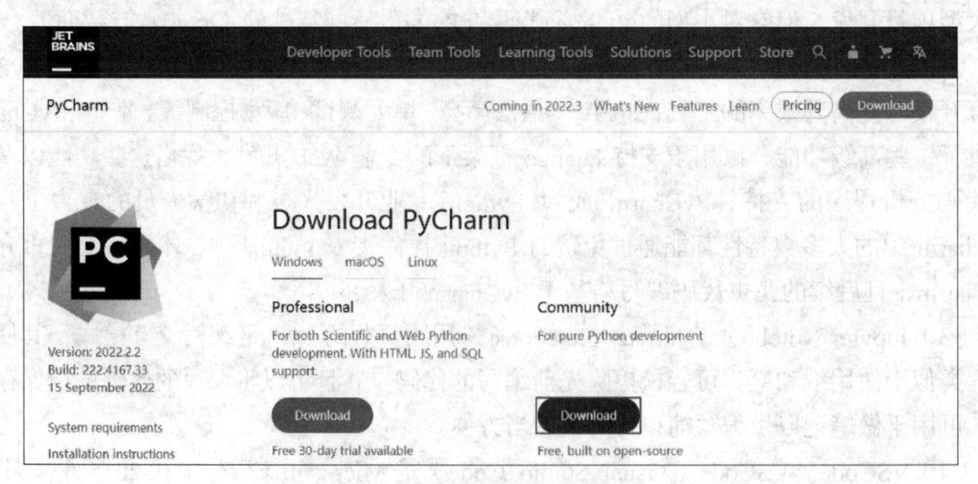

图 1-2　选择社区版并下载

③ 下载完成后，双击安装包，打开安装向导，如图 1-3 所示，单击“Next”按钮进行下一步操作。

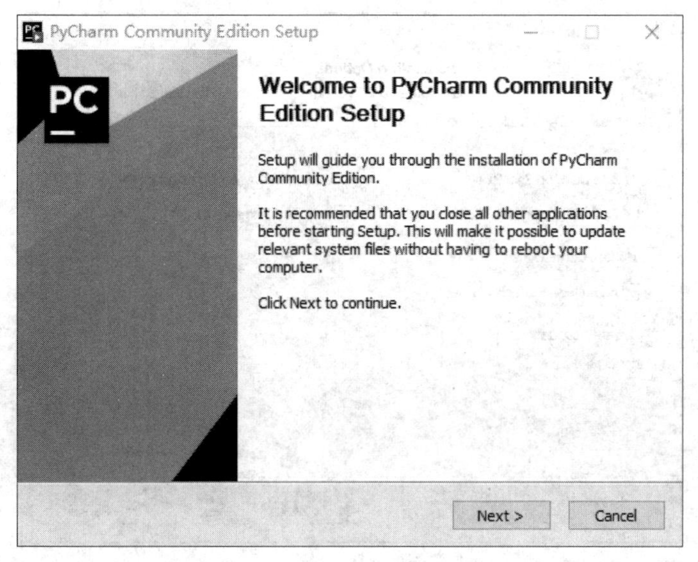

图 1-3　PyCharm 安装界面

④ 在进入的界面中自定义软件安装路径，建议安装路径不包含中文字符，如图 1-4 所示，单击“Next”按钮。

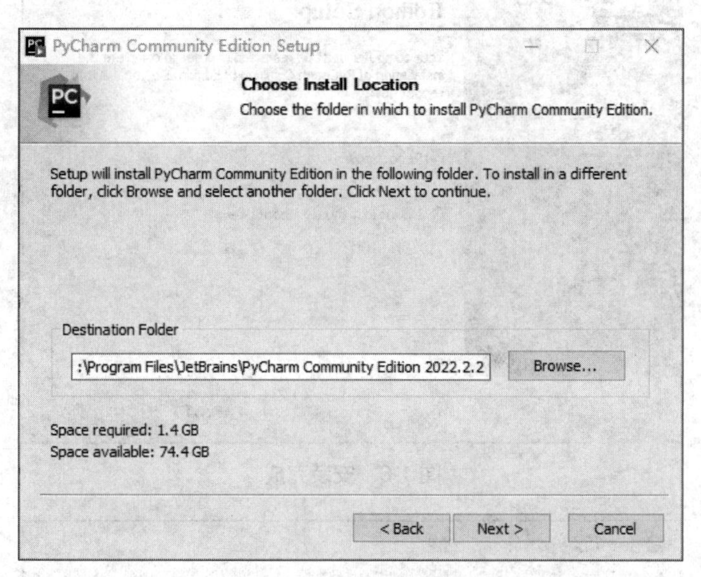

图 1-4　自定义安装路径

⑤ 设置完成软件安装路径后，在进入的界面中勾选全部的安装选项，如图 1-5 所示，单击“Next”按钮进行下一步操作。

⑥ 在进入的界面中单击“Install”按钮，默认安装 PyCharm。等待安装完成后单击“Finish”按钮完成安装，如图 1-6 所示。

⑦ 双击桌面上生成的快捷方式图标，在弹出的“Import PyCharm Settings”对话框中选择“Do not import settings”选项，如图 1-7 所示，然后单击“OK”按钮。

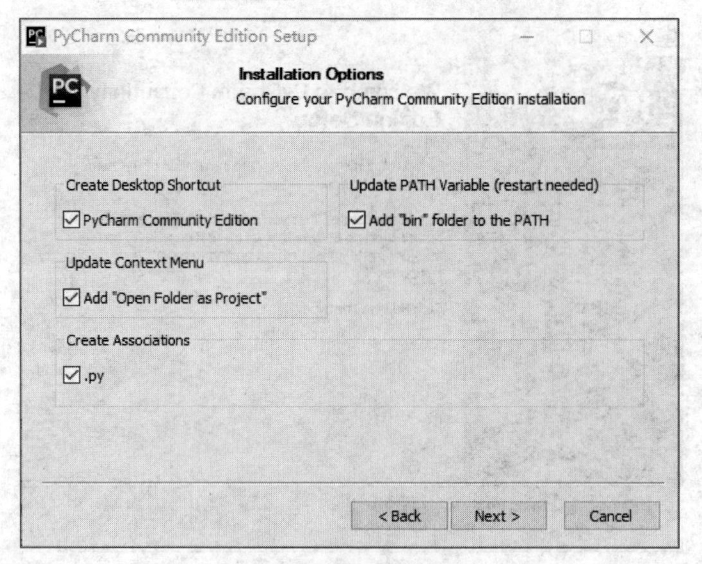

图 1-5　勾选安装选项

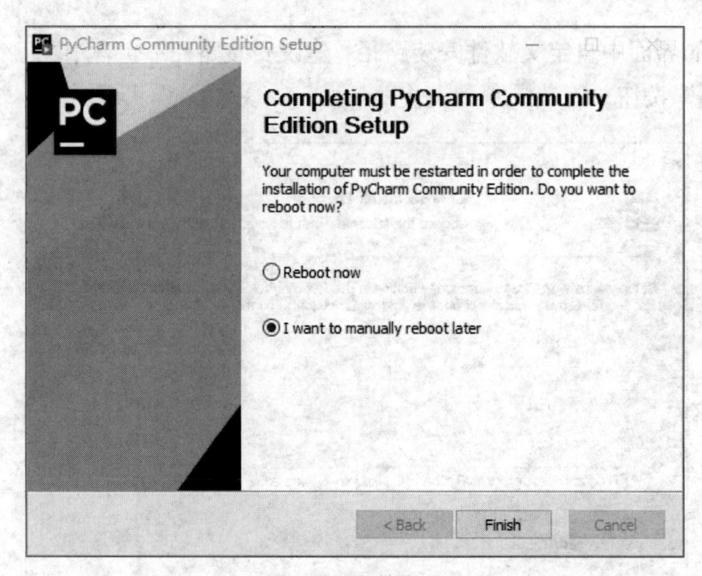

图 1-6　安装完成

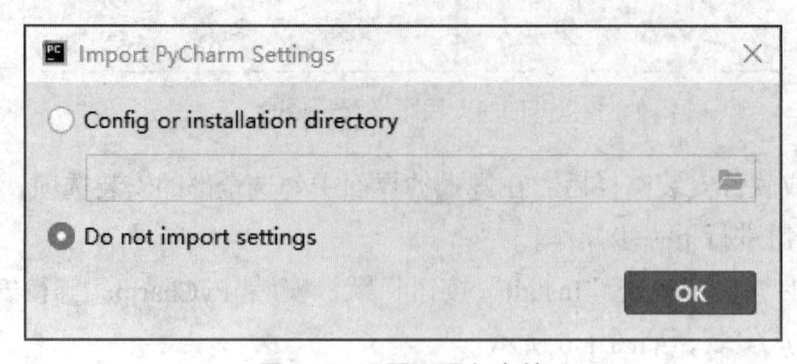

图 1-7　设置不导入文件

⑧ 在弹出的“Data Sharing”对话框中单击“Don't Send”按钮，如图 1-8 所示。

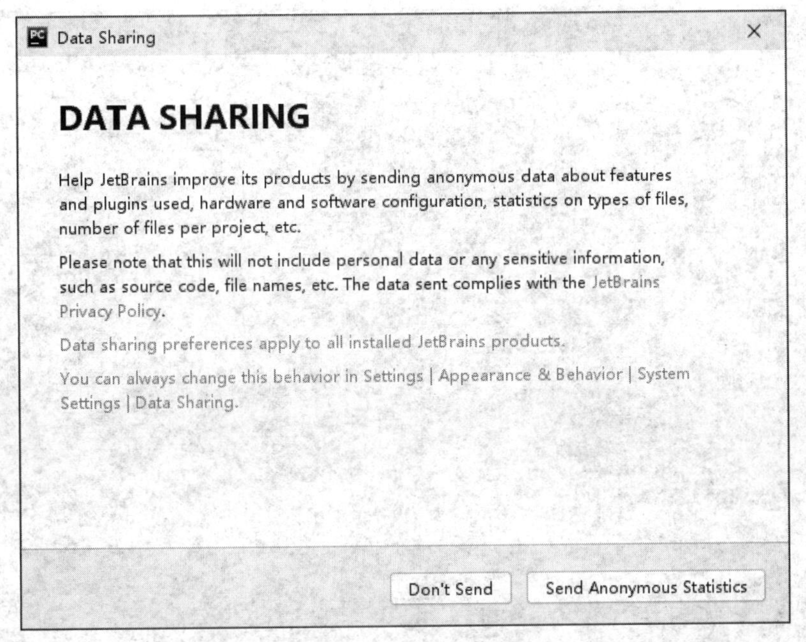

图 1-8　设置不发送数据

⑨ 重启 PyCharm 后，将会弹出图 1-9 所示的窗口，选择“New Project”选项创建新项目。

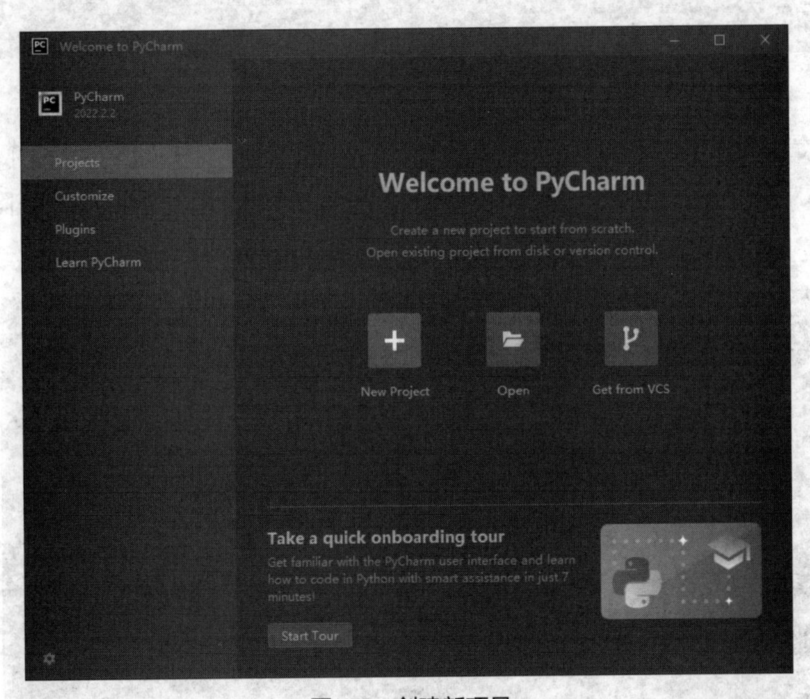

图 1-9　创建新项目

⑩ 打开“New Project”窗口，自定义项目存储路径，IDE 默认关联 Python 解释器，单击“Create”按钮，如图 1-10 所示。

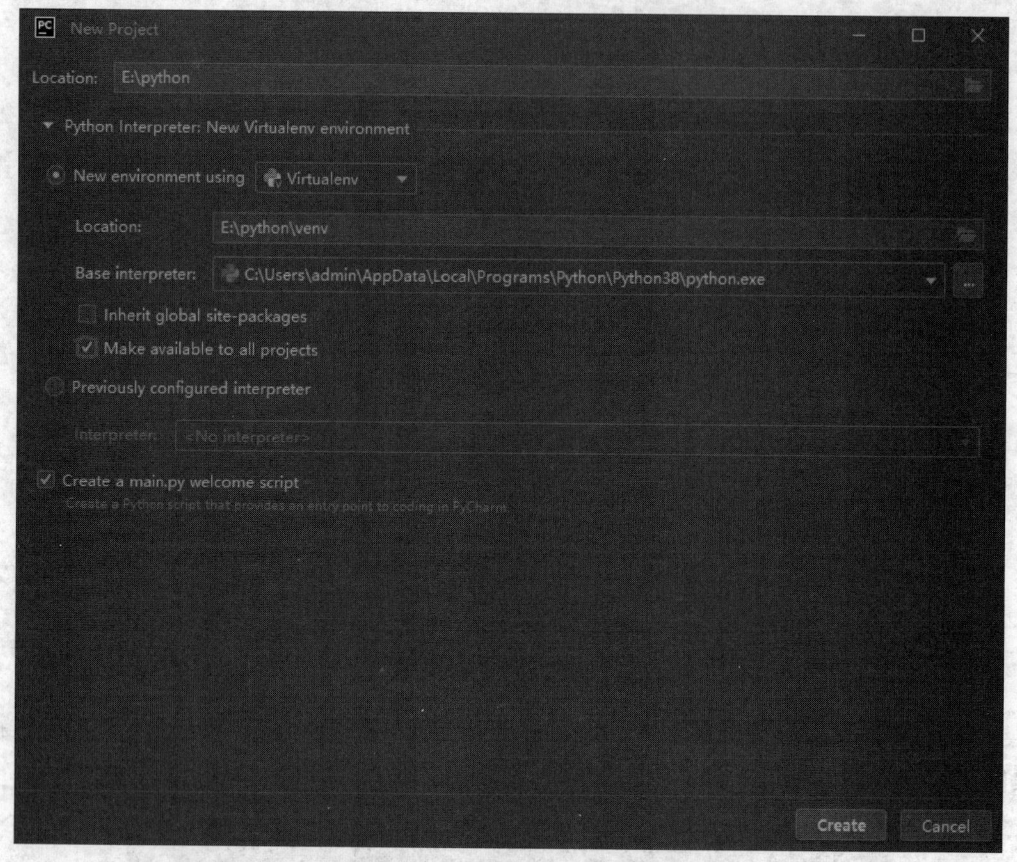

图 1-10　自定义项目存储路径

⑪ 在弹出的提示框中单击“Close”按钮，设置在启动时不显示提示，如图 1-11 所示。这样就进入了 PyCharm 界面，如图 1-12 所示，单击左下角的图标可显示或隐藏功能侧边栏。

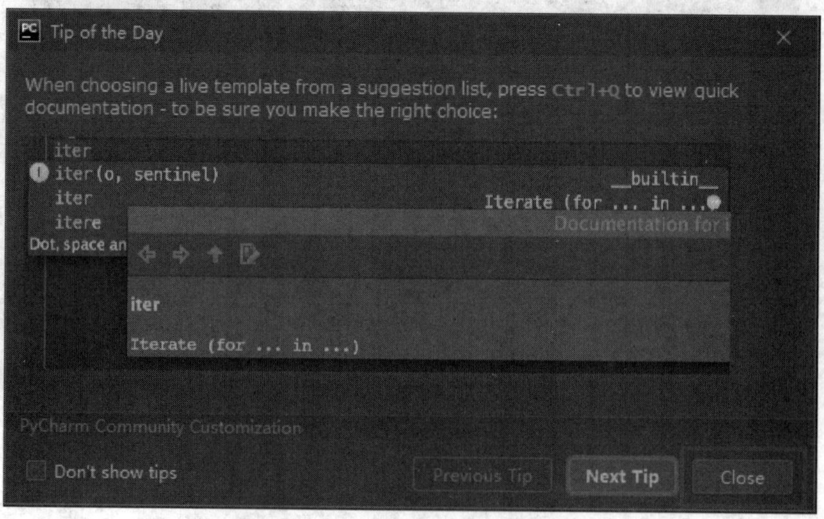

图 1-11　设置在启动时不显示提示

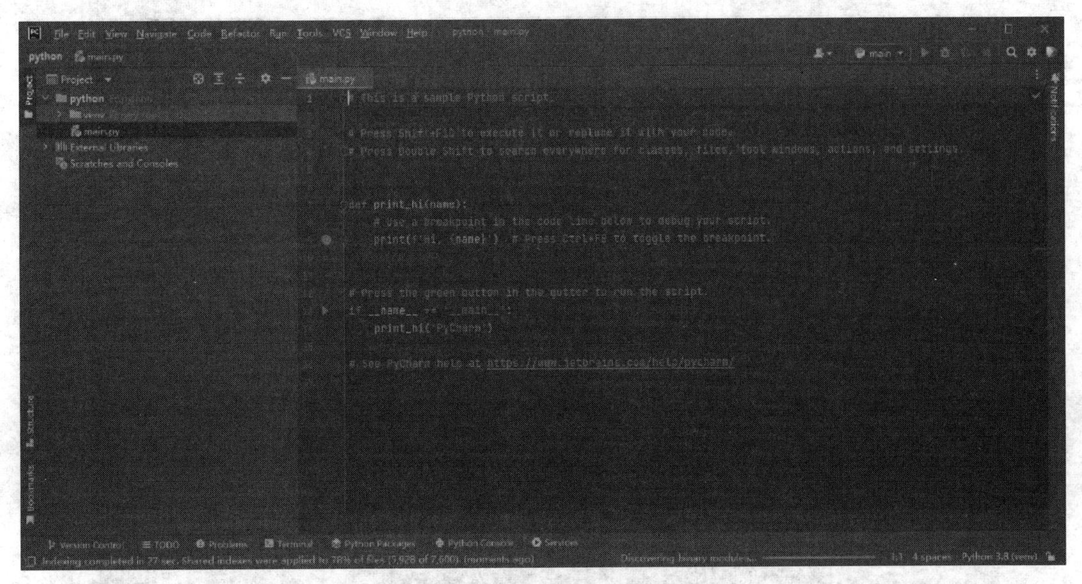

图 1-12 PyCharm 界面

⑫ 更换 PyCharm 的主题。单击“File”，选择“Settings”命令，如图 1-13 所示。进入“Settings”界面后，依次选择“Appearance & Behavior”→“Appearance”命令，在“Theme”中选择自己喜欢的主题，这里选用“Windows 10 Light”，如图 1-14 所示。

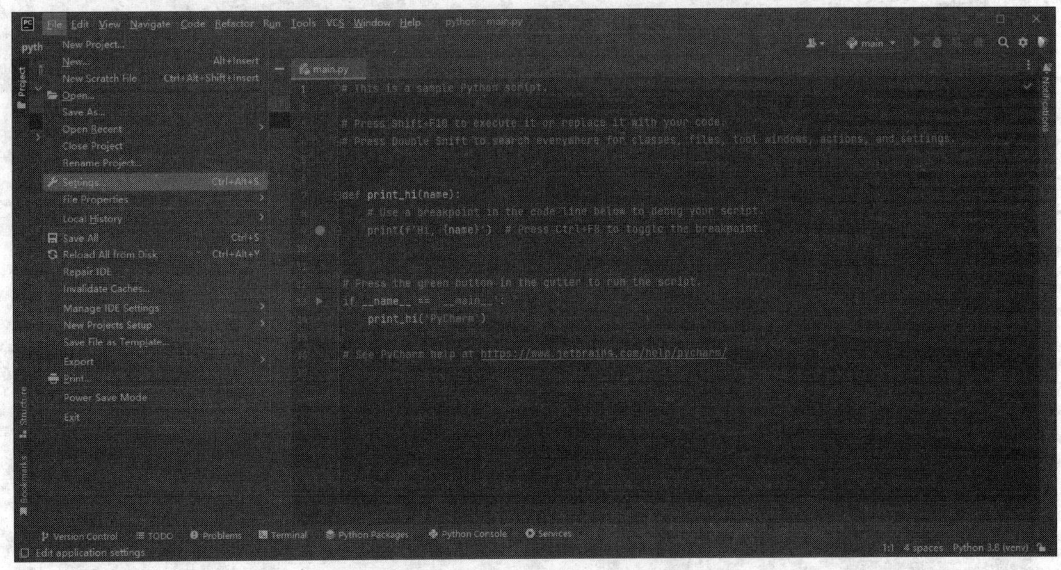

图 1-13 选择“Settings”命令

3. 使用 PyCharm

在安装完 PyCharm 后，可通过创建一个.py 文件，进行代码的测试，基本步骤如下。

① 新建好项目（此处项目名为 python）后，还要新建一个.py 文件。右击项目名“python”，选择“New”→“Python File”命令，如图 1-15 所示。

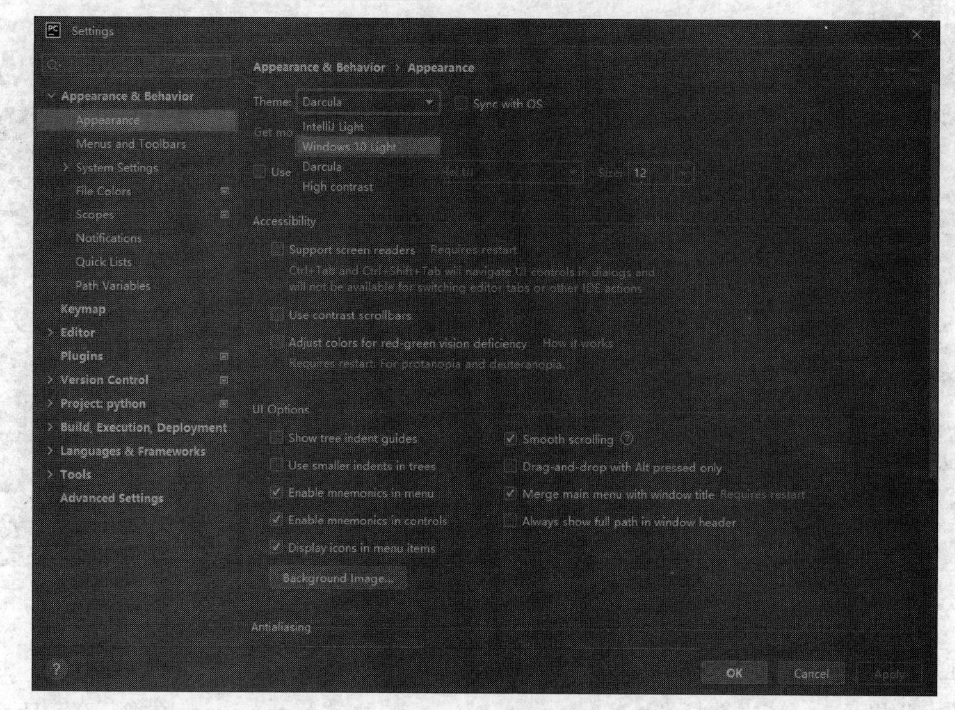

图 1-14 选择主题

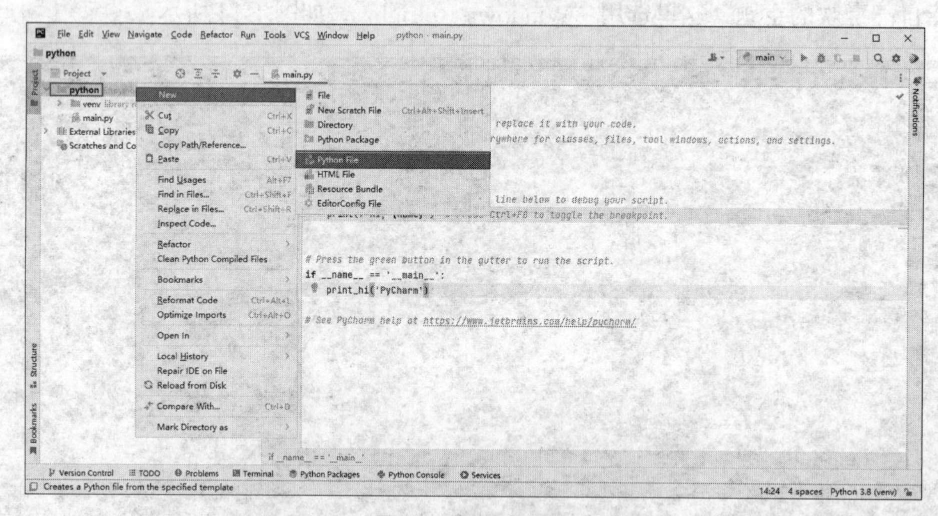

图 1-15 新建文件

② 在弹出的对话框中输入文件名“study”即可新建 study.py 文件，如图 1-16 所示。按“Enter”键即可打开此脚本文件。

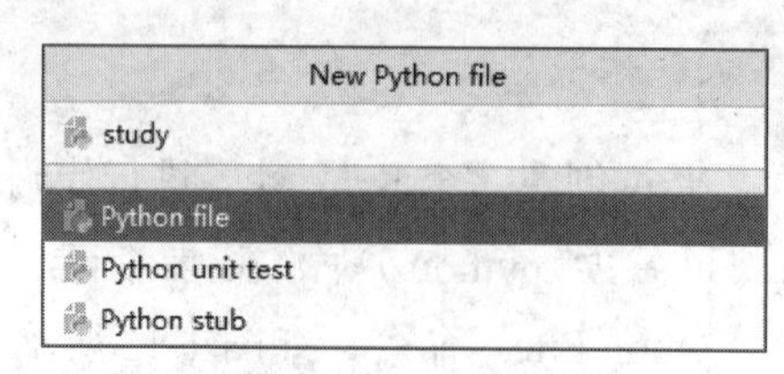

图 1-16 输入文件名

PyCharm 是可用于编写代码的 IDE 工具。为了方便读者编写或修改代码，本书的代码均使用 PyCharm 进行编写和测试。PyCharm 的界面如图 1-17 所示。

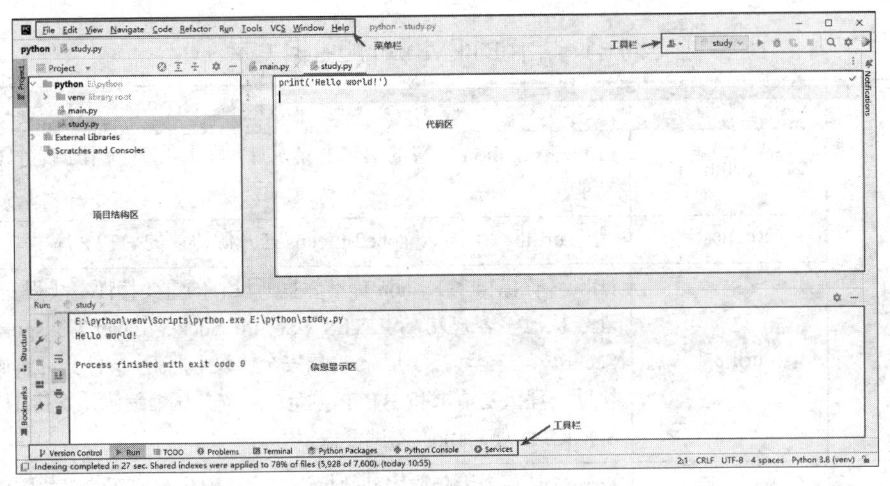

图 1-17 PyCharm 界面展示

由图 1-18 所示的标注可知，PyCharm 界面可分为菜单栏、项目结构区、代码区、信息显示区和工具栏。各个区域的功能介绍如下。

（1）菜单栏：包含影响整个项目或部分项目的命令，如打开项目、创建项目、重构代码、运行和调试应用程序、保存文件等。

（2）项目结构区：已经创建完成的项目或文件展示区域。

（3）代码区：编写代码的区域。

（4）信息显示区：查看程序输出信息的区域。

（5）工具栏：包含快捷菜单，涉及终端、Python 交互式模式等。

除了可以在 PyCharm 中的代码区编辑代码之外，还可以通过工具栏中的 Python Console（即 Python 交互式模式）直接输入代码，然后执行，并且立刻得到结果。交互式模式主要有两种形式：一种是通过 In 输入，Out 输出；另一种是通过“>>>”的形式输入，直接显示输出结果。交互式模式默认为 In、Out 的形式，本书主要以“>>>”形式编写代码，如图 1-18 所示。读者可以通过单击“File”→“Settings”→“Build,Execution,Deployment”→“Console”，在“General Settings”复选框中取消勾选“Use IPython if available”，将默认形式修改为“>>>”形式。

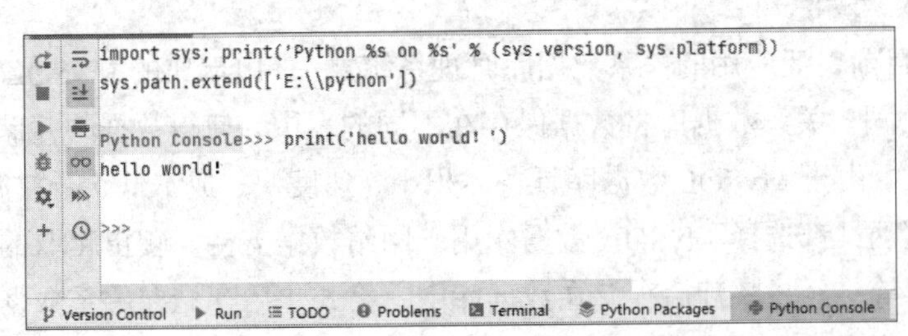

图 1-18 Python 交互式模式

1.3.2 Python 爬虫相关库介绍与配置

目前，常用的 Python 爬虫相关库如表 1-1 所示。

表 1-1 常用的 Python 爬虫相关库

类型	库名	简介
通用	urllib	urllib 是 Python 内置的 HTTP 请求库，提供一系列用于操作 URL 的功能
	Requests	基于 urllib，采用 Apache2 Licensed 开源协议的 HTTP 库
	urllib 3	urllib 3 提供很多 Python 标准库里所没有的重要特性：线程安全，管理连接池，客户端 SSL/TLS（Secure Socket Layer/Transport Layer Security，安全套接字层/传输层安全协议）验证，文件分部编码上传，协助处理重复请求和 HTTP 重定向，支持压缩编码，支持 HTTP 和 SOCKS 代理，100%测试覆盖率
框架	Scrapy	Scrapy 是一个为爬取网站数据、提取结构化数据而编写的应用框架。可应用在包括数据挖掘、信息处理或历史数据存储等一系列功能的程序中
HTML/XML 解析器	lxml	C 语言编写的高效 HTML/XML 处理库，支持 XPath
	Beautiful Soup 4	纯 Python 实现的 HTML/XML 处理库，效率相对较低

除 Python 自带的 urllib 库外，Requests、urllib 3、Scrapy、lxml 和 Beautiful Soup 4 等库都可以通过 pip 工具进行安装。pip 工具可直接在命令提示符窗口中运行，但需将 Python 安装路径下的 scripts 目录加入环境变量 Path 中。另外，pip 工具支持指定版本库的安装，通过使用==、>=、<=、>、<符号来指定版本号。同时，如果有 requirements.txt 文件，也可使用 pip 工具来调用。使用 pip 工具安装 Requests 库的程序如代码 1-1 所示。

代码 1-1 使用 pip 工具安装 Requests 库

```
pip install requests  # 安装 Requests 库
pip install 'requests <2.19.0'  # 安装特定版本的 Requests 库
pip install 'requests >2.18.3,<2.19.0'
pip install -r requirements.txt  # 调用 requirements.txt 文件
```

1.3.3 配置 MySQL

MySQL 是目前广泛应用的关系数据库管理系统之一，由瑞典的 MySQL AB 公司开发，现属于 Oracle 公司。关系数据库将数据保存在不同的表中，使得数据的存储、查询和管理更加灵活和高效。由于 MySQL 数据库具备体积小、速度快、成本低、开放源代码等特点，所以多数中小型网站都选择 MySQL 数据库用于网站数据支持。爬虫爬取的网页信息（如 URL、文字信息等）经过整理后存储在数据库中，格式化后存储在关系数据库中的数据可供后续解析程序或者其他程序复用。

微课 1-4 在 Windows 操作系统上配置 MySQL

1. 在 Windows 操作系统上配置 MySQL

本小节使用的 MySQL 为社区版，安装包为 mysql-installer-community-8.0.13.msi，是一个免费版本，读者可依据需求选择其他的版本。在 64 位的 Windows 操作系统上，安装该版本 MySQL 的具体步骤如下。

① 双击打开 msi 安装包，在打开的界面中选择“Custom”选项，单击“Next”按钮，如图 1-19 所示。

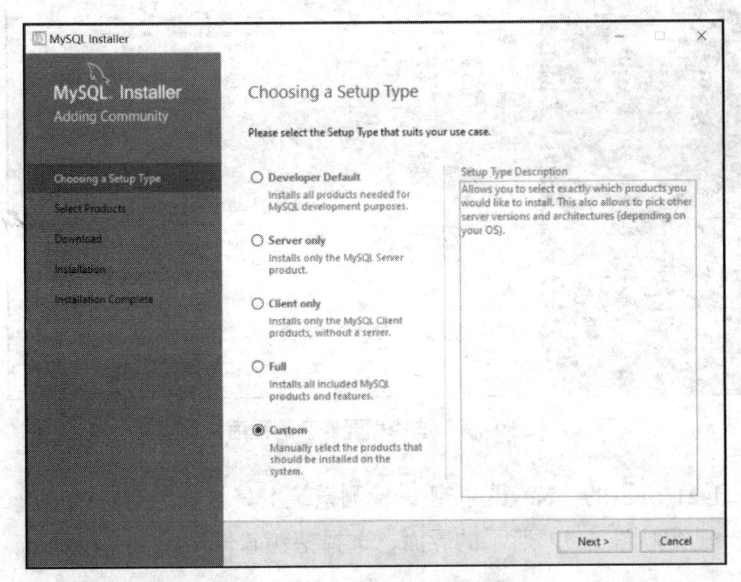

图 1-19 选择安装类型界面

② 在选择产品界面中单击“Edit”按钮，在弹出框中选择“64-bit”选项，之后单击“Filter”按钮，如图 1-20 所示。

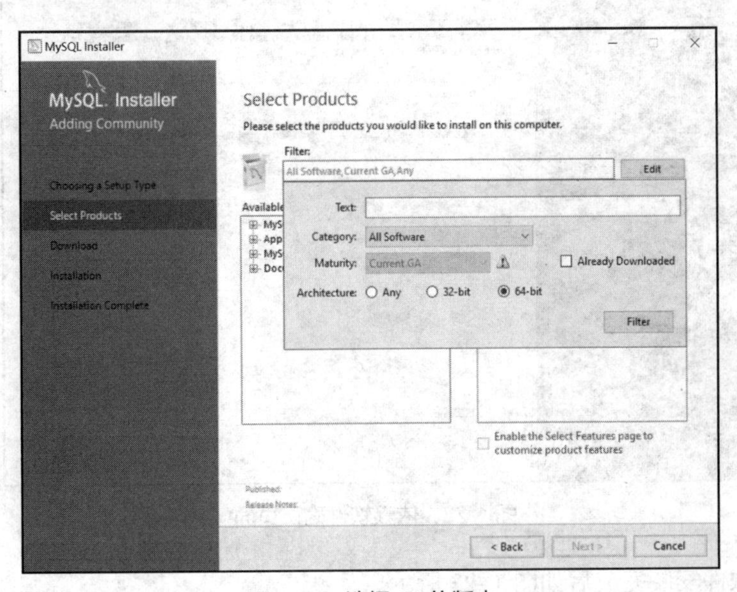

图 1-20 选择 64 位版本

③ 在图 1-21 所示的左侧栏内选择需要安装的程序，单击中间的向右箭头将程序移至安装栏内。

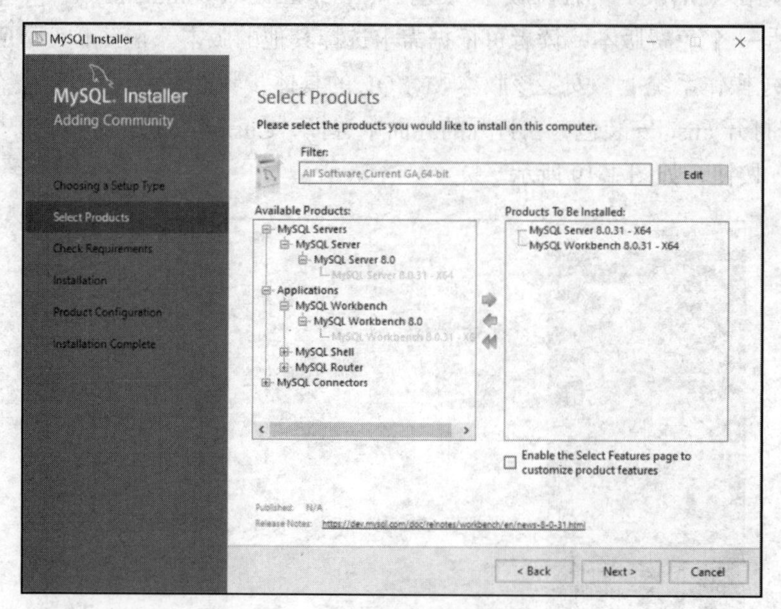

图 1-21　选择需要安装的程序

④ 单击图 1-21 所示的“Next”按钮，检测系统上是否安装有相关依赖的软件，若没有安装，则会出现类似图 1-22 所示的界面，选择依赖软件后单击“Execute”按钮安装依赖软件。

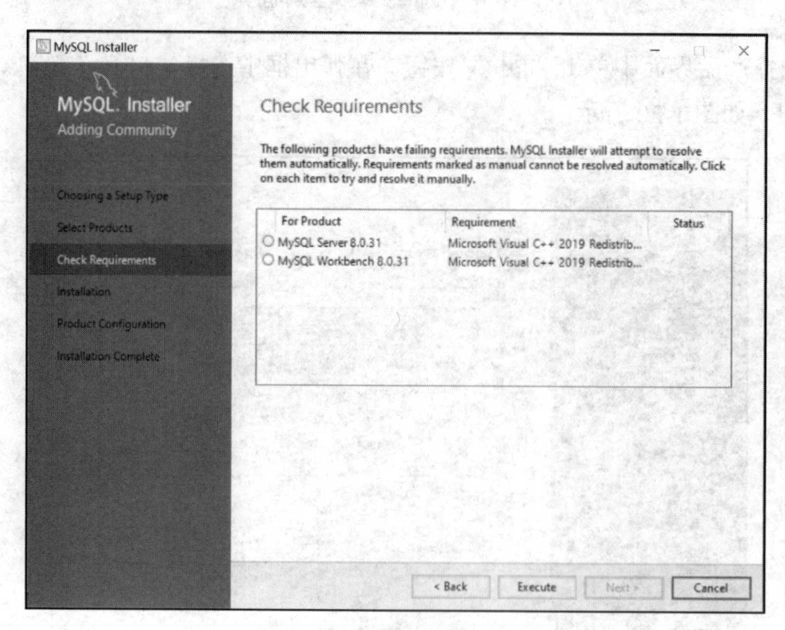

图 1-22　依赖软件确认页面

⑤ 依赖软件安装完成后如图 1–23 所示。

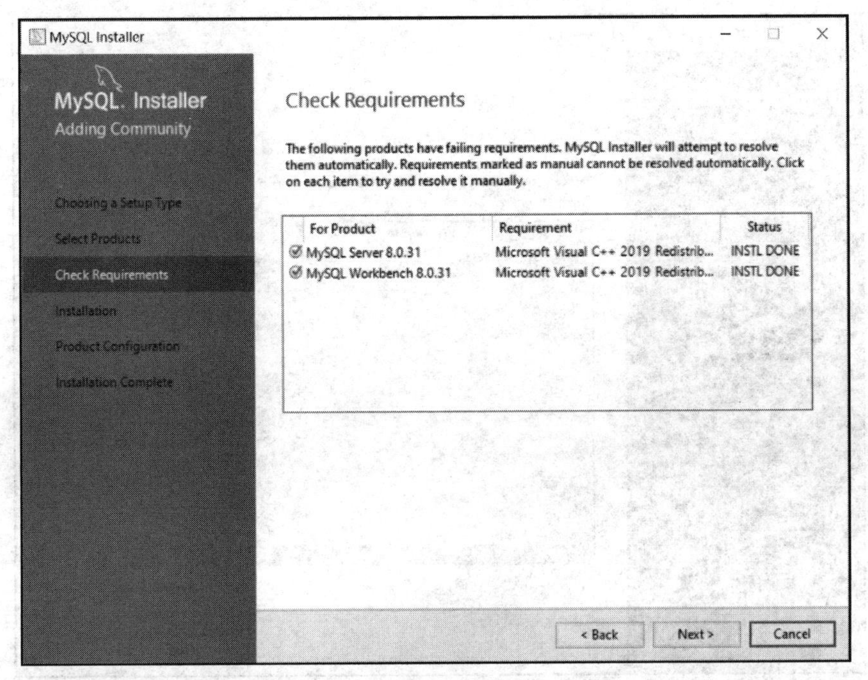

图 1-23　依赖软件安装成功界面

⑥ 单击图 1-23 所示的“Next”按钮后，进入安装确认步骤，被安装的程序会显示在框内，单击“Execute”按钮开始安装，如图 1-24 所示。

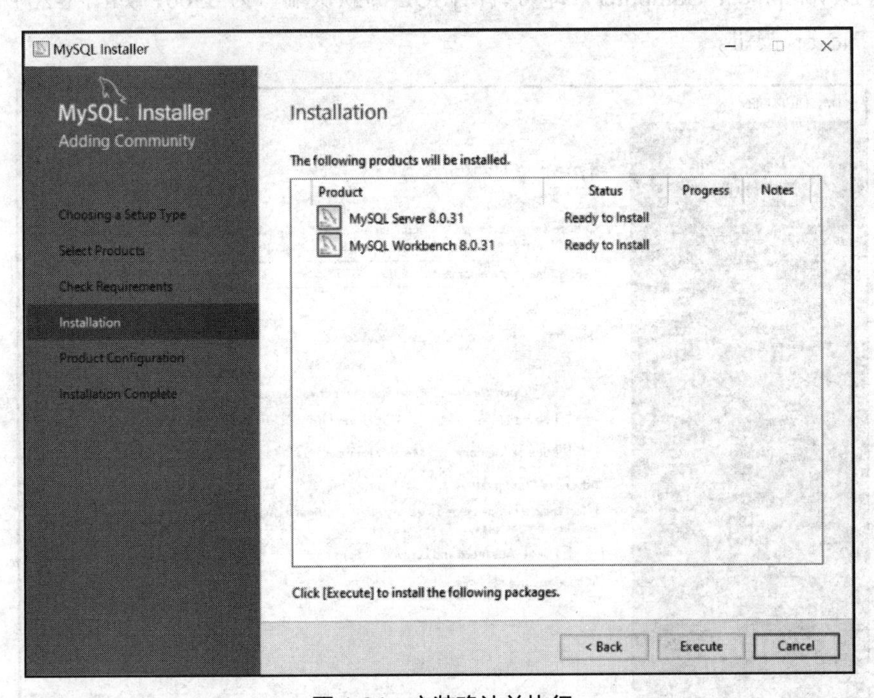

图 1-24　安装确认并执行

⑦ 安装完成后，还需进行软件配置，如图 1-25 所示，单击“Next”按钮。

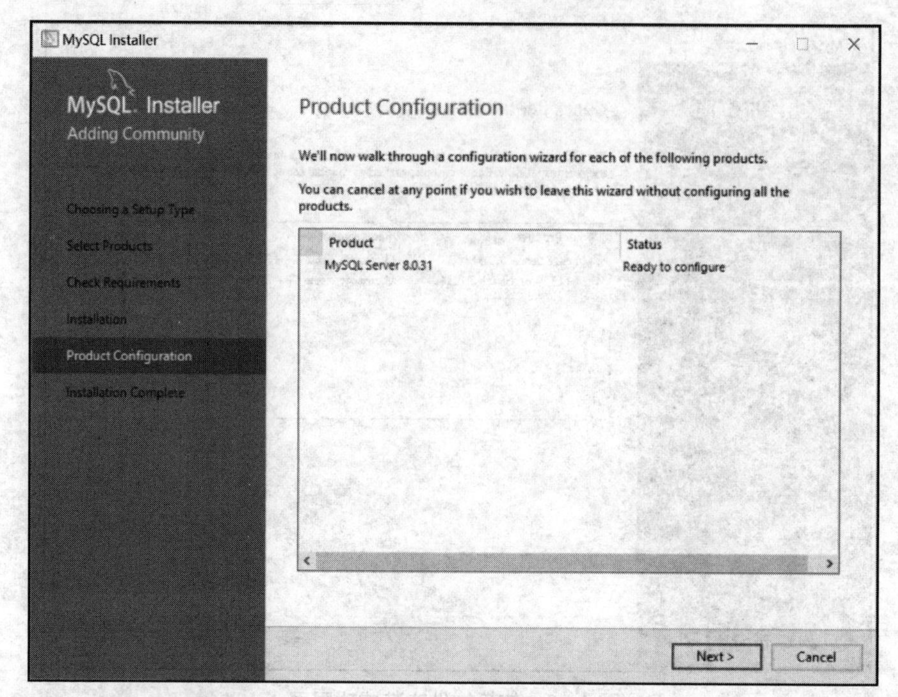

图 1-25　软件配置

⑧ 对于一般用户来说，在类型与网络（Type and Networking）界面的“Config Type”中选择“Development Computer”即可，MySQL 的默认端口为 3306，如图 1-26 所示，之后单击“Next”按钮。

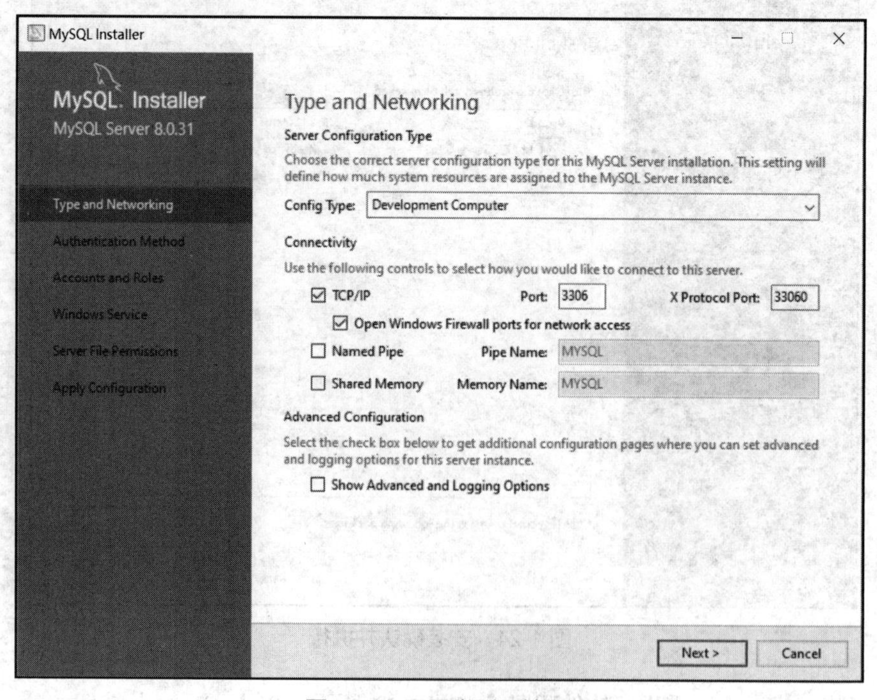

图 1-26　配置类型及端口

⑨ 在验证方法（Authentication Method）界面选择“Use Strong Password Encryption for Authentication (RECOMMENDED)”选项，如图 1-27 所示，之后单击“Next”按钮。

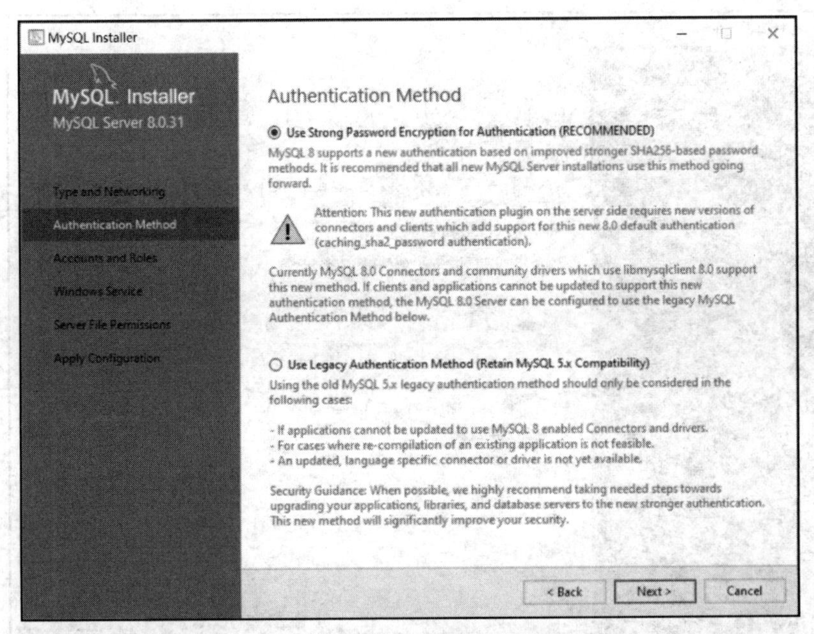

图 1-27　设置身份验证方法

⑩ 单击“Add User”按钮可添加一个具有普通用户权限的 MySQL 用户账户，也可不添加，如图 1-28 所示，之后单击“Next”按钮。

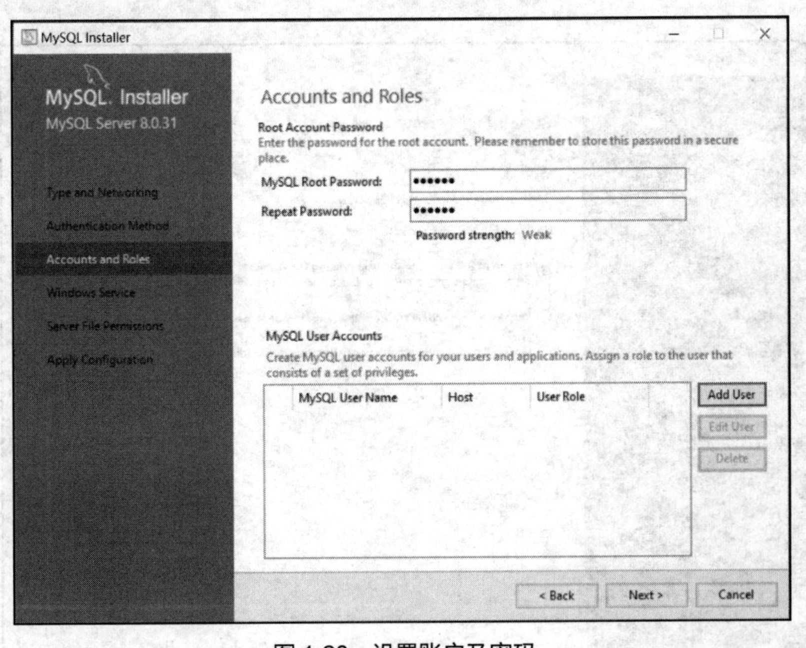

图 1-28　设置账户及密码

⑪ 在 Windows 服务界面中勾选“Configure MySQL Server as a Windows Service”选项

后，将以系统用户的身份运行 Windows 服务。在 Windows 下，MySQL 的默认服务名为 MySQL80，如图 1-29 所示，之后单击“Next”按钮。

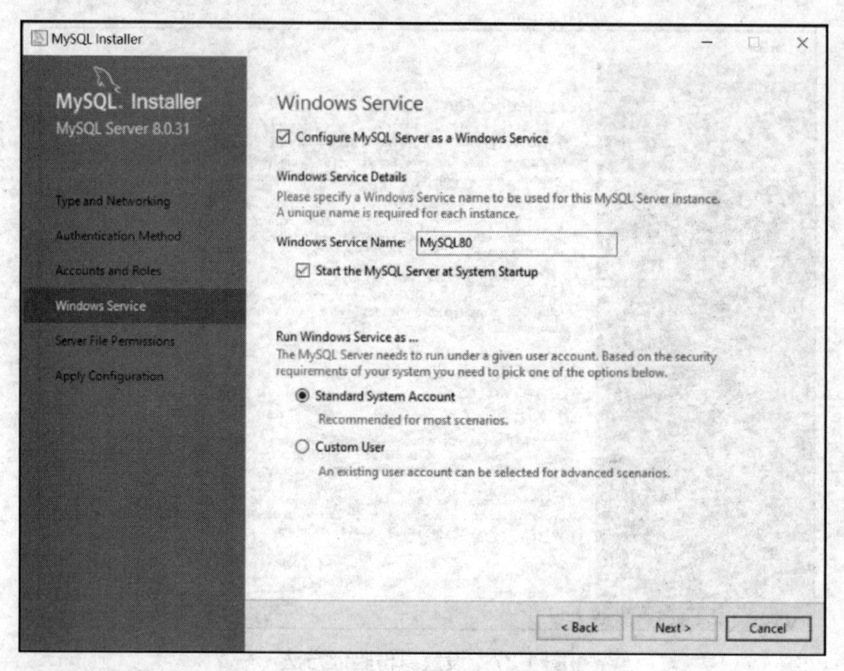

图 1-29　Windows 服务配置

⑫ 配置 MySQL Server 进程可以访问的目录和文件，如图 1-30 所示，之后单击“Next”按钮。

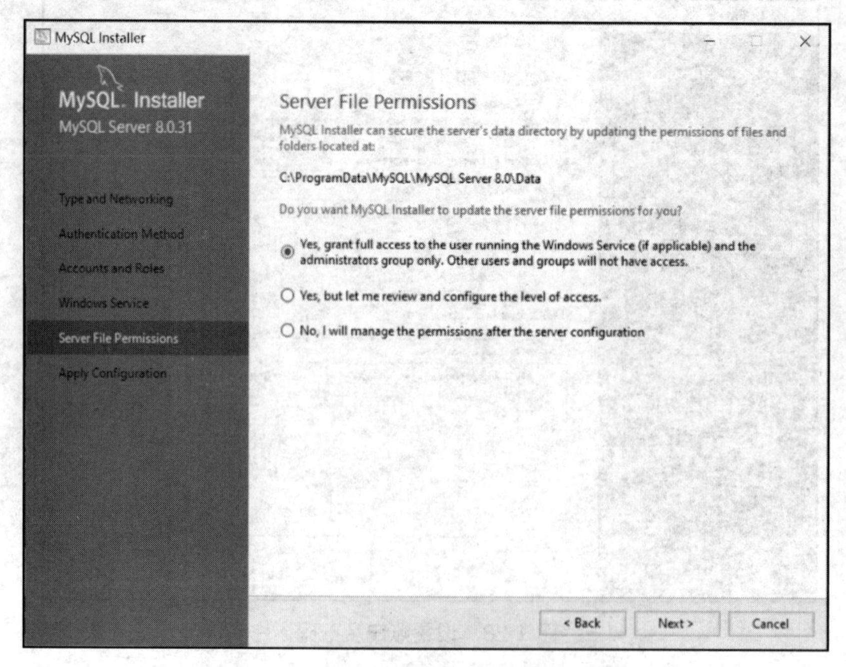

图 1-30　配置可以访问的目录和文件

⑬ 进入应用服务配置界面，单击“Execute”按钮开始执行，如图 1-31 所示。

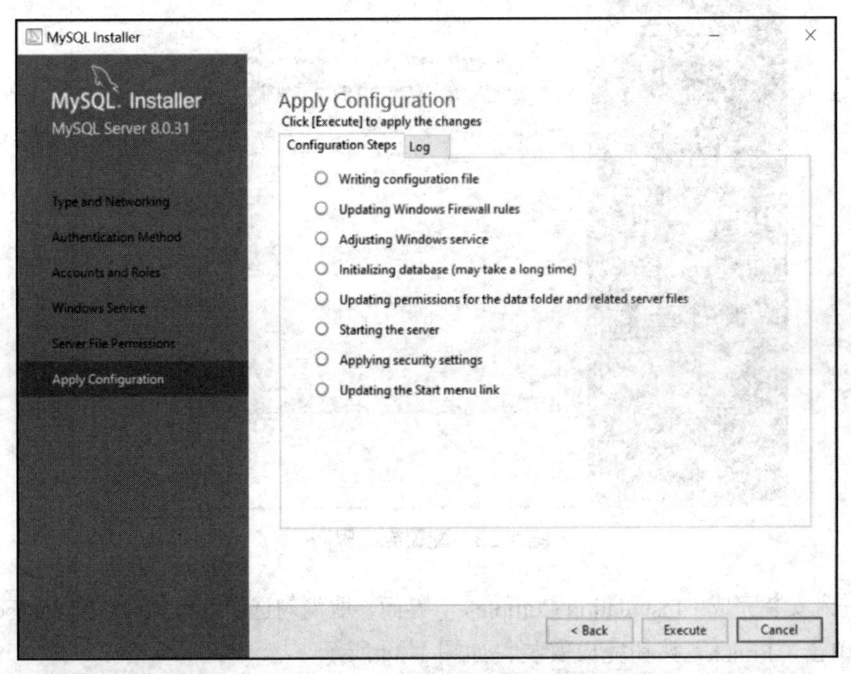

图 1-31　应用服务配置界面

⑭ 执行成功的应用服务配置将变为绿色的勾选状态，单击图 1-32 所示的“Finish”按钮完成配置过程，则会弹出图 1-33 所示的界面，之后单击“Next”按钮。

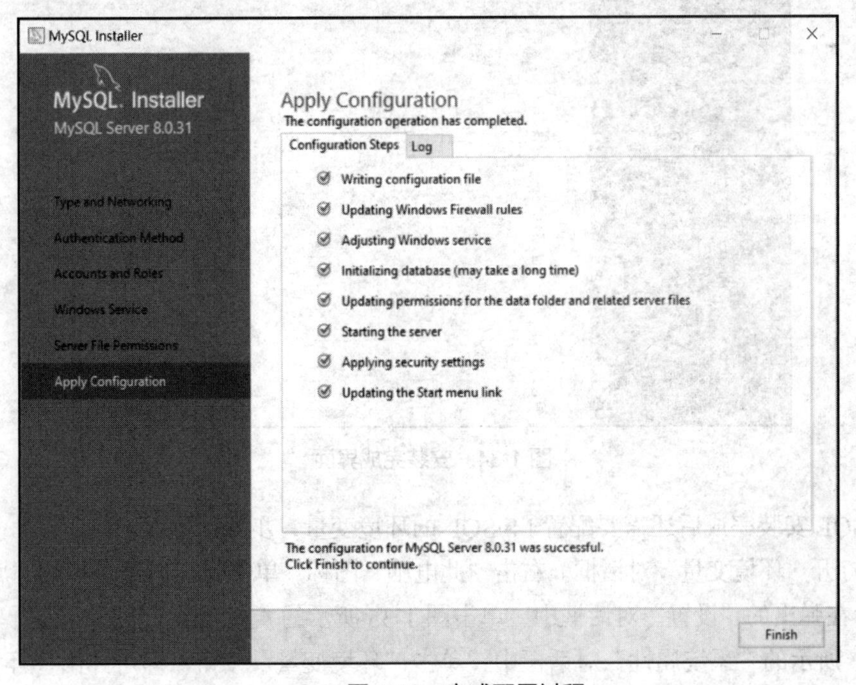

图 1-32　完成配置过程

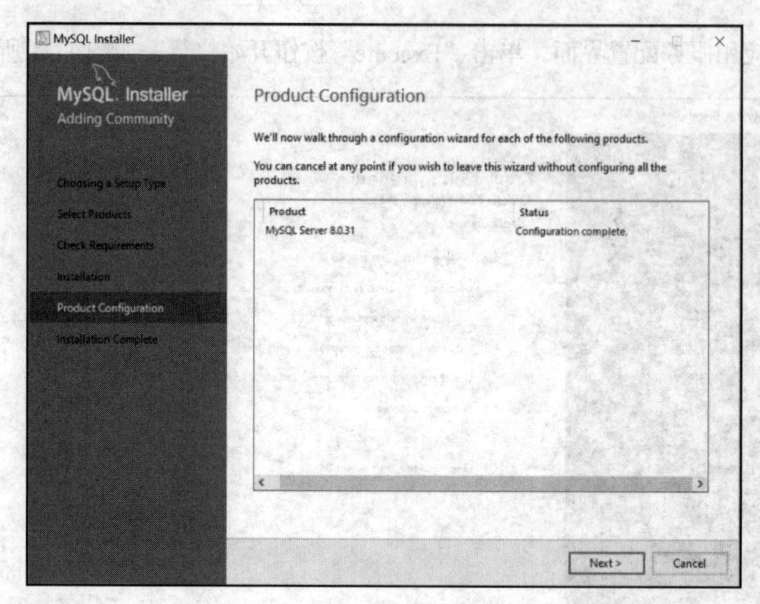

图 1-33　配置完成界面

⑮ 进入安装完成（Installation Complete）界面，取消勾选“Start MySQL Workbench after Setup”，单击“Finish”按钮完成安装，如图 1-34 所示。

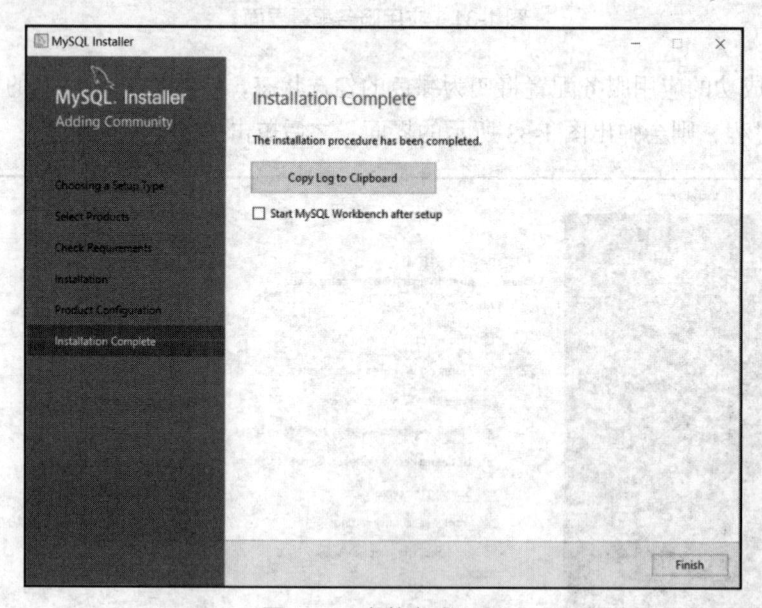

图 1-34　安装完成界面

MySQL 安装完成后还需要配置 MySQL 的环境变量，步骤如下。

① 打开“环境变量”对话框。右击“此电脑”图标，单击弹出的菜单中的“属性”选项，之后在弹出的“设置”对话框中，单击图 1-35 所示的“高级系统设置”选项。在弹出的图 1-36 所示的“系统属性”对话框中，单击“环境变量”按钮，即可弹出“环境变量”对话框，如图 1-37 所示。

图 1-35 “设置”对话框中的“高级系统设置”

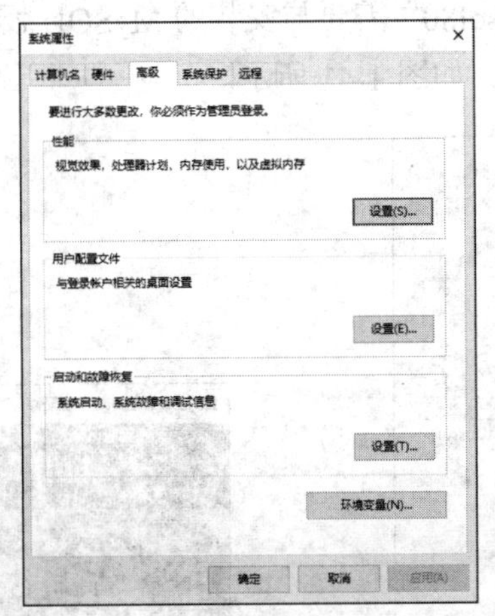

图 1-36 “系统属性”对话框

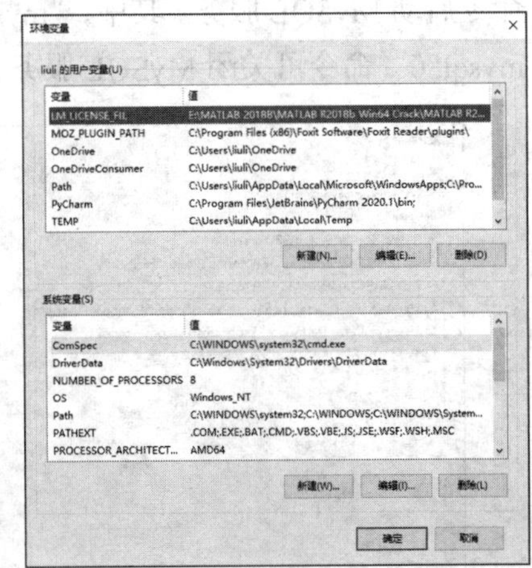

图 1-37 “环境变量”对话框

② 设置 MySQL 的环境变量。设置环境变量有以下两种方法。

方法一：单击“环境变量”对话框中“系统变量”的“新建”按钮，弹出“新建系统变量”对话框中，在“变量名”后填写“MYSQL_HOME”，在“变量值”后填写“C:\Program Files\MySQL\MySQL Server 8.0”，MySQL 默认安装在 C:\Program Files 路径下，如图 1-38 所示。在“环境变量”对话框中的用户变量列表中选择“Path”变量，单击“编辑”按钮，在弹出的“编辑环境变量”对话框中，单击“新建”按钮添加“%MYSQL_HOME%\bin”即可，如图 1-39 所示。

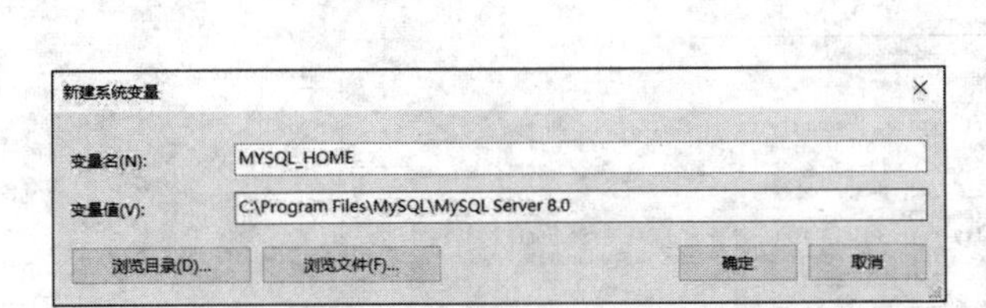

图 1-38 添加 MYSQL_HOME 变量

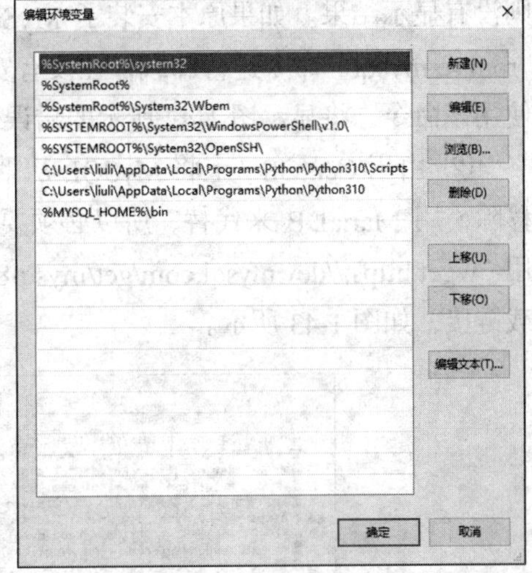

图 1-39 修改 Path 变量

方法二：在“环境变量”对话框中单击“新建”按钮添加“C:\Program Files\MySQL\MySQL Server 8.0\bin”，即直接添加 MySQL 安装目录下的 bin 配置到 Path 变量下，如图 1-40 所示。

配置环境变量后，可使用管理员权限运行命令提示符窗口，使用“net start mysql80”

命令启动 MySQL 服务。其中，“mysql80”需要与安装的 MySQL 版本一致。使用“net stop mysql80”命令可关闭 MySQL 服务，如图 1-41 所示。

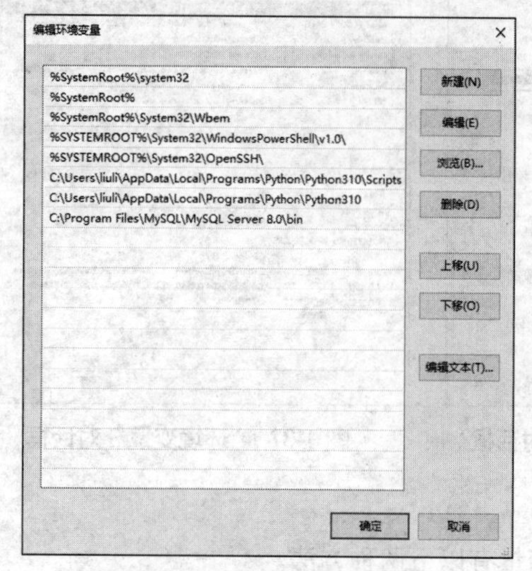

图 1-40　直接添加到 Path 变量

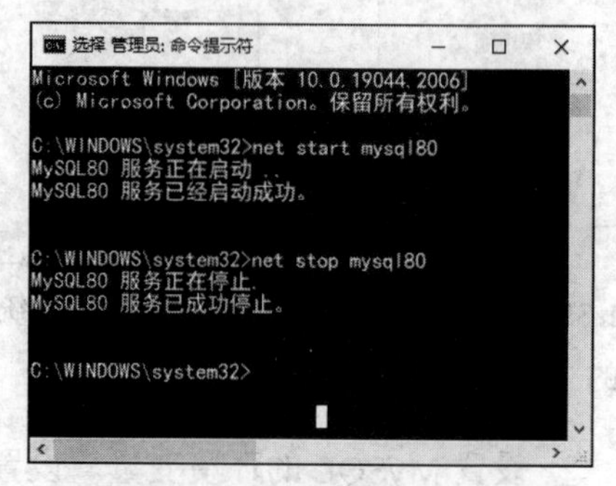

图 1-41　启动与关闭 SQL 服务

2. 在 Linux 操作系统上配置 MySQL

本小节使用的 Linux 版本为 CentOS 7，使用“yum”命令安装 MySQL（mysql-community-8.0.30）的具体步骤如下。

① 切换至 root 用户，使用“rpm -qa | grep mysql”命令查看是否已经安装 MySQL 数据库，如果没有安装，则没有显示结果。如果原本安装了 MySQL，则可使用“rpm -e mysql”命令进行卸载，在没有安装 MySQL 时使用该命令，将显示图 1-42 所示的错误信息。

```
spider@bogon:/
文件(F) 编辑(E) 查看(V) 搜索(S) 终端(T) 帮助(H)
[spider@bogon ~]$ su root
密码：
[root@bogon spider]# cd ..
[root@bogon home]# cd ..
[root@bogon /]# rpm -qa| grep mysql
[root@bogon /]# rpm -e mysql
错误：未安装软件包 mysql
[root@bogon /]# a
```

图 1-42　查看是否已安装 MySQL

② 由于 CentOS 7 上将 MySQL 从默认软件列表中移除，用 MariaDB 来代替，所以必须要去官网上下载 MySQL，在官网上找到下载链接，用“wget https://dev.mysql.com/get/mysql80-community-release-el7-4.noarch.rpm”命令打开下载链接，如图 1-43 所示。

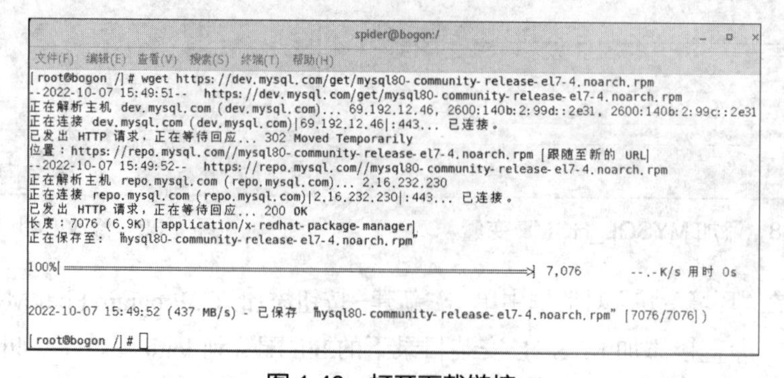

图 1-43　打开下载链接

③ 下载完成后，使用“rpm -ivh mysql80-community-release-el7-4.noarch.rpm”命令进行加载，之后运行“yum -y install mysql mysql-server mysql-devel--nogpgcheck”命令进行安装，如图 1-44 所示。

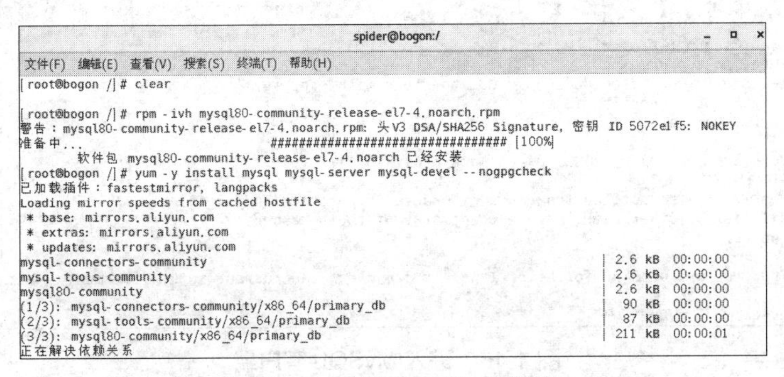

图 1-44　安装 MySQL 数据库

④ 安装完成后，运行“yum -y install mysql mysql-server mysql-devel”命令和“rpm -qa | grep mysql”命令进行确认，如图 1-45 所示。

```
spider@bogon:/
文件(F) 编辑(E) 查看(V) 搜索(S) 终端(T) 帮助(H)
[root@bogon /]# yum -y install mysql mysql-server mysql-devel
已加载插件：fastestmirror, langpacks
Loading mirror speeds from cached hostfile
 * base: mirrors.aliyun.com
 * extras: mirrors.aliyun.com
 * updates: mirrors.aliyun.com
软件包 mysql-community-client-8.0.30-1.el7.x86_64 已安装并且是最新版本
软件包 mysql-community-server-8.0.30-1.el7.x86_64 已安装并且是最新版本
软件包 mysql-community-devel-8.0.30-1.el7.x86_64 已安装并且是最新版本
无须任何处理
[root@bogon /]# rpm -qa | grep mysql
mysql80-community-release-el7-4.noarch
mysql-community-client-8.0.30-1.el7.x86_64
mysql-community-libs-compat-8.0.30-1.el7.x86_64
mysql-community-common-8.0.30-1.el7.x86_64
mysql-community-icu-data-files-8.0.30-1.el7.x86_64
mysql-community-libs-8.0.30-1.el7.x86_64
mysql-community-server-8.0.30-1.el7.x86_64
mysql-community-client-plugins-8.0.30-1.el7.x86_64
mysql-community-devel-8.0.30-1.el7.x86_64
[root@bogon /]#
```

图 1-45　确认安装成功

⑤ 使用 MySQL 数据库前，需要使用“service mysqld start”命令启用 MySQL 服务，如图 1-46 所示。

图 1-46　启用 MySQL 服务

⑥ 运行“grep 'password' /var/log/mysqld.log”命令查看默认密码，如图 1-47 所示。

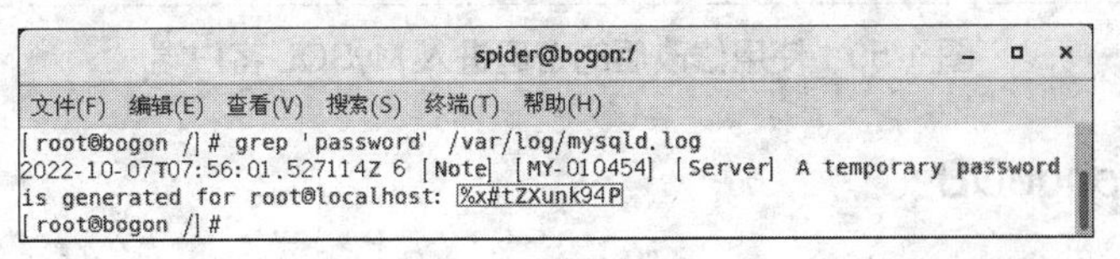

图 1-47　查看默认密码

⑦ 运行“mysql -u root -p”命令，如图 1-48 所示，输入默认密码，进入 MySQL 客户端。

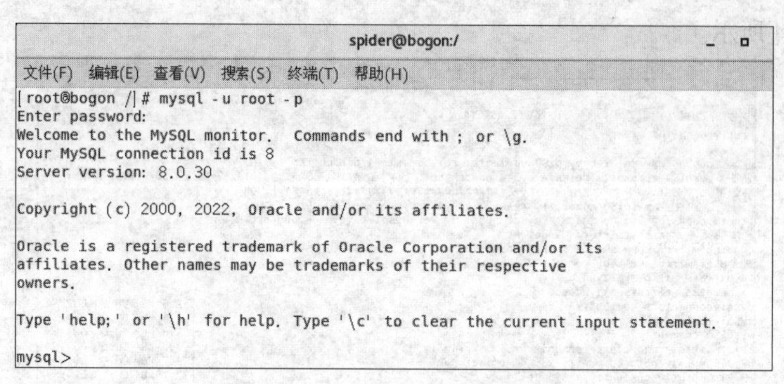


```
[root@bogon /]# mysql -u root -p
Enter password:
Welcome to the MySQL monitor.  Commands end with ; or \g.
Your MySQL connection id is 8
Server version: 8.0.30

Copyright (c) 2000, 2022, Oracle and/or its affiliates.

Oracle is a registered trademark of Oracle Corporation and/or its
affiliates. Other names may be trademarks of their respective
owners.

Type 'help;' or '\h' for help. Type '\c' to clear the current input statement.

mysql>
```

图 1-48　进入 MySQL 客户端

⑧ 运行“alter user user() identified by '修改后的密码';”命令修改 root 用户默认密码，如图 1-49 所示。注意，密码要求有大小写字母和特殊字符，还有长度限制。

```
spider@bogon:/
文件(F) 编辑(E) 查看(V) 搜索(S) 终端(T) 帮助(H)
Your MySQL connection id is 10
Server version: 8.0.30 MySQL Community Server - GPL

Copyright (c) 2000, 2022, Oracle and/or its affiliates.

Oracle is a registered trademark of Oracle Corporation and/or its
affiliates. Other names may be trademarks of their respective
owners.

Type 'help;' or '\h' for help. Type '\c' to clear the current input statement.

mysql> alter user user() identified by 'Root123456@';
Query OK, 0 rows affected (0.01 sec)
```

图 1-49　修改 root 用户默认密码

⑨ 如图 1-50 所示，运行“mysql -u root -p”命令，输入修改后的密码进入 MySQL 客户端，可使用“help”或“\h”命令查看帮助。

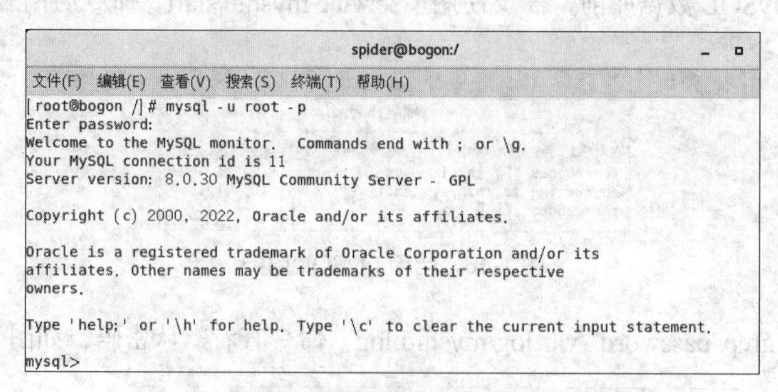


```
[root@bogon /]# mysql -u root -p
Enter password:
Welcome to the MySQL monitor.  Commands end with ; or \g.
Your MySQL connection id is 11
Server version: 8.0.30 MySQL Community Server - GPL

Copyright (c) 2000, 2022, Oracle and/or its affiliates.

Oracle is a registered trademark of Oracle Corporation and/or its
affiliates. Other names may be trademarks of their respective
owners.

Type 'help;' or '\h' for help. Type '\c' to clear the current input statement.

mysql>
```

图 1-50　使用修改后的密码进入 MySQL 客户端

1.3.4　配置 MongoDB

MongoDB 于 2009 年 2 月由 10gen 团队（现为 MongoDB.Inc）首度推出，由 C++编写

而成，是一种文档导向的数据库管理系统。MongoDB 介于关系数据库和非关系数据库之间，是最为接近关系数据库的、功能最丰富的非关系数据库。由于其支持的数据结构非常松散，因此可以存储较为复杂的数据。MongoDB 最大的特点是，支持的查询语言非常强大，其语法有点类似面向对象的查询语言，几乎可以实现类似关系数据库单表查询的绝大部分功能，还支持为数据建立索引。

与关系数据库不同的是，MongoDB 不再有预定义模式（Predefined Schema），文档的键（Key）和值（Value）不再是固定的类型和大小。由于没有固定的模式，根据需要添加或删除字段变得更容易，这适合需要爬取较为复杂结构数据的爬虫。

1. 在 Windows 操作系统上配置 MongoDB

微课 1-5 在 Windows 操作系统上配置 MongoDB

MongoDB 的官网提供了多种版本可供下载。本小节使用的是 64 位的 5.0.13 版本，安装包为 mongodb-windows-x86_64-5.0.13-signed.msi。相比 MySQL，MongoDB 的安装过程比较简单。MongoDB 的安装及具体配置过程如下。

① 打开 msi 安装包，出现欢迎界面，如图 1-51 所示，单击“Next”按钮。

② 勾选“I accept the terms in the License Agreement”选项，如图 1-52 所示，单击“Next”按钮。

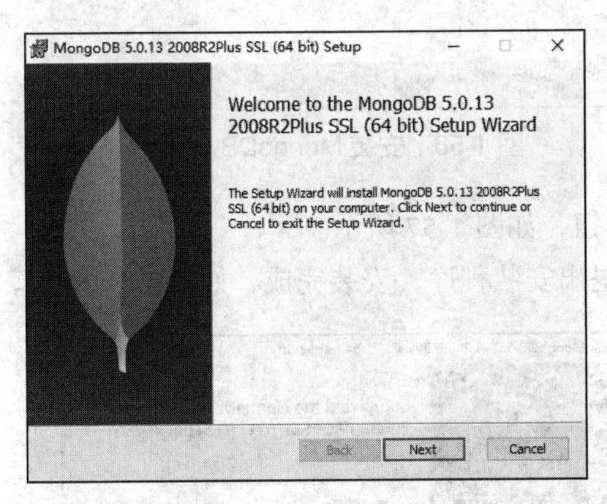

图 1-51 欢迎界面

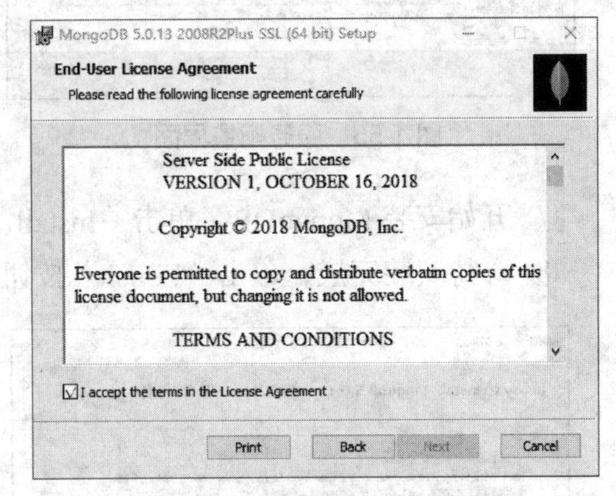

图 1-52 勾选同意许可条款

③ 安装程序提供了两种安装模式：完整（Complete）模式和定制（Custom）模式。其中，完整模式会将全部内容安装在 C 盘且路径无法更改，若要更改安装路径则需要选择定制模式，如图 1-53 所示。

④ 单击“Custom”按钮进入定制模式，在定制模式下可选择安装路径和需要安装的部件，单击“Browse”按钮可以选择安装路径，然后单击“Next”按钮，如图 1-54 所示。

⑤ 在服务配置界面，使用默认配置，如图 1-55 所示，单击“Next”按钮。

⑥ 在安装 MongoDB 界面，取消勾选“Install MongoDB Compass”（当然也可以勾选，但这样就需要花费更长的安装时间）。MongoDB Compass 是一个图形界面管理工具，后期如果需要也可以再单独下载与安装。完成上述操作后单击“Next”按钮，如图 1-56 所示。

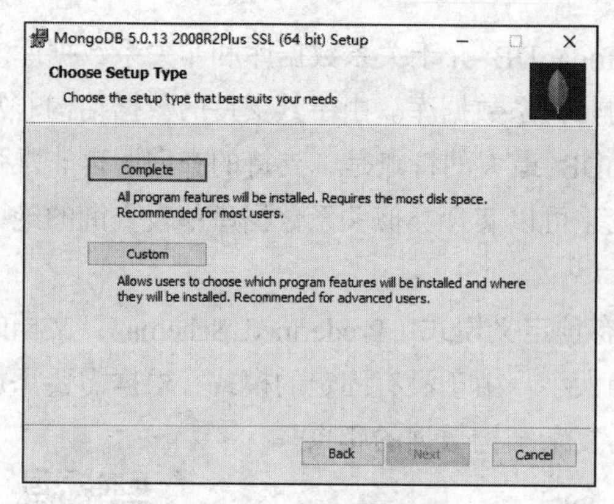

图 1-53　选择安装模式

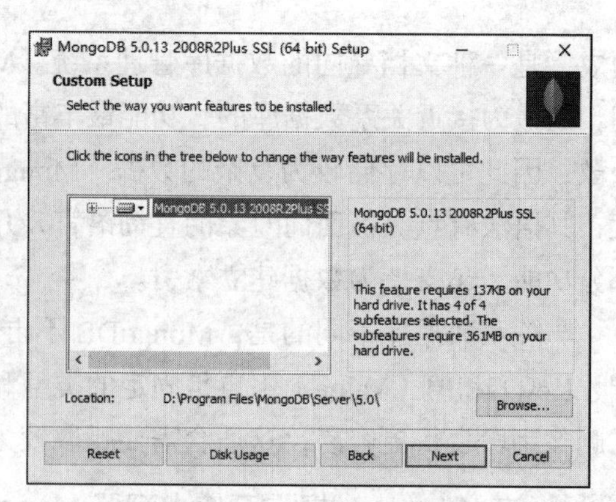

图 1-54　选择安装路径

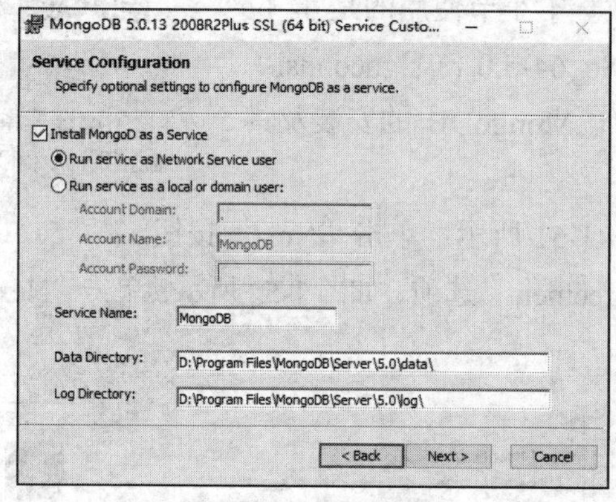

图 1-55　服务配置界面

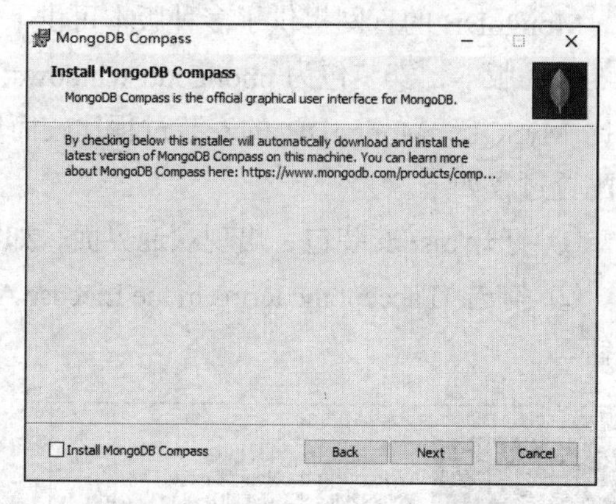

图 1-56　安装 MongoDB 界面

⑦ 开始安装 MongoDB，单击“Install”按钮，如图 1-57 所示。

⑧ 等待安装完成，单击“Finish”按钮，退出安装程序，安装完成，如图 1-58 所示。

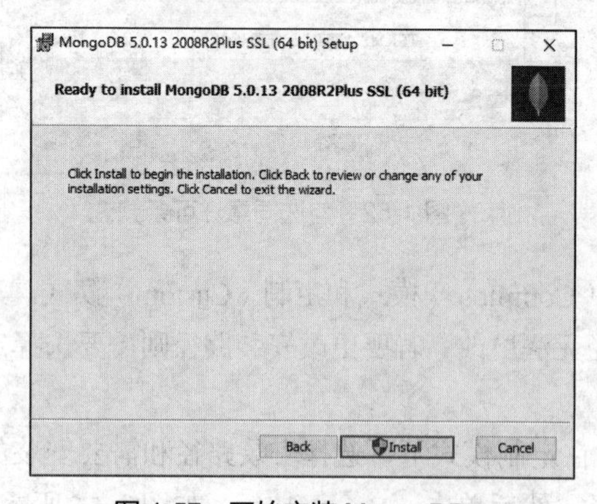

图 1-57　开始安装 MongoDB

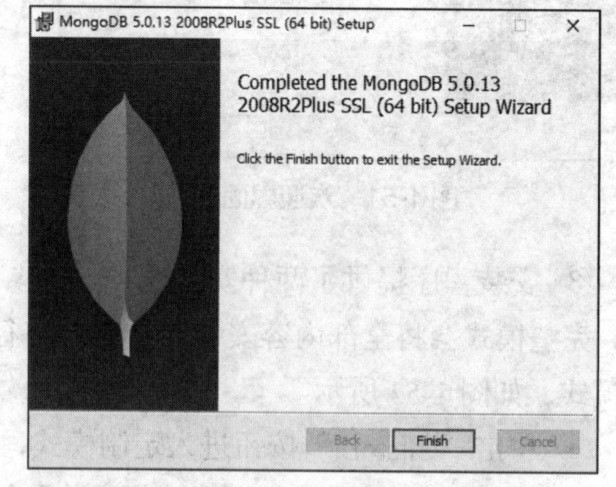

图 1-58　安装完成

⑨ 右击“此电脑”，选择“管理”，在“计算机管理”左侧栏中找到“服务和应用程序”，单击“服务”，如果能在服务列表中找到 MongoDB Server，就说明 MongoDB 已经安装成功，如图 1-59 所示。

⑩ 服务启动后，在浏览器的地址栏中输入“http://127.0.0.1:27017”并按“Enter”键，若出现图 1-60 所示的字样，则说明启动成功。

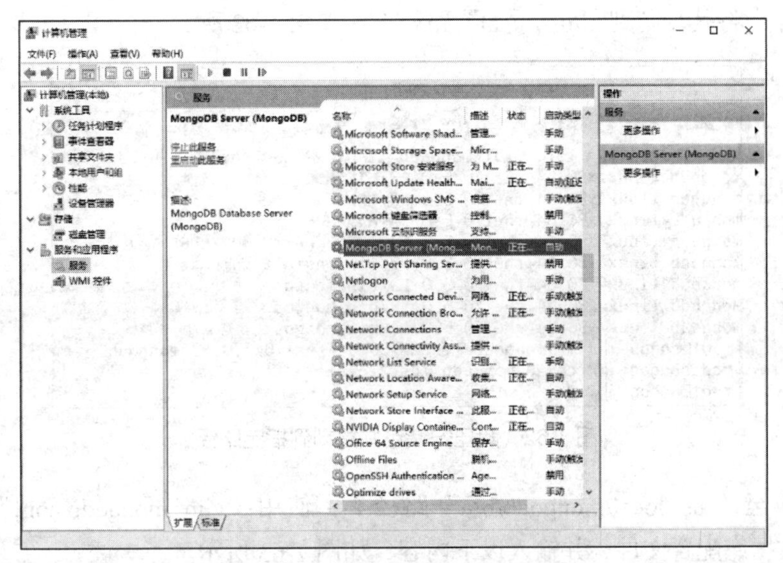

图 1-59　查看 MongoDB 服务

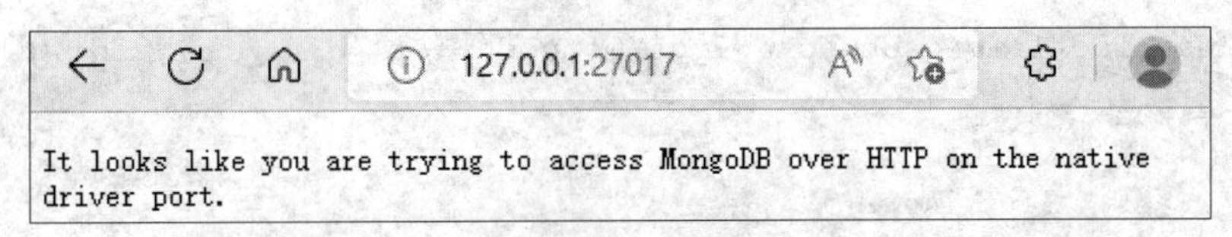

图 1-60　启动成功

2. 在 Linux 操作系统上配置 MongoDB

本小节选用的安装包为 mongodb-linux-x86_64-rhel70-5.0.13.tgz，在 Linux 操作系统中安装 MongoDB 的具体步骤如下。

① 使用“wget https://fastdl.mongodb.org/linux/mongodb-linux-x86_64-rhel70-5.0.13.tgz”命令从官网获取 MongoDB 的安装包，获取成功后的效果如图 1-61 所示。

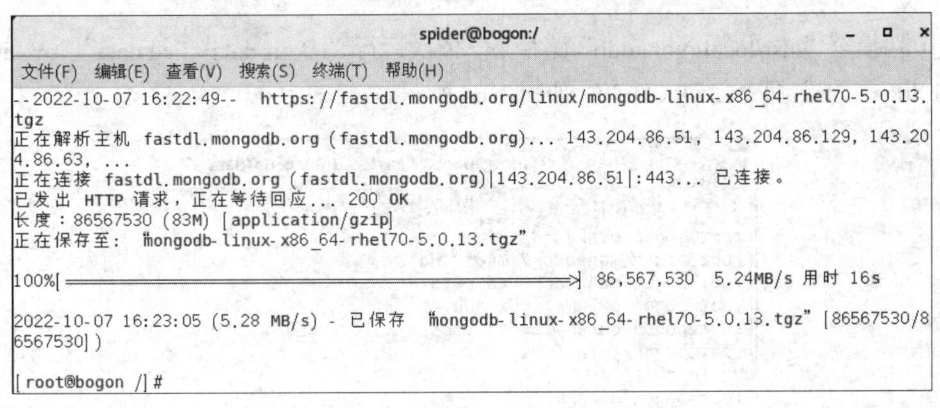

图 1-61　从官网获取 MongoDB 的安装包

② 使用“tar -zxvf mongodb-linux-x86_64-rhel70-5.0.13.tgz”命令将下载的安装包进行解压，并使用“mv mongodb-linux-x86_64-rhel70-5.0.13 mongodb”和“cp -R mongodb /usr/local”命令将其复制到“/usr/local”路径下，如图 1-62 所示。

```
spider@bogon:/
文件(F) 编辑(E) 查看(V) 搜索(S) 终端(T) 帮助(H)
[root@bogon /]# tar -zxvf mongodb-linux-x86_64-rhel70-5.0.13.tgz
mongodb-linux-x86_64-rhel70-5.0.13/LICENSE-Community.txt
mongodb-linux-x86_64-rhel70-5.0.13/MPL-2
mongodb-linux-x86_64-rhel70-5.0.13/README
mongodb-linux-x86_64-rhel70-5.0.13/THIRD-PARTY-NOTICES
mongodb-linux-x86_64-rhel70-5.0.13/bin/install_compass
mongodb-linux-x86_64-rhel70-5.0.13/bin/mongo
mongodb-linux-x86_64-rhel70-5.0.13/bin/mongod
mongodb-linux-x86_64-rhel70-5.0.13/bin/mongos
[root@bogon /]# mv mongodb-linux-x86_64-rhel70-5.0.13 mongodb
[root@bogon /]# cp -R mongodb /usr/local
[root@bogon /]#
```

图 1-62 解压安装包并复制到指定路径

③ 切换至“/usr/local/mongodb/bin”路径下，使用“vim mongodb.conf”命令创建 MongoDB 数据库配置文件，并输入以下内容，如图 1-63 所示。

```
dbpath=/usr/local/mongodb/data/db
logpath=/usr/local/mongodb/data/logs/mongodb.log
logappend=true
fork=true
port=27017
```

```
spider@bogon:/usr/local/mongodb/bin
文件(F) 编辑(E) 查看(V) 搜索(S) 终端(T) 帮助(H)
dbpath=/usr/local/mongodb/data/db
logpath=/usr/local/mongodb/data/logs/mongodb.log
logappend=true
fork=true
port=27017
```

图 1-63 MongoDB 配置文件

④ 切换至“/usr/local/mongodb”路径下，依次运行“mkdir data”“cd data”“mkdir db”“mkdir logs”“ls”命令创建文件夹，如图 1-64 所示。

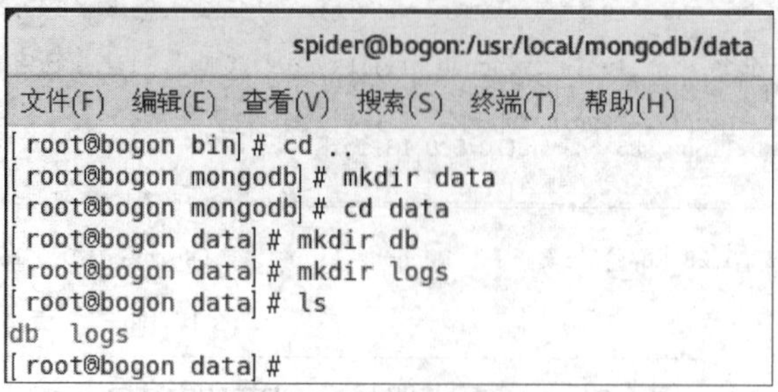

```
spider@bogon:/usr/local/mongodb/data
文件(F) 编辑(E) 查看(V) 搜索(S) 终端(T) 帮助(H)
[root@bogon bin]# cd ..
[root@bogon mongodb]# mkdir data
[root@bogon mongodb]# cd data
[root@bogon data]# mkdir db
[root@bogon data]# mkdir logs
[root@bogon data]# ls
db logs
[root@bogon data]#
```

图 1-64 在指定路径下创建文件夹

⑤ 再次切换至“/usr/local/mongodb/bin”路径下，运行“./mongod -f mongodb.conf”命令启动 MongoDB，如图 1-65 所示。

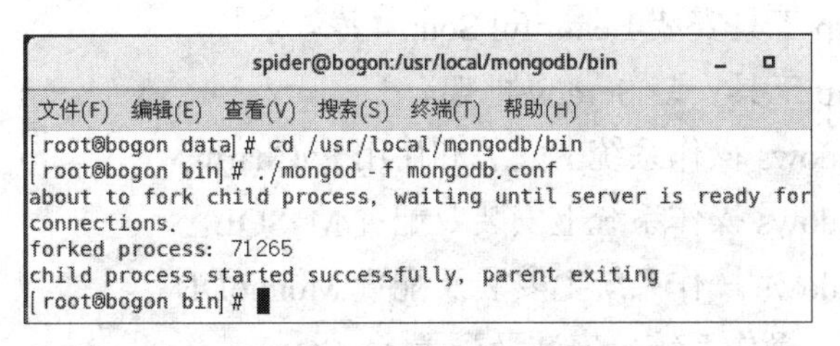

图 1-65　启动 MongoDB

⑥ 打开浏览器，访问“http://127.0.0.1:27017”，若出现图 1-66 所示的信息，则说明 MongoDB 启动成功。

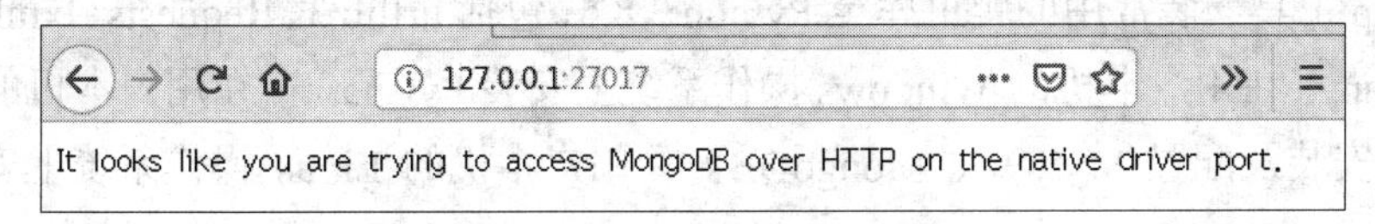

图 1-66　MongoDB 启动成功

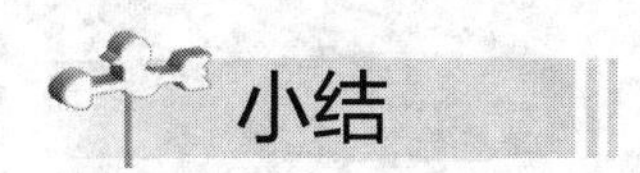

小结

本项目对爬虫和反爬虫进行了基本概述，同时简要介绍了 Python 爬虫环境的配置。本项目的主要内容如下。

（1）爬虫是一种可以自动下载网页的程序、脚本或计算机工具，大致可分为 4 种，用于个人或学术研究的爬虫通常是合法的。

（2）反爬虫是指网站所有者针对爬虫进行检测和限制的过程，爬虫需针对反爬虫手段制定相应的爬取策略。

（3）Python 中常用于爬虫的库包含 urllib、Requests、urllib 3、Scrapy、lxml 和 Beautiful Soup 4 等。

（4）本项目介绍了 IDE 以及 PyCharm 社区版的安装和使用，同时介绍了用于存储数据的数据库管理软件的安装和配置。

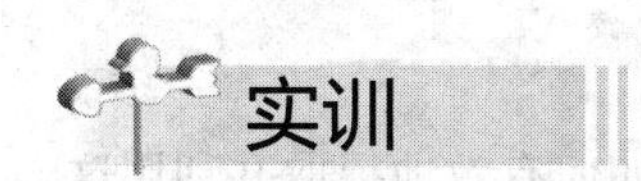

实训

实训　Python 爬虫环境配置

1. 训练要点

（1）掌握使用 pip 工具安装 urllib 3 库。

（2）掌握使用 pip 工具安装 Requests 库。

（3）掌握使用 pip 工具安装 lxml 库。

（4）掌握使用 pip 工具安装 Beautiful Soup 4 库。

（5）掌握使用 pip 工具安装 Scrapy 框架。

（6）掌握在 Windows 操作系统上安装和使用 PyCharm。

（7）掌握在 Windows 操作系统上安装及配置 MySQL。

（8）掌握在 Windows 操作系统上安装及配置 MongoDB。

（9）掌握在 Linux 操作系统上安装及配置 MySQL。

（10）掌握在 Linux 操作系统上安装及配置 MongoDB。

2. 需求说明

使用 pip 工具安装常用的爬虫库至 Python 3.8.5，包括 urllib 3、Requests、lxml、Beautiful Soup 4、Scrapy。在用户本机的 Windows 操作系统上安装 PyCharm。在用户本机的 Windows 操作系统上安装及配置 MySQL、MongoDB。在用户本机的 Linux 操作系统上安装及配置 MySQL、MongoDB。

3. 实现思路及步骤

（1）将“scripts”目录加入环境变量“Path”中。

（2）使用管理员权限打开命令行工具。

（3）使用 pip 工具，依次安装 urllib 3、Requests、lxml、Beautiful Soup 4、Scrapy 等库。

（4）在官网下载 MySQL 社区版的 8.0.13 版本的安装包、64 位 MongoDB 5.0.13 版本的安装包、Pycharm 2022.2.2 社区版的安装包。

（5）参考 1.3.1 小节中的安装方法安装 PyCharm，并配置 Python 环境，利用 PyCharm 编写代码。

（6）参考 1.3.3 小节中的安装方法安装 MySQL，并对环境变量进行配置，然后启动 MySQL 服务。

（7）参考 1.3.4 小节中的安装方法安装 MongoDB，并对服务进行配置，然后启动 MongoDB 服务。

思考题

【导读】在“数字经济”时代，互联网成为大量信息的载体，如何有效地提取并利用这些信息已成为巨大的挑战。无论是搜索引擎，还是个人或单位获取目标数据，都需要从公开网站上爬取大量数据，在此需求下，爬虫技术应运而生，并迅速成为一门成熟的技术。虽然网络爬虫本身作为一项技术手段本身并不违法，但是如果设计网络爬虫的人员为了获取经济利益，可能会严重扰乱计算机信息系统的运行秩序，同时可能侵害到公民的个人信息安全，从而构成犯罪。

【思考题】作为一名学生，你想利用网络爬虫技术来爬取数据，该如何保证自己在不违法的情况下爬取数据？

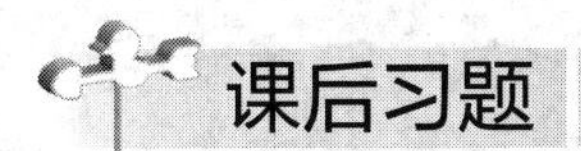

课后习题

选择题

（1）下列不属于常见爬虫类型的是（　　）。

A. 通用网络爬虫　　B. 增量式网络爬虫

C. 表层网络爬虫　　D. 聚焦网络爬虫

（2）下列不属于增量式网络爬虫的常用方法的是（　　）。

A. 统一更新法　　B. 个体更新法

C. 基于分类的更新法　　D. 基于聚合的更新法

（3）下列不属于反爬虫的手段是（　　）。

A. 发送模拟 User-Agent　　B. 提高访问频度

C. 识别验证码　　D. 使用代理 IP 地址

（4）下列选项中合法的是（　　）。

A. 爬取百度的搜索结果　　B. 爬取淘宝上竞争对手的商品销售数据

C. 出售网站用户的个人信息　　D. 为电信诈骗分子提供技术服务

（5）下列关于 Python 爬虫库的功能，描述不正确的是（　　）。

A. 通用爬虫库——urllib3　　B. 通用爬虫库——Requests

C. 爬虫框架——Scrapy　　D. HTML/XML 解析器——urllib

（6）下列是 Python 自带的 IDE 是（　　）。

A. VSCode　　B. PyCharm　　C. Jupyter Notebook　　D. IDLE

（7）下列关于数据库描述错误的是（　　）。

A. 在 Linux 操作系统下，查看 MySQL 8.0.13 数据库默认密码的命令是：grep 'password' /var/log/mysqld.log

B. 在 Windows 操作系统下，启动 MySQL 服务的命令是：service mysqld start

C. 在 Windows 操作系统下，MySQL 的端口号默认是 3306

D. MongoDB 介于关系数据库和非关系数据库之间，是最为接近关系数据库的、功能最丰富的非关系数据库

项目 2 爬虫基础知识准备

项目背景

互联网信息通过各种网页呈现出来，认识网页的基本结构并对网页的开发技术进行基本了解，有助于掌握爬虫的解析方法，且了解得更加透彻。在正式学习爬虫技术之前，了解 HTTP 的基本原理，以及了解在浏览器中输入网址到获取网页内容之间发生了什么，有助于深入掌握爬虫的基本工作原理。某企业官网如图 2-1 所示。为了掌握网页的结构与常用标签、HTTP 请求的过程和 HTTP 头部信息的作用，以某企业官网为例，进行网页源代码分析，并实现 HTTP 请求。

图 2-1 某企业官网

学习目标

1. 技能目标

（1）能够分析网页源代码，识别网页的基本结构和各种常用标签及其效果。

（2）能够明确网页源代码中各标签之间的嵌套关系。

（3）能够使用浏览器开发者工具，区分静态网页和动态网页。

（4）能够使用浏览器访问一个网址，进行 HTTP 请求。

（5）能够对 HTTP 头部信息的常用属性及其作用有所了解，并学会使用浏览器查看请求头信息和响应头信息。

（6）能够描述 Cookie 的执行流程。

2. 知识目标

（1）了解网页开发技术和网页基本结构。

（2）了解网页中常用的 HTTP 标签。

（3）熟悉 HTTP 请求的原理、状态码和头部常用字段。

（4）熟悉在网页中访问网址，实现 HTTP 请求的对应处理流程。

（5）熟悉 Cookie 的运行机制。

3. 素质目标

（1）加深理论基础知识的理解，提高从理论知识到实践技能的转化能力。

（2）树立远大理想、刻苦学习、遵守纪律，争做新时代优秀青年。

（3）弘扬和传承工匠精神，培养敬业、精益、专注、创新的优秀品质。

思维导图

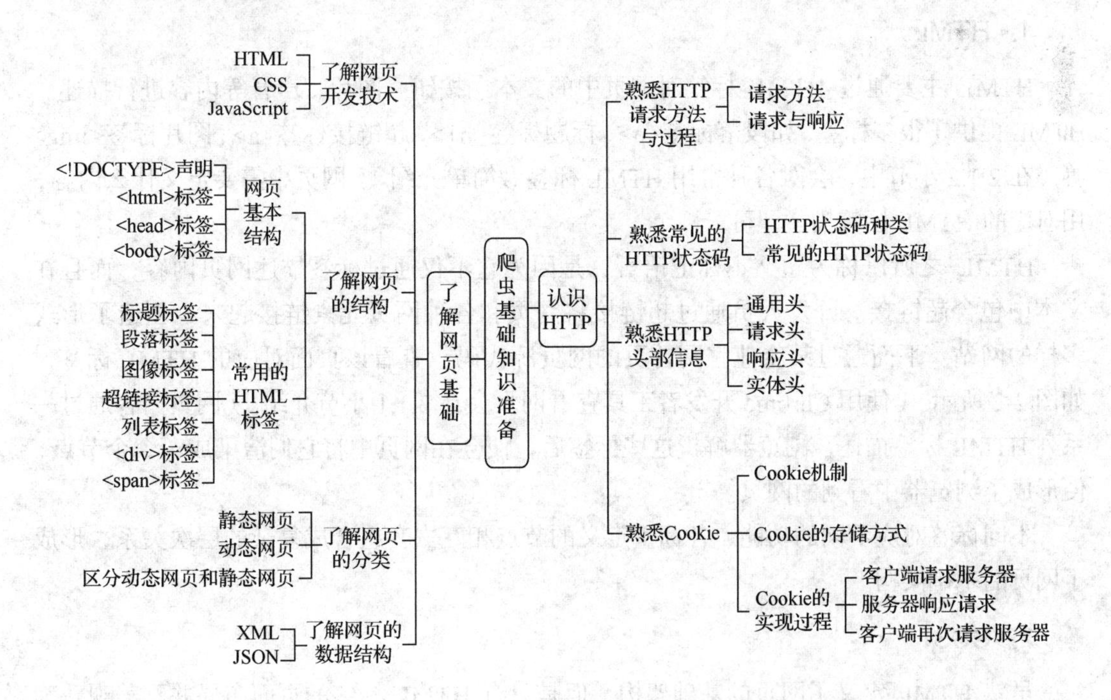

任务 2.1 了解网页基础

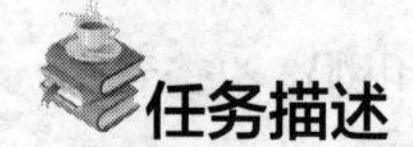

任务描述

网络爬虫就是按照一定的规则，自动地抓取万维网信息的程序或脚本。爬取通常是从网站的某个页面开始的，通过解析网页内容获取目标数据。使用浏览器访问某企业网址 http://www.tipdm.com/，借助浏览器开发者工具，查看网页源代码并分析页面的结构和常用标签作用，查找网页资源中是否传输 XML 和 JSON 类型的数据。

任务分析

（1）根据网页源代码，分析网页结构和常用的标签作用。

（2）根据网页源代码，明确各标签之间的嵌套关系。

（3）能区分动态网页和静态网页。

（4）能区分不同类型的数据。

2.1.1 了解网页开发技术

微课 2-1 了解网页开发技术和结构

通常网页开发人员会利用不同的网页开发技术对不同的页面、功能进行设计，所以当用浏览器访问不同的网页时，呈现出来的页面各不相同。HTML、CSS 和 JavaScript 是网页制作的标准语言，也是网页开发技术的核心技术。

1．HTML

HTML 主要通过 HTML 标签对网页中的文本、按钮、图片、声音等内容进行描述。HTML 提供了很多标签，如段落标签<p>、标题标签<h1>、超链接标签<a>、图片标签<img>等（在 2.1.2 小节中，会对各种常用 HTML 标签做简单介绍）。网页中需要定义什么内容，用对应的 HTML 标签描述即可。

HTML 之所以称为超文本标记语言，是因为它不仅通过标签描述网页内容，而且在文本中包含超链接。开发人员通过超链接将网页和各种网页元素链接起来，创造了形式多样的网站。下面通过某企业官网首页的网页源代码，查看该页面对应的 HTML 标签，如图 2-2 所示。（使用 Chrome 开发者工具查看网页会在 3.1.1 小节介绍。）网页内容通过一系列 HTML 标签描述，浏览器解析这些标签后，便会在网页中将它们渲染成一个个节点，便形成了浏览器中看到的网页。

不同标签对应不同的功能，各标签定义的节点相互嵌套组合成复杂的层次关系，形成了网页的基础架构。

2．CSS

虽然 HTML 定义了网页的基础架构，但是只有 HTML 标签的页面布局并不美观。为了让网页内容更加美观，需要借助 CSS 来实现。

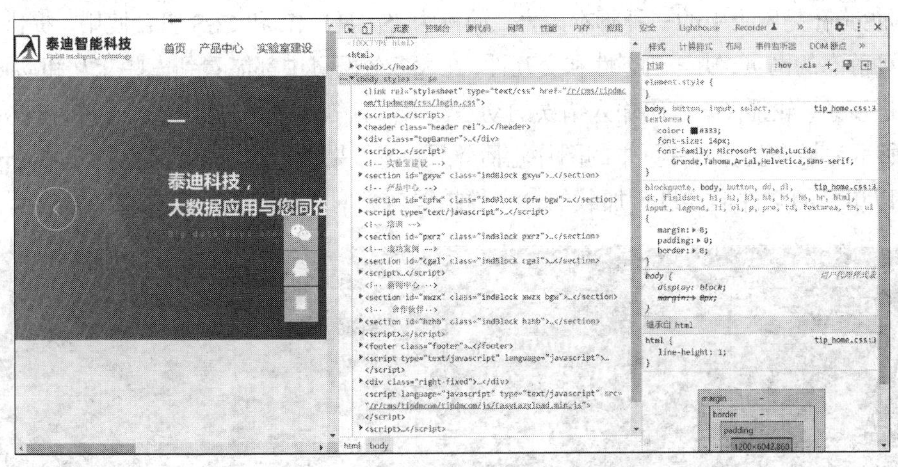

图 2-2 某企业官网首页对应的 HTML 标签

CSS（Cascading Style Sheets，串联样式表）主要用于设置 HTML 页面中的文本样式（字体、大小、对齐方式等）、图片的外形（宽高、边框样式、边距等）和版面的布局等外观样式。

CSS 以 HTML 为基础，提供了丰富的功能，如设置字体、颜色，背景的控制和整体排版等。使用 CSS 设置不同样式的文字效果如图 2-3 所示，图中文字的粗体、行间距等，都可以通过 CSS 来控制。如图 2-4 所示，框中的部分为当前已选中<a>标签对应的 CSS 样式代码。

图 2-3 网页中多种样式的文字

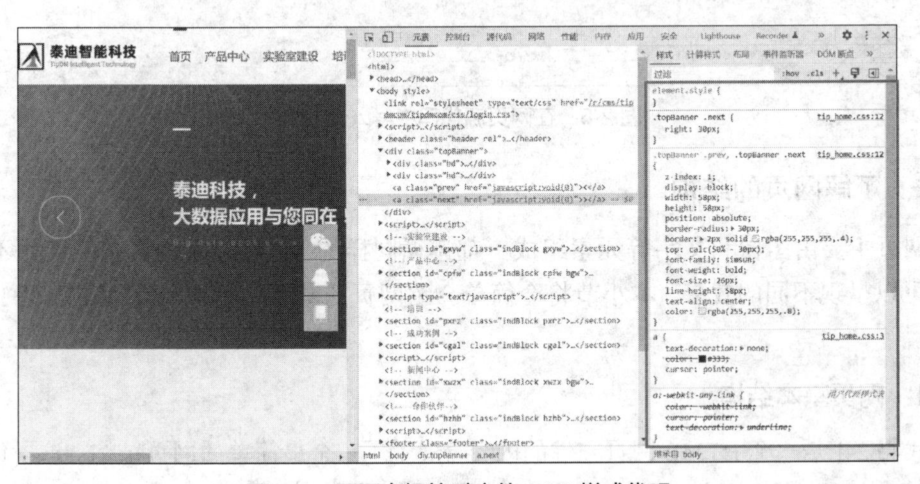

图 2-4 网页中标签对应的 CSS 样式代码

3. JavaScript

JavaScript 是网页中的一种脚本语言，简称为 JS。HTML 和 CSS 组合使用，提供给用户的是一种静态的网页，缺乏动态性和交互性。在大多数网页中都能看到一些交互和动画效果，如下载进度条、轮播图、密码输入错误的动态提示信息等，这些通常就是 JavaScript 实现的。图 2-5 所示为某企业官网首页中的图片轮播效果，该效果由 JavaScript 实现。JavaScript 代码通常是以单独的文件形式进行加载的，文件扩展名为.js，如图 2-6 框中的代码所示。

图 2-5 图片轮播效果

```
!DOCTYPE html>
html>
▼<head>
   <meta name="viewport" content="width=device-width, initial-scale=1.0">
   <meta http-equiv="Content-Type" content="text/html; charset=utf-8">
   <title>泰迪智能科技-大数据实验室建设_大数据实训平台-大数据人工智能专业建设</title>
   <meta name="keywords" content="大数据实训平台,人工智能实训平台,商务数据分析平台,大数据实验室建设,人工智能实验室建设,商务数据分析实验室建设,大数据人工智能
   专业建设">
   <meta name="description" content="广东泰迪智能科技股份有限公司（简称：泰迪智能科技）提供高校大数据实训平台,人工智能实训平台,商务数据分析平台,专注于大数据
   人工智能专业建设,为高校大数据实验室建设,人工智能实验室建设,商务数据分析实验室提供一体化解决方案，实现学生从理论知识到能力塑造的开放型能力成长平台,助力成就未
   大数据人才">
   <link rel="icon" type="image/x-icon" href="/r/cms/tipdmcom/tipdmcom/tip/favicon.ico">
   <script type="text/javascript" src="/r/cms/jquery.js"></script>
   <script type="text/javascript" src="/r/cms/front.js"></script>
   <script type="text/javascript" src="/r/cms/tipdmcom/tipdmcom/js/jquery.SuperSlide.js"></script>
   <link type="text/css" rel="stylesheet" href="/r/cms/tipdmcom/tipdmcom/css/tip_home.css">
   <link type="text/css" rel="stylesheet" href="/r/cms/tipdmcom/tipdmcom/css/tip_index.css">
   <link type="text/css" rel="stylesheet" href="/r/cms/tipdmcom/tipdmcom/css/iconfont.css">
   <!--[if lt IE 9]>
   <script src="/r/cms/tipdmcom/tipdmcom/js/html5shiv.min.js"></script>
   <script src="/r/cms/tipdmcom/tipdmcom/js/respond.min.js"></script>
   <![endif]-->
  ▶<script type="text/javascript">…</script>
 </head>
▼<body style>
   <link rel="stylesheet" type="text/css" href="/r/cms/tipdmcom/tipdmcom/css/login.css">
  ▶<script>…</script>
```

图 2-6 在网页源代码中导入.js 文件

2.1.2 了解网页的结构

网页主要由图像和文字等元素组成，都遵循同样的 HTML 文档格式。使用不同的标签可以呈现不同的效果，本小节将会简单介绍网页的基本结构以及常用的一些 HTML 标签。

1. 网页基本结构

代码 2-1 是一个 HTML 网页文件的内容，展示了一个最简单的网页结构。这段代码使用 DOCTYPE 开始，最外层用<html>标签，代码最后有对应的结束标签表示闭合，<html>

标签内部是<head>标签和<body>标签。

代码 2-1 网页基本结构

```
<!DOCTYPE html>
<html>
<head>
    <meta charset='utf-8'>
    <title>测试文件</title>
</head>
<body>
</body>
</html>
```

在代码 2-1 中，带有“<>”符号的元素被称为 HTML 标签，如<html>、<head>、<body>都是 HTML 标签。标签名存放在“<>”中，表示某个功能的编码命令。代码 2-1 中的各部分内容的具体作用如下。

（1）<!DOCTYPE>声明

<!DOCTYPE>声明必须位于 HTML 文档的第一行，且在<html>标签之前。<!DOCTYPE>声明不是 HTML 标签，是一条指令，它用于向浏览器说明当前文档使用哪种 HTML 标准规范，网页在开头处使用<!DOCTYPE>声明为所有的 HTML 文档指定 HTML 版本和类型，这样浏览器将该网页作为有效的 HTML 文档，并按指定的文档类型进行解析。<!DOCTYPE html>表示使用的是 HTML5 版本。

（2）<html>标签

<html>标签位于<!DOCTYPE>声明之后，也被称为根标签。根标签主要用于告诉浏览器该文档是一个 HTML 文档。<html>标签标志着 HTML 文档的开始，</html>标签则标志着 HTML 文档的结束，<html>标签和</html>标签之间是文档的头部和主体内容。

（3）<head>标签

<head>标签用于定义 HTML 文档的头部信息，也被称为头部标签。<head>标签紧跟在<html>标签之后，主要用于封装其他位于文档头部的标签，如<title>、<meta>、<link>和<style>等标签。

（4）<body>标签

<body>标签用于定义 HTML 文档所要显示的内容，也被称为主体标签。浏览器中显示的文本、图像、音频和视频等信息都必须位于<body>标签内，才能最终展示给用户。

需要注意的是，一个 HTML 文档只能包含一对<body></body>标签，且<body>标签必须在<html>标签内，位于<head>标签之后，与<head>标签是并列关系。

2. 常用的 HTML 标签

不同网页想要呈现出不同的文字、图片等信息，在网页基本结构的基础上，还需要在

<body>标签中添加具有其他功能的标签，下面将对常用的 HTML 标签进行基本介绍。

（1）标题标签

为了使网页更加语义化，经常会用到标题标签，HTML 提供了 6 个等级的标题标签，分别是<h1>、<h2>、<h3>、<h4>、<h5>和<h6>，从<h1>到<h6>标题标签的层级依次递减。利用标题标签创建各等级标题如代码 2-2 所示。代码 2-2 所示的示例在浏览器中的效果如图 2-7 所示。

代码 2-2　标题标签示例

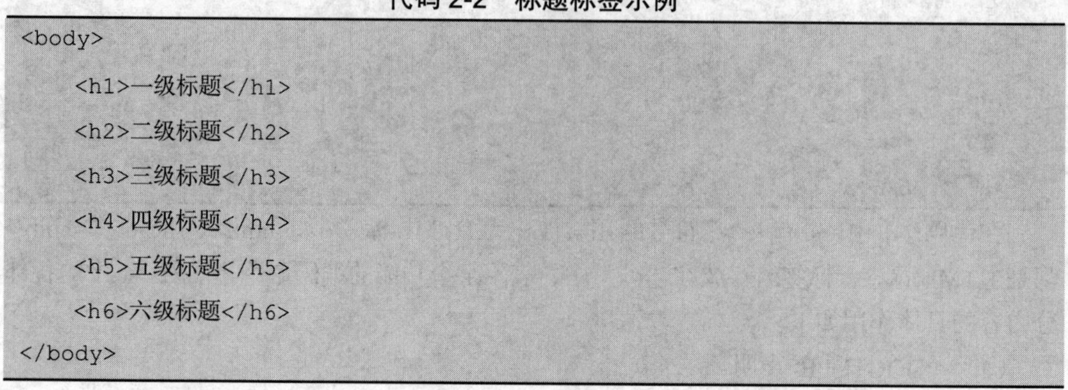

```
<body>
    <h1>一级标题</h1>
    <h2>二级标题</h2>
    <h3>三级标题</h3>
    <h4>四级标题</h4>
    <h5>五级标题</h5>
    <h6>六级标题</h6>
</body>
```

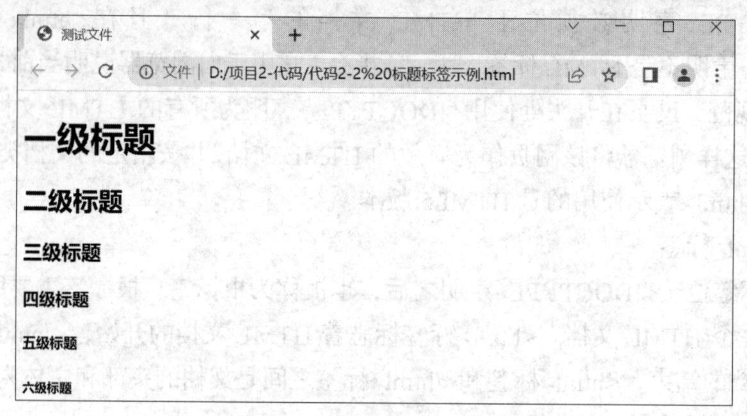

图 2-7　标题标签示例效果

（2）段落标签

在网页中，使用<p>标签来定义段落。默认情况下，一个段落中的文本会根据浏览器窗口的大小自动换行。代码 2-3 所示为 HTML 文件中的关键代码，在浏览器中的效果如图 2-8 所示，调整浏览器窗口的宽度，会发现段落中的文字会自动换行。

代码 2-3　<p>标签示例

```
<body>
    <p>在庆祝中国共产主义青年团成立 100 周年大会上，总书记勉励新时代的广大共青团员，要做理想远大、信念坚定的模范；要做刻苦学习、锐意创新的模范；要做敢于斗争、善于斗争的模范；要做艰苦奋斗、无私奉献的模范；要做崇德向善、严守纪律的模范。</p>
</body>
```

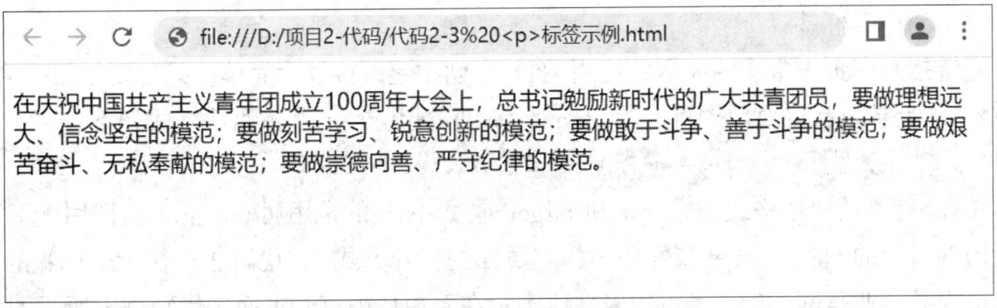

file:///D:/项目2-代码/代码2-3%20<p>标签示例.html

在庆祝中国共产主义青年团成立100周年大会上，总书记勉励新时代的广大共青团员，要做理想远大、信念坚定的模范；要做刻苦学习、锐意创新的模范；要做敢于斗争、善于斗争的模范；要做艰苦奋斗、无私奉献的模范；要做崇德向善、严守纪律的模范。

图 2-8 段落标签示例效果

（3）图像标签

用户想要在 HTML 网页中显示图像，就需要使用图像标签<img>。<img>标签的基本语法格式如下。

```
<img src="图像 URL" />
```

在<img>标签的语法格式中，src 属性用于指定图像文件路径，是<img>标签的必备属性。在实际使用过程中，除了 src 属性之外，还可以根据不同的需要设置更多属性。如代码 2-4 所示，<img>标签除了 src 属性外还有两个属性，分别为 width 和 alt，width 用于设置图片的宽度；alt 用于设置图像不能显示时的提示文本。代码 2-4 所示的示例在浏览器中的效果如图 2-9 所示。

代码 2-4 图像标签示例

```
<body>
<img src='http://www.tipdm.com/r/cms/tipdmcom/tipdmcom/tip/logo.png' width=
'200px' alt='泰迪智能科技' /></body>
```

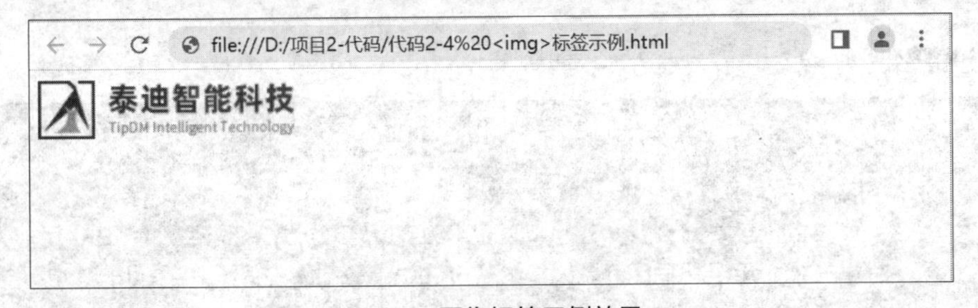

图 2-9 图像标签示例效果

小贴士：标签的属性

当使用 HTML 制作网页时，有时需要用 HTML 标签展示更多的信息。这些信息需要通过为 HTML 标签设置属性的方式来增加更多样式。HTML 标签设置属性的基本语法格式如下。

```
<标签名 属性 1="属性值 1" 属性 2="属性值 2" ...>内容</标签名>
```

上述语法中，标签可以拥有多个属性，属性必须写在开始标签中，位于标签名后。属性之间不分先后顺序，标签名与属性、属性和属性之间均以空格隔开。

（4）超链接标签

超链接是网页中常用的元素，使用 HTML 创建超链接较为简单，只需要使用<a>标签“环绕”需要被链接的对象即可。使用<a>标签创建超链接的基本语法格式如下。

```
<a href="跳转目标" target="目标窗口弹出的方式">文本或图像</a>
```

在<a>标签的语法格式中，href 和 target 是<a>标签的常用属性。href 属性用于指定链接指向的页面的 URL，target 属性用于指定页面的打开方式。在代码 2-5 中，<a>标签的 href 属性值为某企业官网 URL，target 属性值表示在新窗口中打开页面。代码 2-5 所示的示例在浏览器中的效果如图 2-10 所示，单击“泰迪智能科技”，浏览器会打开一个新页面，如图 2-11 所示。

代码 2-5　超链接标签示例

```
<body>
    <a href='http://www.tipdm.com/' target='_blank'>泰迪智能科技</a>
</body>
```

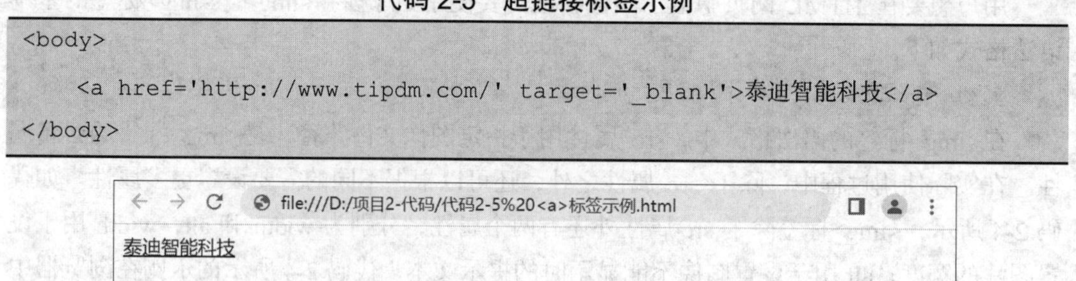

图 2-10　超链接标签示例效果

图 2-11　单击图 2-10 所示的“泰迪智能科技”之后打开的页面

（5）列表标签

列表标签是网页结构中常用的标签，网页中的列表通常划分为 3 类，分别为无序列表、有序列表和定义列表。下面分别对 3 类列表标签进行介绍。

① 无序列表标签

无序列表是一种没有特定顺序的列表，各个列表项之间没有先后顺序之分，通常是并列的。代码 2-6 给出了无序列表标签<ul>和<li>标签的用法，<li>标签嵌套在<ul>标签中，用于描述具体的列表项，每对<ul></ul>标签中至少应包含一对<li></li>标签。代码 2-6 所示的示例在浏览器中的效果如图 2-12 所示。

代码 2-6　无序列表标签示例

```
<body>
    工匠精神内涵
    <ul>
        <li>敬业</li>
        <li>精益</li>
        <li>专注</li>
        <li>创新</li>
    </ul>
</body>
```

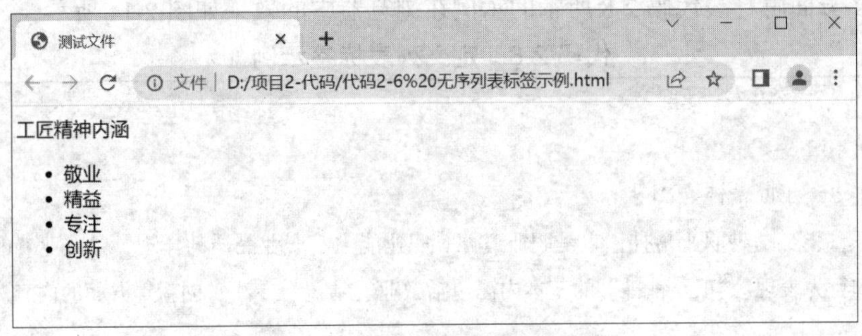

图 2-12　无序列表标签示例效果

② 有序列表标签

有序列表是一种强调排列顺序的列表，使用<ol>标签定义，<ol>标签内部可以嵌套多个<li>标签。例如，网页中常见的各种排行榜，都可以通过有序列表来定义。代码 2-7 展示了<ol>和<li>标签的使用方法，示例在浏览器中的效果如图 2-13 所示。

代码 2-7　有序列表标签示例

```
<body>
    爬虫一般步骤：
    <ol>
        <li>向网址发送请求</li>
        <li>获得响应</li>
        <li>解析响应内容</li>
        <li>保存数据</li>
```

```
    </ol>
</body>
```

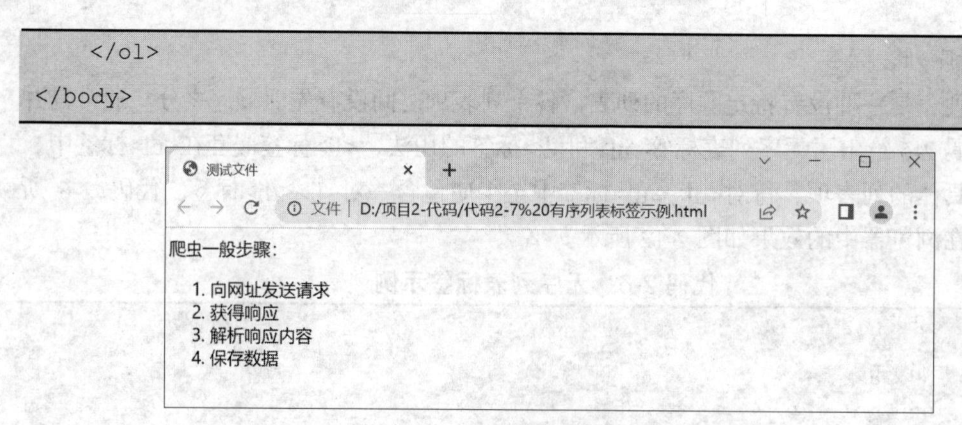

图 2-13　有序列表标签示例的效果

③ 定义列表标签

定义列表和有序列表、无序列表有所不同，它使用 3 个标签定义，即<dl>、<dt>和<dd>。定义列表标签的一个示例如代码 2-8 所示，<dl>标签用于指定定义列表，<dt>标签和<dd>标签并列嵌套于<dl>标签中。其中，<dt>标签用于指定术语名词，<dd>标签用于对名词进行解释和描述。一对<dt></dt>标签可以对应多对<dd></dd>标签，也就是说，可以对一个名词进行多方面解释。代码 2-8 所示的示例在浏览器中的效果如图 2-14 所示。

代码 2-8　定义列表标签示例

```
<body>
    <dl>
        <dt>工匠精神</dt>
        <dd>是一种职业精神，它是职业道德、职业能力、职业品质的体现，是从业者的一种职业价值取向和行为表现。“工匠精神”的基本内涵包括敬业、精益、专注、创新等方面的内容。</dd>
    </dl>
</body>
```

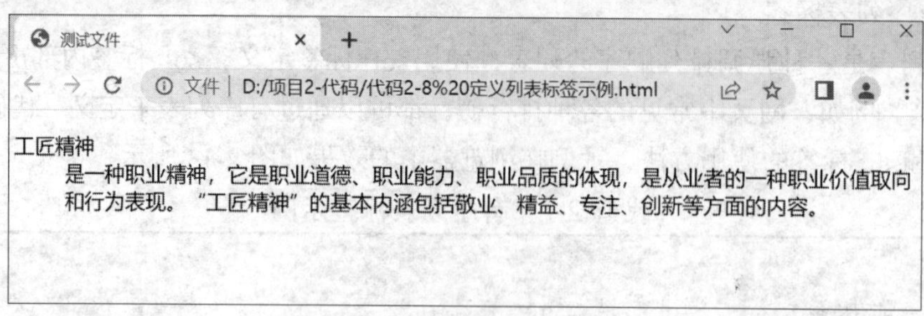

图 2-14　定义列表标签示例效果

（6）<div>标签

<div>标签为一个块标签，可以实现网页的规划和布局。可以通过 HTML 把页面划分为多个区域，如导航栏、内容区等，不同区域显示不同的内容，这些区域一般都通过<div>标签进行隔离。

用户可以在<div>标签中设置区域的外边距、内边距、宽和高等，同时<div>标签内部可以容纳段落、标题、表格、图像等多种网页元素。也就是说，大多数HTML标签都可以嵌套在<div>标签中，<div>标签中还可以嵌套多层<div>标签。在当前的网页设计中，<div>标签应用十分广泛，可以通过与id、class等属性结合设置CSS样式，替代大多数块级文本标签。

（7）<span>标签

<span>作为容器标签被广泛应用在HTML页面中。与<div>标签不同的是，<span>标签是行内元素，仅作为只包含文本和各种行内标签的容器。<span>标签可以嵌套多层<span>标签。

<span>标签通常用于定义网页中某些特殊显示的文本，可结合class属性使用。<span>标签本身没有结构特征，只有在应用样式时，才会产生视觉上的变化。

2.1.3 了解网页的分类

微课2-2 了解网页的分类和数据结构

目前，常见的网页有静态网页和动态网页两种类型，接下来将分别对这两种类型的网页进行介绍。

1. 静态网页

静态网页中的内容是固定的，不会根据浏览者的需要而改变。静态网页是相对于动态网页而言的，是指没有后台数据库、不含程序、不可交互的网页。早期的Web应用主要通过静态页面进行浏览，即静态网页。

静态网页是HTML文件，一般以.htm、.html或.shtml为扩展名，一个文件对应一个URL；当文件写好后，需更新至服务器上。若需要修改页面内容，则需修改源文件并重新上传。

静态网页的工作原理如图2-15所示，客户端通过浏览器，使用HTTP发送一个请求（Request）给服务器；服务器接收到请求后，从文件系统中取出对应内容，再返回给浏览器一个响应（Response）；客户端浏览器收到内容后，进行渲染展示。

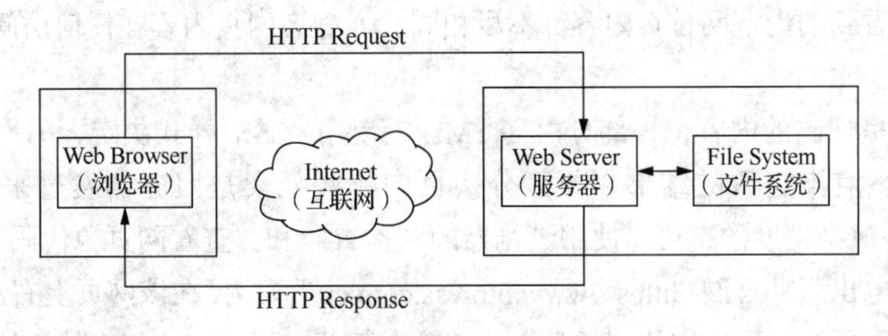

图2-15 静态网页工作原理

2. 动态网页

动态网页可以根据用户的请求动态生成页面信息。动态网页一般使用HTML和动态脚本语言如JSP、ASP或PHP等进行编写。动态网页的代码一般可不变动，页面内容可通过后台数据库交互进行数据传递，页面文件一般以.php、.asp或.jsp为扩展名。通常情况下，相关人员只需要维护后台数据库内容即可，必要时才会调整页面代码。动态网页常用于实现用户登录、注册等，且动态网页、静态网页可混合使用。

动态网页的工作原理如图 2-16 所示，客户端通过浏览器，使用 HTTP 发送一个请求给服务器。服务器获得请求后，判断请求资源类型，若客户端请求的是静态资源（.html、.htm 文件等），则将请求直接转交给服务器，服务器从文件系统中取出内容，发送回客户端浏览器进行解析；若客户端请求的是动态资源（.jsp、.asp、.php 文件等），则先将请求转交给 Web Container（Web 容器），Web 容器将动态响应转交给服务器，之后通过服务器将内容发送给客户端浏览器进行解析。

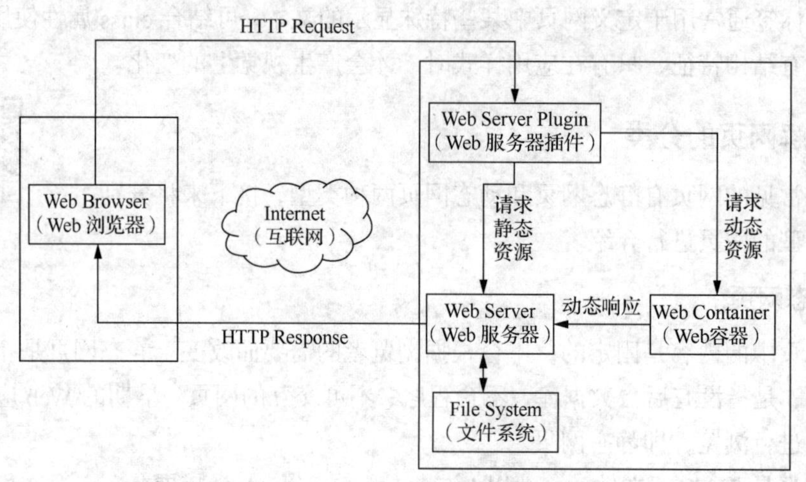

图 2-16　动态网页的工作原理

3. 区分动态网页和静态网页

区分动态网页和静态网页并不依赖于观察这个页面中是否能“动”。动态网页向不同的访问者显示的信息，因为动态网页会随着位置、时间、设置和用户操作等方面的不同，而显示不同的内容。例如，当不同的用户登录淘宝网时，淘宝网首页所推荐的商品会有所区别，即每个人看到的淘宝网首页内容都不尽相同；而静态网页内容在任何访问者看来都是完全相同的。

在网页中呈现出的内容，一部分由 HTML 标签和 CSS 样式决定，另一部分可能是 JavaScript 动态渲染之后的结果。要区分网页中哪些元素是服务器发过来的，哪些是 JavaScript 动态渲染生成的，可以使用浏览器的“检查”和“查看网页源代码”功能。

以人民邮电出版社官网“https://www.ptpress.com.cn/”为例，在该网页上右击并选择“检查”选项，在网页源代码中定位“趣学算法（第 2 版）”，可以定位相应的标签，如图 2-17 所示。同时，在该网页上右击并选择“查看网页源代码”，在源代码的页面中，按“Ctrl+F”组合键并输入“趣学算法（第 2 版）”发现没有匹配的结果，如图 2-18 所示。借助此方式，可以用来区分网页中的内容是经过 JavaScript 动态渲染后生成的代码（“检查”对应的代码），还是服务器发送到浏览器的原始代码（“查看网页源代码”对应的代码）。

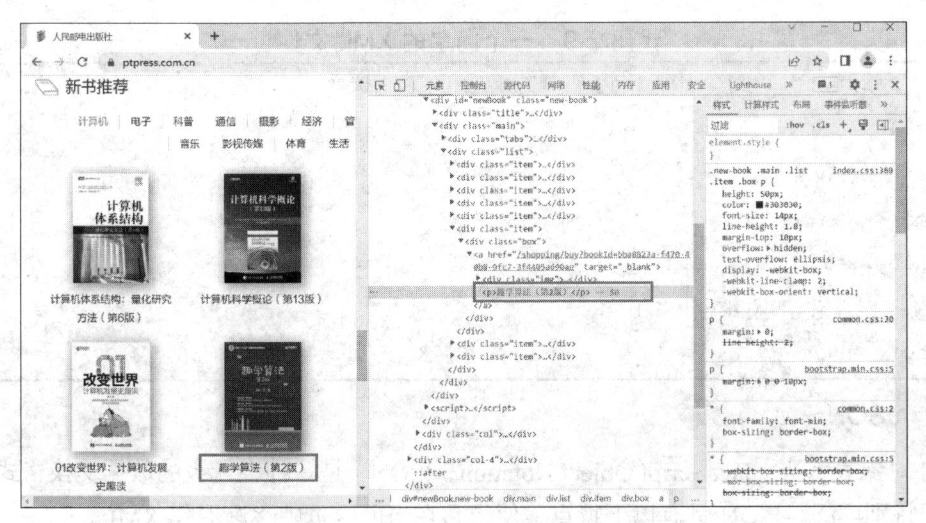

图 2-17　右击并选择“检查”的结果

图 2-18　右击并选择“查看网页源代码”的结果

2.1.4　了解网页的数据结构

网页中存在多种类型的数据，如文字、图片、视频等，网页的前端和后端之间要进行数据交互，经常用到的两种数据格式是 XML 和 JSON。

1. XML

可扩展标记语言（Extensible Markup Language，XML）被设计用来传输和存储数据，不用于表现数据，HTML 则用来表现数据。由于 XML 具有良好的拓展性、内容和形式相分离以及严格的语法要求等特点，在网页设计中得到了广泛的应用。

XML 是一种可以扩展的标记语言，这种语言实质上是将文档分成许多部分，并对分开的部分加以标记。代码 2-9 给出了一个简单的 XML 文件示例，是小红写给小明的便签，该便签具有自我描述性，它包含发送者和接收者的信息，同时拥有标题和消息主体。

代码 2-9　一个简单的 XML 文件

```
<?xml version='1.0' encoding='UTF-8'?>
<note>
<to>小明</to>
<from>小红</from>
<heading>Reminder</heading>
<body>注意理论与实践结合！</body>
</note>
```

2. JSON

JS 对象表示法（JavaScript Object Notation，JSON）是一种轻量级的数据交换格式，目前使用特别广泛。JSON 具有以下特点，使得它在当前网页中逐渐取代 XML。

（1）JSON 采用完全独立于编程语言的文本格式来存储和表示数据。

（2）简洁、清晰的层次结构使得 JSON 成为理想的数据交换格式。

（3）JSON 易于人们阅读和编写，也易于机器解析和生成，有效地提升了网络传输的效率。

在 JavaScript 语言中，任何 JavaScript 支持的类型都可以通过 JSON 来表示，如字符串、数字、对象、数组等。JSON 的语法格式要求如下。

（1）对象用键值对表示，数据由逗号分隔。

（2）用花括号标识对象。

（3）用方括号标识数组。

例如，在人民邮电出版社首页“https://www.ptpress.com.cn”中，“新书推荐”栏中 8 本图书的信息，通过图 2-19 右侧的网页文件资源可知，这些信息采用 JSON 格式存储，存储信息包括图书 id（bookId）、书名（bookName）和封面图片地址（picPath）。

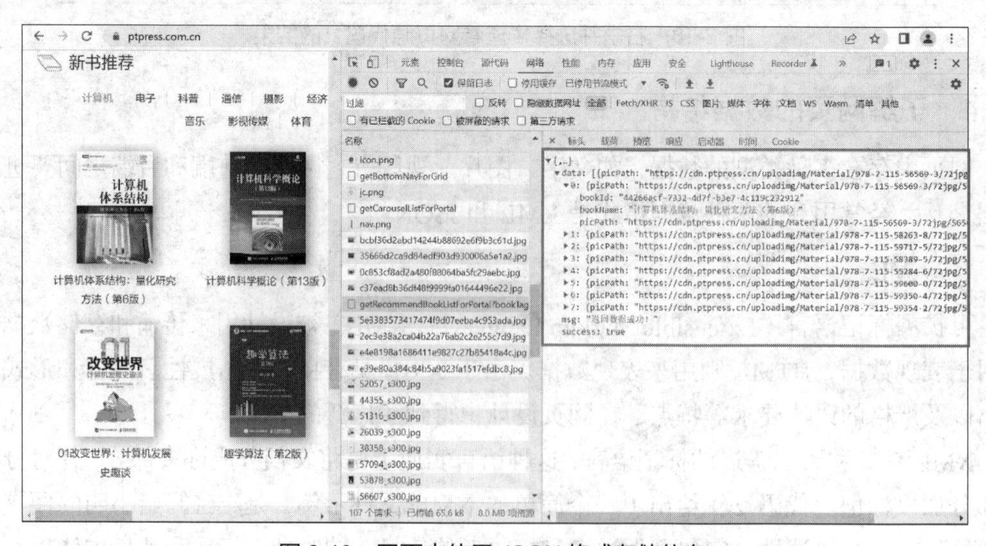

图 2-19　网页中使用 JSON 格式存储信息

任务 2.2 认识 HTTP

任务描述

通过浏览器访问网页的过程需要使用 HTTP 进行通信，浏览器作为客户端向网页服务器发送请求，服务器收到请求后给客户端发送响应。访问网页时，借助浏览器的开发者工具，可查看网络资源加载情况，分析请求方法类型、请求头字段、响应状态码和响应头信息。若需要维持客户端和服务器的通信状态，则需要用到 Cookie，可使用浏览器的开发者工具定位 Cookie 信息，掌握 Cookie 的运行机制。

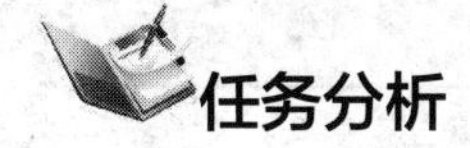

任务分析

（1）在浏览器中访问网址，分析 HTTP 请求的工作过程。

（2）使用浏览器开发者工具，查看访问网页过程中加载的多种资源。

（3）分析请求信息中的请求方法、请求头信息。

（4）分析响应信息中的响应状态码、响应头信息。

（5）查看请求头信息中是否携带 Cookie。

微课 2-3 熟悉 HTTP 请求方法与过程、状态码

2.2.1 熟悉 HTTP 请求方法与过程

HTTP 规定了客户端与服务器之间进行网页内容传输时，所必须遵守的传输格式。

HTTP 客户端会向服务器发起一个请求，创建一个到服务器指定端口（默认是 80 端口）的传输控制协议（Transmission Control Protocol，TCP）连接。HTTP 服务器则从该端口监听客户端的请求。一旦接收到请求，服务器会向客户端返回一个响应状态，如“HTTP/1.1 200 OK”，除了响应状态之外，还会向客户端返回响应的内容，如请求的文件、错误消息或其他信息。

1. 请求方法

在 HTTP/1.1 中，一共定义了 8 种方法（也叫“动作”）来以不同方式操作指定的资源，如表 2-1 所示。

表 2-1 HTTP 请求方法

请求方法	方法描述
GET	请求指定的页面信息，并返回响应体。GET 可能会被网络爬虫等随意访问，因此 GET 方法应该只用于读取数据
HEAD	HEAD 方法与 GET 方法都是向服务器发出指定资源的请求方法，只不过服务器将不传回具体的内容。使用 HEAD 方法可以在不必传输全部内容的情况下，获取该资源的相关信息（元信息或称元数据）

续表

请求方法	方法描述
POST	向指定资源提交数据（如提交表单或上传文件），请求服务器进行处理。数据会被包含在请求中，POST 请求可能会创建新的资源或修改现有资源，或两者皆有
PUT	从客户端上传指定资源的最新内容，即更新服务器的指定资源
DELETE	请求服务器删除标识的指定资源
TRACE	回显服务器收到的请求，主要用于测试或诊断
OPTIONS	允许客户端查看服务器端上指定资源所支持的所有 HTTP 请求方法。用“*”来代替资源名称，向服务器发送 OPTIONS 请求，可以测试服务器功能是否正常
CONNECT	在 HTTP/1.1 中，预留给能够将连接改为管道方式的代理服务器

注意：请求方法名称是区分大小写的。当某个请求所指定的资源不支持对应的请求方法时，服务器会返回状态码 405（Method Not Allowed）；当服务器不认识或不支持对应的请求方法时，会返回状态码 501（Not Implemented）。

一般情况下，HTTP 服务器至少需要实现 GET 和 HEAD 方法，其他方法为可选项。所有的方法支持的实现都应当匹配方法各自的语法格式。除表 2-1 所介绍的方法外，特定的 HTTP 服务器还能够扩展自定义的方法。

2. 请求与响应

HTTP 采用请求/响应模型。客户端向服务器发送一个请求报文，请求报文包含请求方法、URL、协议版本、请求头部和请求数据。服务器以一个状态行作为响应，响应的内容包括协议版本、响应状态、服务器信息、响应头部和响应数据。请求与响应过程如图 2-20 所示。

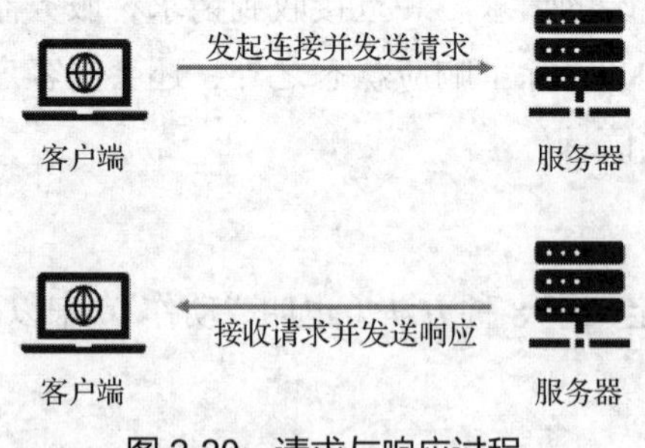

图 2-20 请求与响应过程

客户端与服务器间的请求与响应的具体步骤如下。

① 连接服务器。由一个客户端（通常为浏览器）发起连接。与服务器的 HTTP 端口（默认为 80）建立一个 TCP 套接字连接。

② 发送 HTTP 请求。客户端经 TCP 套接字向 Web 服务器发送一个文本格式的请求报文，一个请求报文由请求行、请求头部、空行和请求数据这 4 个部分组成。

③ 服务器接收请求并返回 HTTP 响应。Web 服务器解析请求，定位本次的请求资源。之后将资源副本写至 TCP 套接字，由客户端进行读取。一个响应与一个请求对应，由状态行、响应头部、空行和响应数据 4 部分组成。

④ 释放 TCP 连接。若本次连接的 Connection 模式为 close，则由服务器主动关闭 TCP 连接，客户端将被动关闭连接，释放 TCP 连接；若 Connection 模式为 keep-alive，则该连接会保持一段时间，在这段时间内可以继续接收请求与回传响应。

⑤ 客户端解析 HTML 内容。客户端首先会对状态行进行解析，查看状态码是否能表明本次请求是成功的。之后解析每一个响应头，响应头告知内容为若干字节的 HTML 文档和文档的字符集。最后由客户端读取响应 HTML 数据，根据 HTML 的语法对其进行格式化，并在窗口中显示。

2.2.2 熟悉常见的 HTTP 状态码

客户端向服务器端发送请求后，服务器端会根据请求内容给予响应。不同的 HTTP 状态码代表了不同的服务器响应状态。

1. HTTP 状态码种类

HTTP 状态码是用来表示网页服务器响应状态的 3 位数字代码。HTTP 的状态码按首位数字分为 5 类，如表 2-2 所示。

表 2-2 5 类 HTTP 状态码

状态码类型	状态码意义
1××	表示请求已被服务器接收，需进行后续处理。这类响应是临时响应，只包含状态行和某些可选的响应头信息，并以空行结束
2××	表示请求已成功被服务器接收、理解并接受
3××	表示需要客户端采取进一步的操作才能完成请求。通常用来重定向，重定向目标需在本次响应中指明
4××	表示客户端可能发生错误，妨碍服务器的处理。该错误可能是语法错误或请求无效。除 HEAD 请求外，服务器都将返回一个解释当前错误状态，以及该状态只是临时发生还是永久存在的实体。浏览器应当向用户显示任何包含在此类错误响应中的实体内容，这类状态码适用于任何请求方法
5××	表示服务器在处理请求的过程中有错误或异常状态，也有可能表示服务器以当前的软硬件资源无法完成对请求的处理。除 HEAD 请求外，服务器都将返回一个解释当前错误状态，以及这个状态只是临时发生还是永久存在的解释信息实体。浏览器应当向用户展示任何包含在当前响应中的实体内容，这类状态码适用于任何响应方法

2. 常见的 HTTP 状态码

HTTP 状态码有很多种，常见的 HTTP 状态码如表 2-3 所示。

表 2-3　常见的 HTTP 状态码

常见状态码	状态码含义
200 OK	请求成功，请求所希望的响应头或数据体将随此响应返回
400 Bad Request	由于客户端的语法错误、无效的请求或欺骗性路由请求，服务器将不会处理该请求
403 Forbidden	服务器已经理解该请求，但拒绝执行，将在返回的实体内描述拒绝的原因，也可以不描述仅返回 404 响应
404 Not Found	请求失败，请求所希望得到的资源未在服务器上发现，但允许用户的后续请求，不返回该状况是临时性的还是永久性的。被广泛应用于当服务器不想揭示为何请求被拒绝或没有其他适合的响应可用的情况下
500 Internal Server Error	通用错误消息，服务器遇到一个未曾预料的状况，导致它无法完成对请求的处理，不会给出具体错误信息
503 Service Unavailable	由于临时的服务器维护或过载，服务器当前无法处理请求。这种状况是暂时的，并且将在一段时间以后恢复

2.2.3　熟悉 HTTP 头部信息

微课 2-4　熟悉 HTTP 头部信息、Cookie

HTTP 头部信息（HTTP Header Fields）是指在 HTTP 的请求信息和响应消息中的 HTTP 头部信息部分。在头部信息中，定义了一个 HTTP 事务中的操作参数。在爬虫中需要使用头部信息向服务器发送模拟信息，并通过发送模拟的头部信息将自己伪装成一般的客户端。某网页的请求头部信息和响应头部信息分别如图 2-21 和图 2-22 所示。

Request Headers
Accept: text/html,application/xhtml+xml,application/xml;q=0.9,image/webp,image/apng,*/*;q=0.8
Accept-Encoding: gzip, deflate
Accept-Language: zh-CN,zh;q=0.9,ja;q=0.8,zh-TW;q=0.7
Cache-Control: max-age=0
Connection: keep-alive
Cookie: _site_id_cookie=3;_site_id_cookie=3;clientlanguage=zh_CN;__qc_wId=255;pgv_pvid=7814100474; JSESSIONID=8DEE62987173CDDAA96384CED7FAF793
Host: www.tipdm.com
If-Modified-Since: Tue, 04 Sep 2018 02:35:18 GMT
If-None-Match: W/"17642-1536028518042"
Upgrade-Insecure-Requests: 1
User-Agent: Mozilla/5.0 (Windows NT 6.1; Win64; x64) AppleWebKit/537.36 (KHTML, like Gecko) Chrome/69.0.3497.92 Safari/537.36

图 2-21　请求头部信息

Response Headers
Date: Thu, 13 Sep 2018 10:31:13 GMT
ETag: W/"17642-1536028518042"
Server: Apache-Coyote/1.1

图 2-22　响应头部信息

HTTP 头部信息按用途可分为通用头、请求头、响应头和实体头。HTTP 头字段被对应分为 4 种类型：通用头字段（General Header Fields）、请求头字段（Request Header Fields）、响应头字段（Response Header Fields）和实体头字段（Entity Header Fields）。

1. 通用头

通用头既适用于客户端的请求头，也适用于服务器的响应头。其与HTTP消息体内最终传输的数据是无关的，只适用于要发送的消息。常用的标准通用头字段如表2-4所示。

表2-4 常用的标准通用头字段

字段名	说明	示例
Connection	该字段只在HTTP/1.1中存在，其决定了客户端和服务器在进行一次会话后，服务器是否立即关闭网络连接。Connection有两个值：close和keep-alive	Connection:close/keep-alive
Date	包含请求消息和响应消息被创建的时间。该字段值为HTTP-date类型，格式必须为GMT（Greenwich Mean Time，格林尼治标准时间）	Date: Tue, 15 Nov 2007 08:12:31 GMT
Cache-Control	指定请求和响应遵循的缓存机制。在请求消息或响应消息中设置Cache-Control，不会修改另一个消息处理过程中的缓存处理过程。请求时的缓存指令包括no-cache、no-store、max-age、max-stale、min-fresh、only-if-cached，响应时的缓存指令包括public、private、no-cache、no-store、no-transform、must-revalidate、proxy-revalidate、max-age	Cache-Control: no-cache
Pragma	包含实现特定功能的指令，最常用的指令为Pragma: no-cache，在HTTP/1.1中，其含义和Cache-Control: no-cache的含义相同	Pragma: no-cache

2. 请求头

请求头可提供更为精确的描述信息，其对象为所请求的资源或请求本身。其中有些缓存相关头描述了缓存信息，这些头会改变GET请求时获取资源的方式，如If-Modified-Since。有些HTTP头部信息描述了用户偏好。例如，Accept-Language和Accept-Encoding表示客户端所使用的语言和编码方式，User-Agent表示客户端的代理方式。

新版本增加的请求头不能在更旧版本的HTTP中使用，但服务器和客户端若都能对相关头进行处理，则可以在请求中使用。在这种情况下，客户端不应该假定服务器有对相关头的处理能力，而未知的请求头将被处理为实体头。

常用的标准请求头字段如表2-5所示。

表2-5 常用的标准请求头字段

字段名	说明	示例
Accept	可接受的响应内容类型（Content-Types）	Accept: text/plain
Accept-Charset	可接受的字符集	Accept-Charset:utf-8

续表

字段名	说明	示例
Accept-Encoding	可接受的响应内容的编码方式	Accept-Encoding:gzip,deflate
Accept-Language	可接受的响应内容语言列表	Accept-Language:en-US
Accept-Datetime	可接受的按照时间来表示的响应内容版本	Accept-Datetime:Sat,26 Dec 2015 17:30:00 GMT
Authorization	用于表示 HTTP 中需要认证资源的认证信息	Authorization:BasicOSdjJGRpbjpvcGVuIANlc2SdDE==
Cache-Control	用来指定在当前的请求/响应中，是否使用缓存机制	Cache-Control:no-cache
Connection	客户端（浏览器）想要优先使用的连接类型	Connection:keep-alive Connection:Upgrade
Cookie	由之前服务器通过 Set-Cookie 设置的一个 HTTP Cookie	Cookie:$Version=1;Skin=new
Content-Length	指明发送给接收方的消息主体的大小	Content-Length:348
Content-MD5	请求体的内容的二进制 MD5 散列值（数字签名）以 Base64 编码的结果	Content-MD5:oD8dH2sgSW50ZWdyaIEd9D==
Content-Type	请求体的 MIME（Multipurpose Internet mail Extensions，多用途互联网邮件扩展）类型（用于 POST 和 PUT 请求中）	Content-Type:application/x-www-form-urlencoded
Date	发送请求的日期和时间（以 RFC 7231 中定义的“HTTP 日期”格式来发送）	Date: Wed,26 Dec 2015 17:30:00 GMT
Expect	表示客户端要求服务器做出特定的行为	Expect:100-continue
From	发起请求的用户的邮件地址	From:user@tipdm.com
Host	表示服务器的域名及服务器所监听的端口号。如果所请求的端口是对应的服务器的标准端口（80），那么端口号可以省略	Host:www.tipdm.com:80 Host:www.tipdm.com
If-Match	一个条件式请求首部。在请求方法为 GET 和 HEAD 的情况下，服务器仅在请求的资源满足此首部列出的 ETag（实体标签）值时才会返回资源。而对于 PUT 或其他非安全方法来说，只有在满足条件的情况下才可以将资源上传	If-Match:"9jd00cdj34pss9ejqiw39d82f20d0ikd"
If-None-Match	一个条件式请求首部。在请求方法为 GET 和 HEAD 的情况下，当且仅当服务器上没有任何资源的 ETag 属性值与这个首部中列出的相匹配的时候，服务器端才会返回所请求的资源	If-None-Match:"737060cd8c284d8af7ad3082f209582d"

续表

字段名	说明	示例
If-Range	用于与 Range 头字段结合使用，以便客户端检查资源在指定范围内是否发生了变化。当客户端发送一个带有 Range 头字段的范围请求时，它可以在后续请求中包含 If-Range 字段来提供一个标识符，以判断资源是否在指定范围内发生了变化。服务器可以根据这个标识符判断是否需要返回完整的资源或者只返回变化的部分	If-Range:"737060cd8c284d8af7ad3082f209582d"
If-Modified-Since	允许客户端在请求中提供一个日期值，以指示服务器只有资源在指定日期后进行了修改时才返回响应	If-Modified-Since:Sat,29 Oct 1994 19:43:31 GMT
If-Unmodified-Since	允许客户端在请求中提供一个日期值，以指示服务器只有在资源自指定日期后未被修改时才执行请求操作	If-Unmodified-Since:Sat,29 Oct 1994 19:43:31 GMT
Max-Forwards	限制代理或网关转发消息的次数	Max-Forwards:10
Origin	请求的来源（协议、主机、端口）	Origin:http://www.example-social-network.com
Pragma	设置特殊实现字段，可能会对请求响应链有多种影响	Pragma:no-cache
Proxy-Authorization	为连接代理授权认证信息	Proxy-Authorization:BasicQWxhZGRpbjpvcGVuIHNlc2FtZQ==
Range	请求部分实体，设置请求实体的字节数范围	Range:bytes=500-999
Referer	设置前一个页面的地址，并且前一个页面中的连接指向当前请求，即如果当前请求是在 A 页面中发送的，那么 Referer 就是 A 页面的 URL	Referer: https://developer.mozilla.org/en-US/docs/Web/JavaScript
TE	设置用户代理期望接收的传输编码格式，和响应头中的 Transfer-Encoding 字段一致	TE:trailers,deflate
Upgrade	请求服务器升级协议	Upgrade:HTTP/2.0,HTTPS/1.3,IRC/6.9,RTA/x11,websocket
User-Agent	用户代理的字符串值	User-Agent:Mozilla/5.0(X11;Linuxx86_64;rv:12.0)Gecko/20100101Firefox/21.0
Via	通知服务器代理请求	Via:1.0fred,1.1example.com(Apache/1.1)
Warning	实体可能会发生的问题的通用警告	Warning:199Miscellaneouswarning

3. 响应头

响应头为响应消息提供了更多信息。例如，用 Location 字段描述资源位置，以及用

Server 字段描述服务器名称等。

与请求头类似，新版本增加的响应头也不能在更旧版本的 HTTP 中使用。但是，如果服务器和客户端都能对相关头进行处理，那么可以在响应中使用。在这种情况下，服务器也不应该假定客户端有对相关头的处理能力，未知的响应头也将被处理为实体头。

常用的响应头字段如表 2-6 所示。

表 2-6　常用的响应头字段

字段名	说明	示例
Access-Control-Allow-Origin	指定哪些站点可以参与跨站资源共享	Access-Control-Allow-Origin:*
Accept-Patch	指定服务器支持的补丁文档格式，适用于 HTTP 的 PATCH 方法	Accept-Patch:text/example;charset=utf-8
Accept-Ranges	用于指示服务器是否支持范围请求和资源的可接受范围单位	Accept-Ranges:bytes
Age	表示对象在代理缓存中暂存的时间，单位为 s	Age:12
Allow	用于设置特定资源的有效行为，适用于方法不被允许的 HTTP 405 错误	Allow:GET,HEAD
Alt-Svc	服务器使用“Alt-Svc”（Alternative Servicesde）头标识的资源可以通过不同的网络位置或不同的网络协议获取	Alt-Svc:h2="http2.example.com:443";ma=7200
Cache-Control	指定服务器到客户端所有的缓存机制是否可以缓存这个对象，单位为 s	Cache-Control:max-age=3600
Connection	设置当前连接和 hop-by-hop（逐段）协议请求字段列表的控制选项	Connection:close
Content-Disposition	指定客户端弹出一个文件下载框，并且可以指定下载文件名	Content-Disposition:attachment;filename="fname.ext"
ETag	特定版本资源的标识符，通常是消息摘要	ETag:"737060cd8c284d8af7ad3082f209582d"
Link	设置与其他资源的类型关系	Link:</feed>;rel="alternate"
Location	在重定向或创建新资源时使用	Location:index.html
P3P	以“P3P:CP="your_compact_policy"”的格式用于设置站点的 P3P（Platform for Privacy Preferences Project，个人隐私安全平台项目）策略，大部分浏览器没有完全支持 P3P 策略，许多站点通过设置假的策略内容来欺骗支持 P3P 策略的浏览器，以获取第三方 Cookie 的授权	P3P:CP=CAD PSA OUR

续表

字段名	说明	示例
Pragma	设置特殊实现字段，可能会对请求响应链有多种影响	Pragma:no-cache
Proxy-Authenticate	设置访问代理的请求权限	Proxy-Authenticate:Basic
Public-Key-Pins	设置站点的授权 TLS 证书	Public-Key-Pins:max-age=2592000; pin-sha256="E9CZ9INDbd+2eRQozYqqbQ2yXLVKB9+xcprMF+44U1g="
Refresh	在重定向或新资源创建时使用，在页面头部的扩展可以实现相似的功能，并且大部分浏览器都支持	Refresh:5;url=http://host/path
Retry-After	如果实体暂时不可用，那么可以设置这个值让客户端重试，可以使用时间段（单位为 s）或 HTTP 时间	Retry-After:120Retry-After:Fri,07 Nov 2014 23:59:59 GMT
Server	设置服务器名称	Server:Apache/2.4.1(Unix)
Set-Cookie	设置 HTTP Cookie	Set-Cookie:UserID=JohnDoe;Max-Age=3600;Version=1
Status	设置 HTTP 响应状态	Status:200 OK
Strict-Transport-Security	一种 HSTS（HTTP Strict Transport Security，HTTP 严格传输安全）策略，可通知 HTTP 客户端缓存 HTTPS（Hypertext Transfer Protocol Secure，超文本传输安全协议）策略多长时间，以及是否应用到子域	Strict-Transport-Security:max-age=16070400;includeSubDomains
Trailer	标识给定的 header 字段，将展示在后续的 chunked 编码的消息中	Trailer:Max-Forwards
Transfer-Encoding	设置传输实体的编码格式，目前支持的格式有 chunked、compress、deflate、gzip、identity 等	Transfer-Encoding:chunked
TSV	即 Tracking Status Value，在响应中设置给 DNT（do-not-track）的响应，可能的取值为“!”—underconstruction；“?”—dynamic；“G”—gateway to multiple parties；“N”—not tracking；“T”—tracking；“C”—tracking with consent；“P”—tracking only if consented；“D”—disregarding DNT；“U”—updated	TSV:?
Upgrade	请求客户端升级协议	Upgrade:HTTP/2.0,HTTPS/1.3,IRC/6.9,RTA/x11,websocket
Vary	通知下级代理如何匹配未来的请求头，以让其决定缓存的响应是否可用，而不是重新从源主机请求新的缓存	Vary:Accept-Language

续表

字段名	说明	示例
Via	通知客户端代理，通过其要发送什么响应	Via:1.0 fred,1.1 example.com (Apache/1.1)
Warning	实体可能会发生的问题的通用警告	Warning: 199 Miscellaneous warning
WWW-Authenticate	标识访问请求实体的身份验证方案	WWW-Authenticate:Basic
X-Frame-Options	点击劫持保护：deny 表示 frame 中不渲染；sameorigin 表示如果源不匹配不渲染；allow-from 表示允许指定位置访问；allowall 表示允许任意位置访问	X-Frame-Options:deny

4. 实体头

实体头可提供关于消息体的描述，如消息体的长度（Content-Length）、消息体的 MIME 类型（Content-Type）。新版本的实体头可以在更旧版本的 HTTP 中使用。常用的实体头字段如表 2-7 所示。

表 2-7　常用的实体头字段

字段名	说明	示例
Content-Encoding	设置数据使用的编码类型	Content-Encoding:gzip
Content-Language	为封闭内容设置自然语言或目标用户语言	Content-Language:en
Content-Length	设置消息体的字节长度	Content-Length:348
Content-Location	设置返回数据的另一个位置	Content-Location:/index.htm
Content-MD5	设置基于 MD5 算法对响应体内容进行 Base64 二进制编码	Content-MD5:Q2hlY2sgSW50ZW dyaXR5IQ==
Content-Range	标识响应体内容属于完整消息体中的哪一部分	Content-Range:bytes21010-47021/ 47022
Content-Type	设置响应体的 MIME 类型	Content-Type:text/html;charset= utf-8
Expires	设置响应体的过期时间	Expires:Thu,01 Dec 1994 16:00:00 GMT
Last-Modified	设置请求对象最后一次的修改日期	Last-Modified:Tue,15 Nov 1994 12:45:26 GMT

2.2.4　熟悉 Cookie

由于 HTTP 是一种无状态的协议，所以在客户端与服务器间的数据传输完成后，当次的连接将会关闭，并不会留存相关记录。再次交互数据需要重新建立连接，因此，服务器无法依据连接来跟踪会话，也无法从连接上知晓用户的历史操作。这严重阻碍了基于 Web 应用程序的交互，也影响了用户的交互体验。例如，某些网站需要用户登录才能进行下一步操作，用户在输入账号、密码登录后，才能浏览页面。对于服务器而言，由于 HTTP 的无状态性，服务器并不知道用户有没有登录过，当用户退出当前页面访问其他页面时，用户又需重新输入账号和密码。

为消除 HTTP 的无状态性带来的负面影响，Cookie 机制应运而生。Cookie 本质上是一段文本信息。

爬虫可以使用 Cookie 机制与服务器保持会话或登录网站。通过使用 Cookie，爬虫可以绕过服务器的验证过程，从而实现模拟登录。

1. Cookie 的存储方式

Cookie 由客户端浏览器进行保存，按其存储位置可将 Cookie 的存储方式分为内存式存储 Cookie 和硬盘式存储 Cookie。

① 内存式存储 Cookie 将 Cookie 保存在内存中，在浏览器关闭后就会消失，由于其存储时间较短，因此也被称为非持久 Cookie 或会话 Cookie。

② 硬盘式存储 Cookie 将 Cookie 保存在硬盘中，其不会随浏览器的关闭而消失，除非用户手动清理或 Cookie 已经过期。由于硬盘式存储 Cookie 的存储时间较长，因此也被称为持久 Cookie。

2. Cookie 的实现过程

客户端请求服务器后，如果服务器需要记录用户状态，服务器会在响应信息中包含一个 Set-Cookie 响应头，客户端会根据这个响应头存储 Cookie 信息。当再次请求服务器时，客户端会在请求信息中包含一个 Cookie 请求头，而服务器会根据这个请求头进行用户身份、状态等的校验。Cookie 的实现过程如图 2-23 所示。

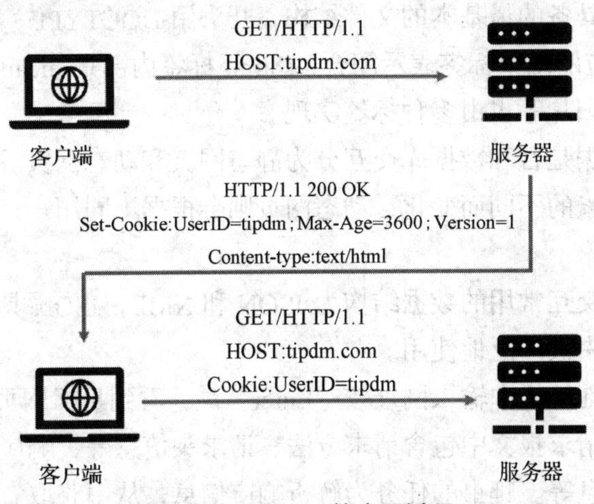

图 2-23　Cookie 的实现过程

客户端与服务器之间的 Cookie 的实现过程，具体步骤如下。

① 客户端请求服务器。客户端请求网站页面，请求头如下。

```
GET / HTTP/1.1
```

```
HOST: tipdm.com
```

② 服务器响应请求。Cookie 是一种字符串，为“key=value”的形式，服务器需要记录客户端请求的状态，因此在响应头中增加了一个 Set-Cookie 字段。响应头示例格式如下。

```
HTTP/1.1 200 OK
Set-Cookie: UserID=tipdm; Max-Age=3600; Version=1
Content-type: text/html
......
```

③ 客户端再次请求服务器。客户端会对服务器响应的 Set-Cookie 头信息进行存储。当再次请求时，将会在请求头中包含服务器响应的 Cookie 信息。请求头示例格式如下。

```
GET/HTTP/1.1
HOST:tipdm.com
Cookie: UserID=tipdm
```

小结

本项目介绍了网络爬虫技术的基础理论知识——网页的基础知识和 HTTP 基本原理，主要内容如下。

（1）当前网页的 3 种开发技术：HTML、CSS 和 JavaScript。HTML 用于控制网页的结构，CSS 用于控制网页的外观，JavaScript 用于控制网页的行为。

（2）网页源代码具备的最基本的文件结构，开头用 DOCTYPE 声明，最外层用<html>标签，代码最后有对应的结束标签表示闭合，<html>标签内部是<head>标签和<body>标签。网页中呈现的文字、图片等也由多种标签实现。

（3）网页根据数据是否和数据库交互分为静态网页和动态网页。静态网页的内容不会随着用户、位置等因素的不同而变化，动态网页则会根据不同用户、不同位置等因素而呈现不一样的效果。

（4）网页中数据交互常用的数据结构为 JSON 和 XML，JSON 具有简洁、清晰的层次结构，其在当前网络中被广泛地使用。

（5）在浏览器的地址栏中输入网址按“Enter”键，看到目标网页的过程即涉及 HTTP 请求与响应的过程。请求报文中包含请求方法、请求头信息等，响应报文中包含响应状态码、响应头和响应信息等。爬虫的任务为解析响应信息，从中获取有用部分。

（6）为消除 HTTP 的无状态性带来的负面影响，Cookie 机制应运而生。Cookie 信息由服务器端通过响应发送给客户端，客户端将 Cookie 信息保存到本地，当再一次请求访问时，会携带 Cookie 信息并发送给服务器。

实训

实训 1　创建一个简单的网页文件

1. 训练要点

（1）掌握创建网页文件的基本结构。

（2）掌握网页制作的常用 HTML 标签的格式和用法。

2. 需求说明

使用记事本工具创建一个 test.html 网页文件，按照网页基本结构创建文件内容。在<body>标签中使用标题标签、段落标签、图像标签、超链接标签、列表标签、<div>标签和<span>标签，创建一个图文并茂的网页文档，实现对网络爬虫的简单介绍。

3. 实现思路及步骤

（1）使用记事本创建文档，并命名为 test.html。

（2）根据网页基本结构增加框架标签。

（3）在<body></body>标签中使用各种标签添加文本信息和图片内容。

实训 2　访问网站并查看请求信息和响应信息

1. 训练要点

（1）掌握使用开发者工具查看请求网址时加载资源情况的方法。

（2）掌握请求信息和响应信息的查看方法以及 HTTP 头部信息的作用。

（3）掌握使用开发者工具查看 Cookie 信息的方法。

2. 需求说明

使用 Chrome 浏览器访问中国文学网，借助浏览器的开发者工具，查看刷新页面后所加载的资源。单击其中任意一个资源文件，查看对应的请求信息和响应信息，查看请求头和响应头中的 Cookie 及 Set-Cookie 字段。

3. 实现思路及步骤

（1）在 Chrome 浏览器地址栏输入网址并访问。

（2）使用浏览器开发者工具查看页面刷新后的响应资源。

（3）查看资源的请求头部信息、响应头部信息、响应状态。

（4）查看请求头和响应头中 Cookie 信息。

思考题

【导读】近年来，中国制造、中国创造、中国建造共同发力，不断刷新着中国工业体系的面貌，也推动着科技发展日新月异，我国不断向着实现高水平科技自立自强，进入创新型国家前列的目标前进。那些跨越式的重大科技创新成就都离不开大国工匠们执着专注、精益求精的实干。三百六十行，行行出状元。大到国家发展、社会进步，小到企业经营管理和人民的日常生活，都离不开各行各业的创新驱动和精益求精的工匠精神。

【思考题】在网络爬虫课程中涉及的工匠精神有哪些？哪些精神是作为一名学生也应该具备的？

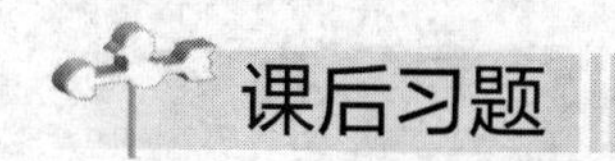

课后习题

1．选择题

（1）下列哪个 HTML 标签可以实现图片的加载？（　　）

A．<img></img>　B．<p></p>　C．<src></src>　D．<h1></h1>

（2）在网页中，正文内容一般都放在哪个标签中？（　　）

A．<!DOCTYPE>　B．<html></html>

C．<head></head>　D．<body></body>

（3）在超链接标签<a></a>中，通过属性（　　）来指定超链接跳转到的网址。

A．href　B．src　C．class　D．id

（4）下列不属于 HTTP 请求方法的是（　　）。

A．GET　B．POST　C．TRACE　D．OPTION

（5）HTTP 状态码由 3 位数字组成，下列哪个不是常见的客户端请求成功的状态码？（　　）

A．404　B．503　C．333　D．200

（6）HTTP 头部类型按用途不包括下列哪个类型？（　　）

A．通用头　B．回复头　C．请求头　D．响应头

（7）Cookie 存储在（　　）。

A．服务器端　B．客户端浏览器

C．客户端和服务器端　D．不保存

2．操作题

（1）使用浏览器打开百度首页“https://www.baidu.com”，查看网页的源代码，分析网页的基本结构和网页中用到的标签。

（2）使用开发者工具查看访问百度首页“https://www.baidu.com”的过程中，资源加载的情况。分析请求方法、响应状态码、头部信息字段及 Cookie 信息。

项目 3 简单静态网页爬取——获取某企业官网基本信息

项目背景

在互联网快速发展的时代，企业的官网有利于用户便捷地了解企业背景、形象、实力等信息。而对企业而言，制作精良的官网可以提升企业知名度，塑造良好的企业形象，从而有效发掘潜在客户，增强竞争的优势。为此，某企业建设了一个静态网页，用于展示企业信息，如图 3-1 所示。为了了解该企业的相关信息及其官网的开发结构，可使用静态网页爬取的常用方法进行数据的获取，并对数据进行存储。

图 3-1　某企业官网网页

学习目标

1. 技能目标

（1）能够使用 Chrome 开发者工具定位目标元素，查看网页资源加载情况。

（2）能够使用 urllib 3 库、Requests 库实现 HTTP 请求。

（3）能够使用 Xpath、Beautiful Soup 库和正则表达式解析网页。

（4）能够使用 JSON 模块将数据存储为 JSON 文件。

（5）能够使用 PyMySQL 库将数据存储到 MySQL 数据库。

2. 知识目标

（1）掌握 Chrome 浏览器开发者工具的使用方法。

（2）掌握使用 urllib 3 和 Requests 库实现 HTTP 请求的流程。

（3）掌握 Xpath 的基本语法和常用函数。

（4）掌握创建 Beautiful Soup 对象的方法。

（5）掌握正则表达式解析网页的常用方法。

（6）掌握使用 JSON 模块和 PyMySQL 库存储数据的方法。

3. 素质目标

（1）遵纪守法，通过正常渠道合法获取数据，合理使用网络爬虫技术，不对被爬取网站造成干扰。

（2）依法办事，不泄露他人个人信息，提升信息安全意识。

思维导图

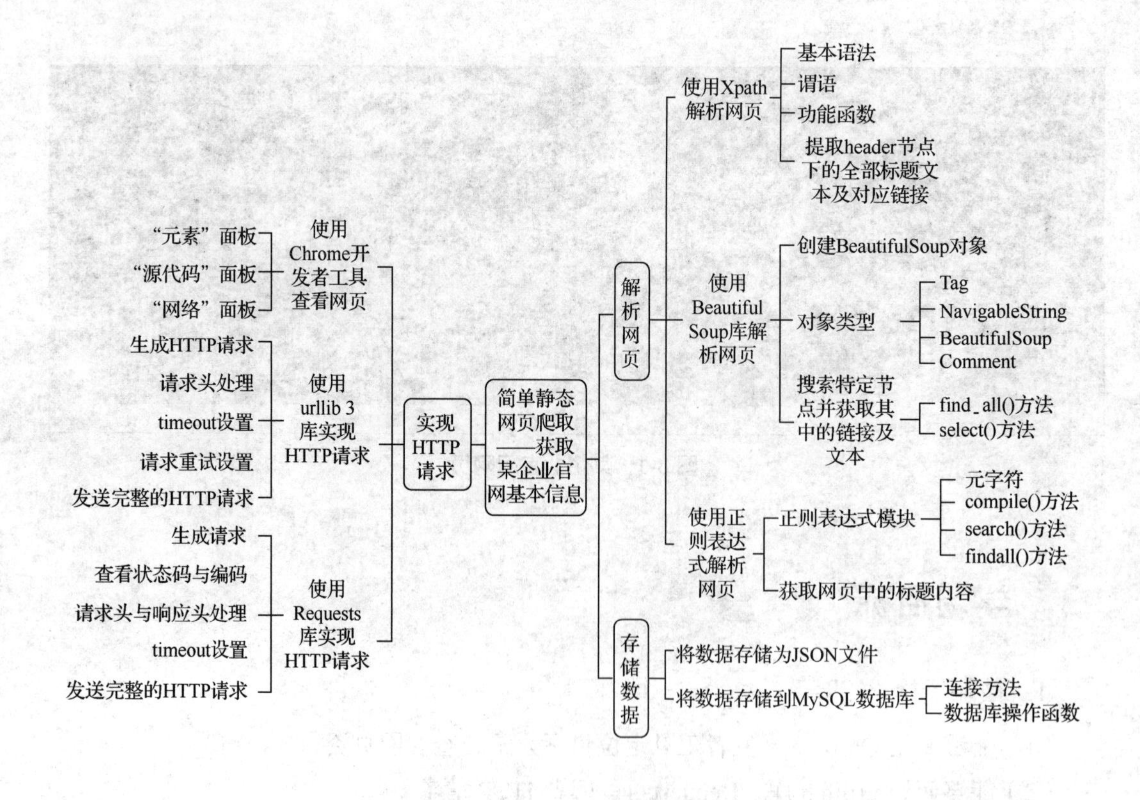

任务 3.1 实现 HTTP 请求

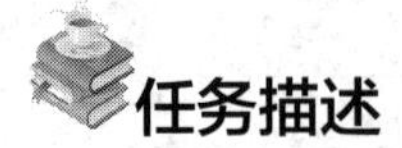

任务描述

爬虫的基本功能是读取 URL 和爬取网页内容，这就需要爬虫具备能够实现 HTTP 请求的功能。请求过程主要包括生成 HTTP 请求、请求头处理、超时设置、请求重试、查看状态码等。通过 Chrome 开发者工具直接查看网页“http://www.tipdm.com”的页面元素、页面源代码和资源详细信息，并分别通过 urllib 3 库、Requests 库实现向网页发送 GET 类型的 HTTP 请求，并获取返回的响应。

任务分析

（1）使用 Chrome 开发者工具查看页面元素、页面源代码和资源详细信息。
（2）使用 urllib 3 库生成 HTTP 请求。
（3）使用 urllib 3 库处理请求头。
（4）使用 urllib 3 库设置超时时间（timeout）。
（5）使用 urllib 3 库设置请求重试。
（6）使用 Requests 库生成 HTTP 请求。
（7）使用 Requests 库查看状态码与编码。
（8）使用 Requests 库处理请求头与响应头。
（9）使用 Requests 库设置超时时间。

微课 3-1 使用 Chrome 开发者工具查看网页

3.1.1 使用 Chrome 开发者工具查看网页

Chrome 浏览器提供了一个非常便利的开发者工具，供广大 Web 开发者使用，该工具提供查看网页元素、查看请求资源列表、调试 JavaScript 代码等功能。该工具的打开方式是右击 Chrome 浏览器页面，在弹出的快捷菜单中单击图 3-2 所示的“检查”选项。

返回 Alt+向左箭头
前进 Alt+向右箭头
重新加载 Ctrl+R
另存为... Ctrl+S
打印... Ctrl+P
投放...
使用 Bing搜索图片
为此页面创建二维码
翻译成中文（简体）
查看网页源代码 Ctrl+U
检查

图 3-2 使用快捷菜单打开 Chrome 开发者工具

也可以单击 Chrome 浏览器右上角的菜单 ⋮，如图 3-3 所示，单击“更多工具”选项中的“开发者工具”选项打开开发者工具，还可以直接使用“F12”键、“Ctrl+Shift+I”组合键打开开发者工具。

图 3-3　使用菜单打开 Chrome 开发者工具

Chrome 开发者工具目前包括 9 个面板，界面如图 3-4 所示，本书使用的 Chrome 版本为 64 位 108.0.5359.125，各面板的功能如表 3-1 所示。

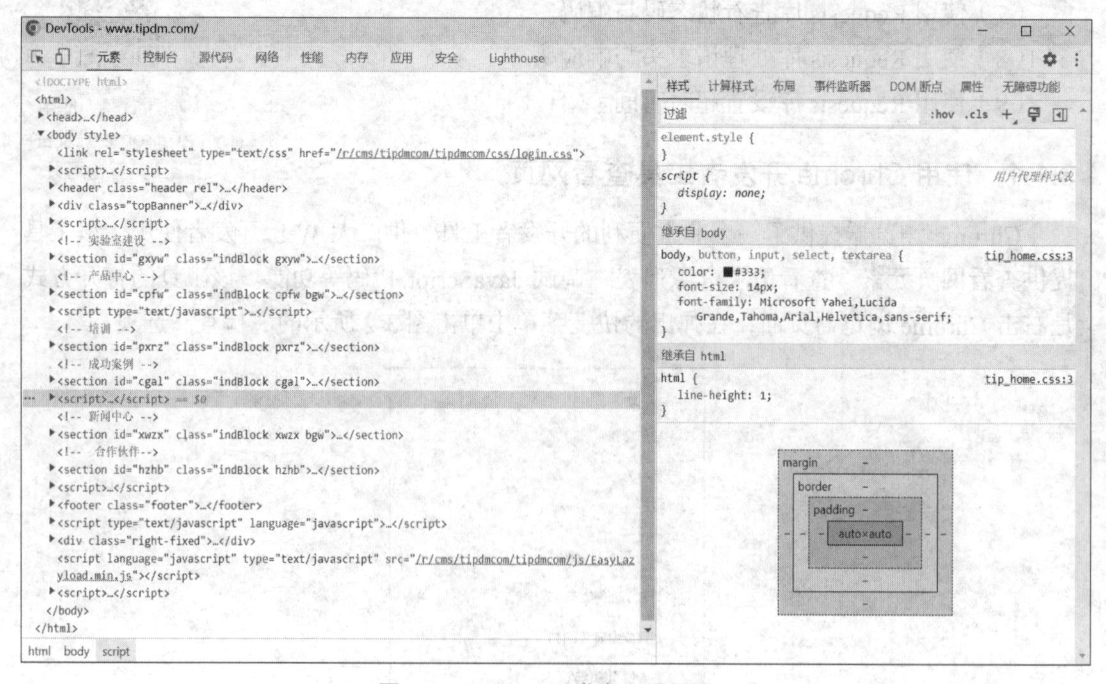

图 3-4　Chrome 开发者工具界面

表 3-1　Chrome 开发者工具面板的功能

面板	说明
“元素”（Elements）面板	该面板可查看渲染页面所需的 HTML、CSS 和 DOM 对象，并可实时编辑这些元素调试页面渲染效果
“控制台”（Console）面板	该面板可记录各种警告与错误信息，并可作为 shell 在页面上与 JavaScript 代码交互
“源代码”（Sources）面板	该面板可设置调试 JavaScript 代码的断点
“网络”（Network）面板	该面板可查看页面请求、下载的资源文件，以及优化网页加载性能，还可查看 HTTP 的请求头、响应内容等
“性能”（Performance）面板	旧版 Chrome 中的“时间线”（Timeline）面板，该面板可展示页面加载时所有事件花费时长的完整分析
“内存”（Memory）面板	旧版 Chrome 中的“分析”（Profiles）面板，该面板可提供比性能面板更详细的分析，如跟踪内存泄漏等
“应用”（Application）面板	该面板可检查加载的所有资源
“安全”（Security）面板	该面板可调试当前网页的安全和认证等问题，并确保网站上已正确地实现 HTTPS
“Lighthouse”面板	旧版 Chrome 中的“审查”（Audits）面板，该面板用于分析网络应用和网页，收集现代性能指标并提供对开发人员最佳实践的意见

对于爬虫开发来说，常用的面板为“元素”面板、“源代码”面板和“网络”面板。

1. “元素”面板

在爬虫开发中，“元素”面板主要用于查看页面元素所对应的位置，如图片所在的位置或文字链接所对应的位置。从面板左侧可看到，当前页面的结构为树状结构，单击三角形图标▶即可展开分支。

依次单击树状结构的三角形图标▶，依次展开<body>、<header>、<div>、<nav>、<ul>标签，找到第一个<li>标签，如图 3-5 所示。

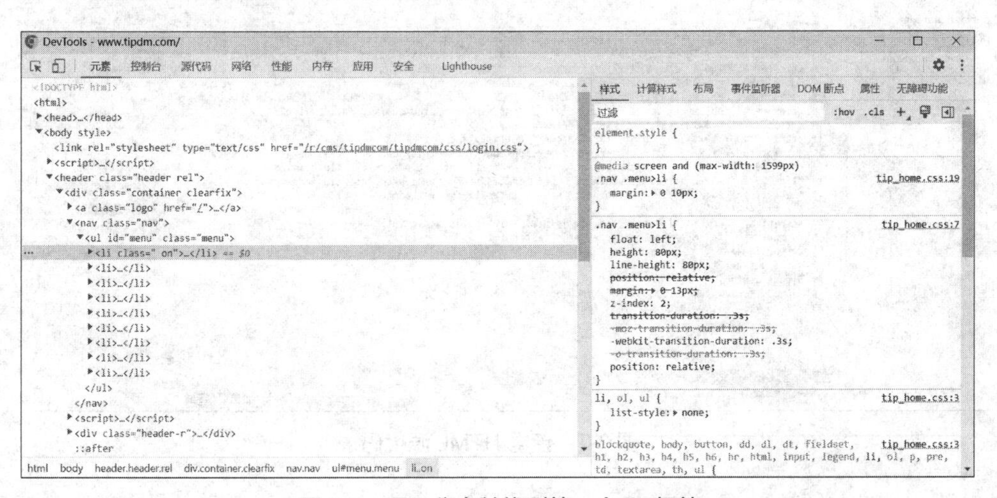

图 3-5　展开分支并找到第一个<li>标签

将鼠标指针悬停在图 3-5 所示的<li>标签上，会同步在网页中标识出对应部分的文字“首页”，如图 3-6 所示。

图 3-6　在网页中标识出对应部分的文字“首页”

2. “源代码”面板

“源代码”面板通常用于调试 JavaScript 代码，但对于爬虫开发而言，还有一个附带的功能可以用于查看 HTML 源代码。在“源代码”面板的左侧展示了页面包含的文件，单击对应文件即可在面板中间查看预览，例如在面板左侧选择 HTML 文件，将在面板中间展示其完整代码。

切换至“源代码”面板，单击左侧的“(索引)”文件，将在面板中间显示其包含的完整代码，如图 3-7 所示。

图 3-7　查看 HTML 源代码

3. “网络”面板

对于爬虫开发而言，“网络”面板主要用于查看页面加载时读取的各项资源，如图片、HTML 文件、JavaScript 文件、页面样式等的详细信息，单击某个资源便可以查看该资源的详细信息。

切换至“网络”面板后，需先重新加载页面，在“名称”中单击“www.tipdm.com”资源后，则在中间显示该资源的标头、预览、响应、启动器、时间和 Cookie 详情等，如图 3-8 所示。

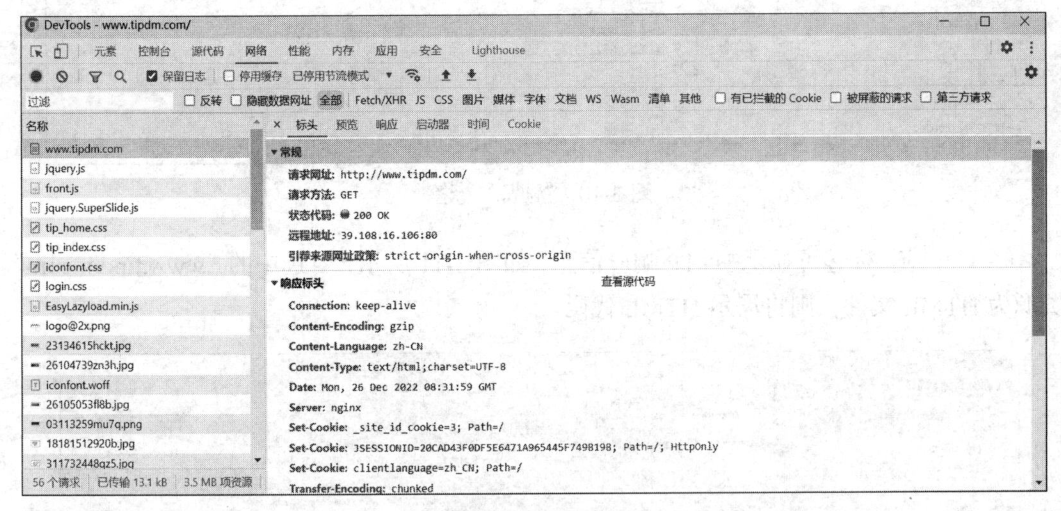

图 3-8 “网络”面板

根据选择的资源类型，可显示不同的信息，可能包括以下标签信息。

（1）“标头”标签展示该资源的 HTTP 头部信息，主要包括“请求网址”“请求方法”“状态代码”和“远程地址”等基本信息，以及响应标头、请求标头等详细信息，如图 3-9 所示。

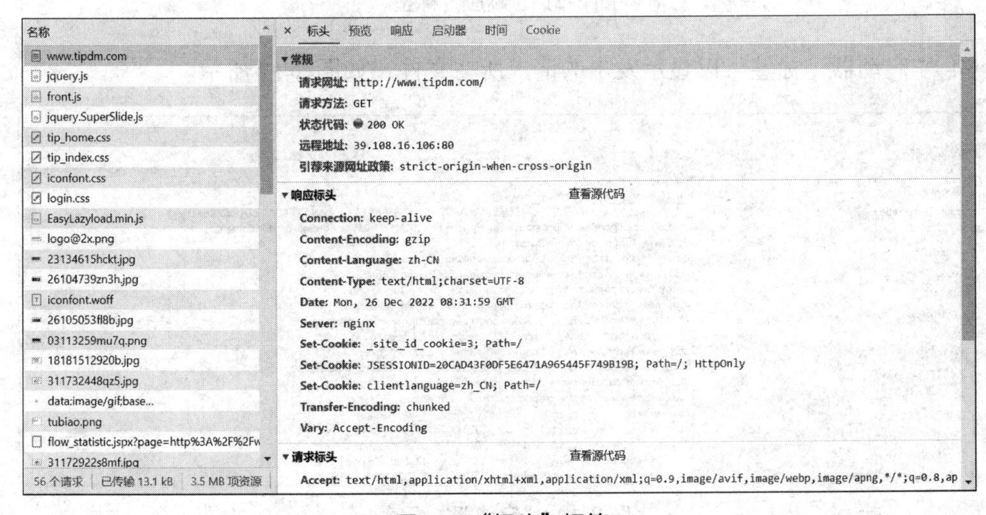

图 3-9 “标头”标签

（2）“预览”标签可根据所选择的资源类型（图片、文本）来显示相应的预览，如图 3-10 所示。

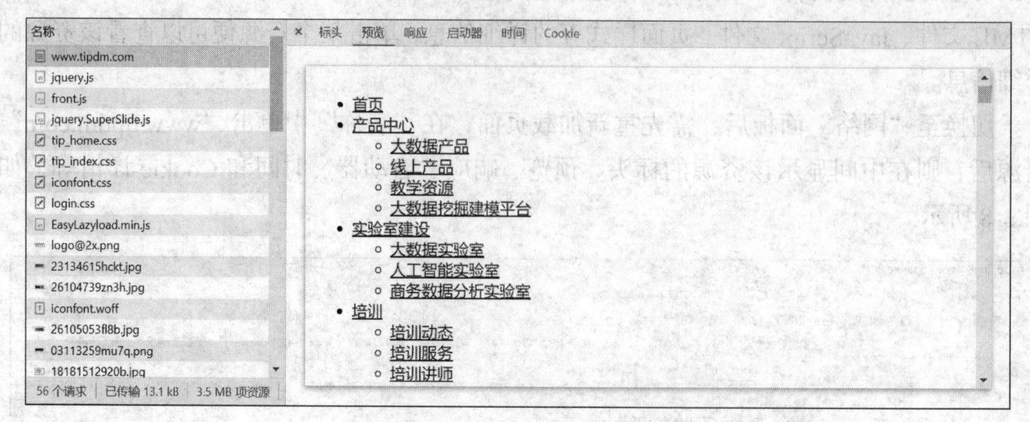

图 3-10 “预览”标签

（3）“响应”标签可显示 HTTP 响应信息，如图 3-11 所示，若选中的“www.tipdm.com”资源为 HTML 文件，则将展示 HTML 代码。

图 3-11 “响应”标签

（4）“启动器”标签可以显示发出的请求所在文件，如图 3-12 所示。

图 3-12 “启动器”标签

（5）“时间”标签可显示资源在整个请求过程中各环节花费的时间，如图 3-13 所示。

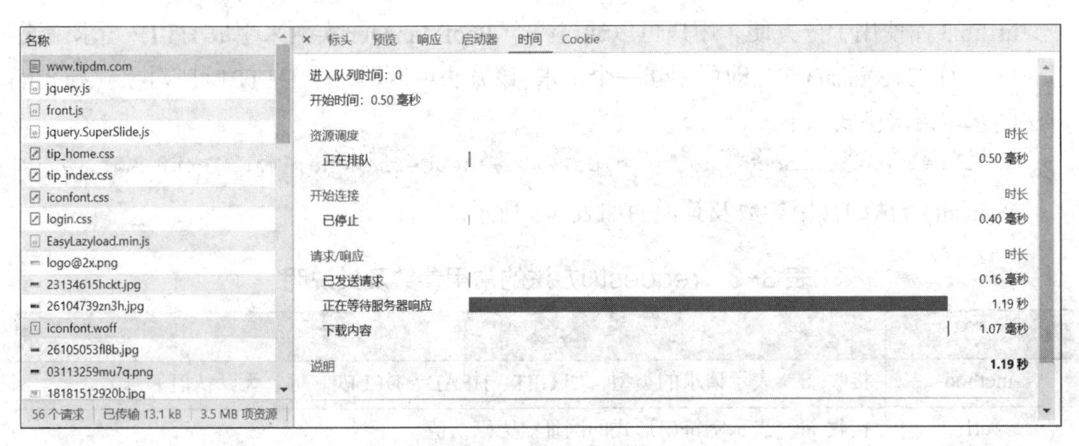

图 3-13 “时间”标签

（6）“Cookie”标签可显示资源的 HTTP 请求和响应过程中的 Cookie 信息，如图 3-14 所示。

图 3-14 “Cookie”标签

3.1.2 使用 urllib 3 库实现 HTTP 请求

微课 3-2 使用 urllib3 库实现 HTTP 请求

urllib 3 是一个功能强大、条理清晰、用于 HTTP 客户端的 Python 库，其提供了很多 Python 标准库里没有的连接特性，如表 3-2 所示。

表 3-2 urllib 3 库的连接特性

连接特性	连接特性
线程安全	管理连接池
客户端 SSL/TLS 验证	使用分部编码上传文件
协助处理重复请求和 HTTP 重定向	支持压缩编码
支持 HTTP 和 SOCKS 代理	测试覆盖率达到 100%

1. 生成 HTTP 请求

urllib 3 库使用十分方便，用户可以通过一个 PoolManager 实例来生成 HTTP 请求。通过 urllib 3 库的 request()方法即可创建一个请求，该方法可返回一个 HTTP 响应对象。request()方法的基本语法格式如下。

```
urllib3.request(method, url, fields=None, headers=None, **urlopen_kw)
```

request()方法的常用参数及其说明如表 3-3 所示。

表 3-3 request()方法的常用参数及其说明

参数名称	说明
method	接收 str。表示请求的类型，如 GET、HEAD、DELETE 等。无默认值
url	接收 str。表示字符串形式的网址。无默认值
fields	接收 dict。表示请求类型所带的参数。默认为 None
headers	接收 dict。表示请求头所带的参数。默认为 None
timeout	接收 float。表示指定的超时时间，单位为秒。无默认值
retries	接收 float。表示定制请求重试次数及重定向次数。默认为 3
redirect	接收 float。表示仅定制重定向。无默认值
**urlopen_kw	接收 dict 或 Python 中其他数据类型的数据。表示依据具体需要及请求的类型可添加的参数，通常参数赋值为字典或具体数据

向网页“http://www.tipdm.com”发送 GET 请求，并查看服务器状态码和响应实体，如代码 3-1 所示。

代码 3-1 发送 GET 请求并查看服务器状态码和响应实体

```
>>> # 导入urllib 3库
>>> import urllib3
>>> # 创建PoolManager实例
>>> http = urllib3.PoolManager()
>>> # 通过request()方法创建请求，此处使用GET请求
>>> rq = http.request('GET', 'http://www.tipdm.com')
>>> # 查看服务器状态码
>>> print('服务器状态码：', rq.status)
服务器状态码： 200
>>> # 查看响应实体
>>> print('响应实体：', rq.data)
响应实体：b'<!DOCTYPE HTML>\n<html>\n<head>\n<meta name="viewport" ……
showTime:500,\n  });\n</script>\n</body>\n</html>'
```

注：由于输出结果太长，所以此处部分结果已经省略。

2. 请求头处理

在 request()方法中，如果需要传入 headers 参数，那么可通过定义一个字典来实现。代码 3-2 的含义为，定义一个包含 User-Agent 信息的字典，将请求伪装成由浏览器发送的，浏览器的 User-Agent 信息可以在“标头”标签下找到，如图 3-15 所示。向网页“http://www.tipdm.com”发送带 headers 参数的 GET 请求，headers 参数为定义的 User-Agent 字典。

代码 3-2　发送带 headers 参数的 GET 请求

```
>>> ua = {'User-Agent': 'Mozilla/5.0 (Windows NT 10.0; Win64; x64) AppleWebKit/537.36 (KHTML, like Gecko) Chrome/108.0.0.0 Safari/537.36'}
>>> rq = http.request('GET', 'http://www.tipdm.com', headers=ua)
```

在代码 3-2 中，为 headers 参数传入字典 ua，键“User-Agent”对应的值为“Mozilla/5.0 (Windows NT 10.0; Win64; x64) AppleWebKit/537.36 (KHTML, like Gecko) Chrome/108.0.0.0 Safari/537.36”，并且值的第一个字符不能是空格。

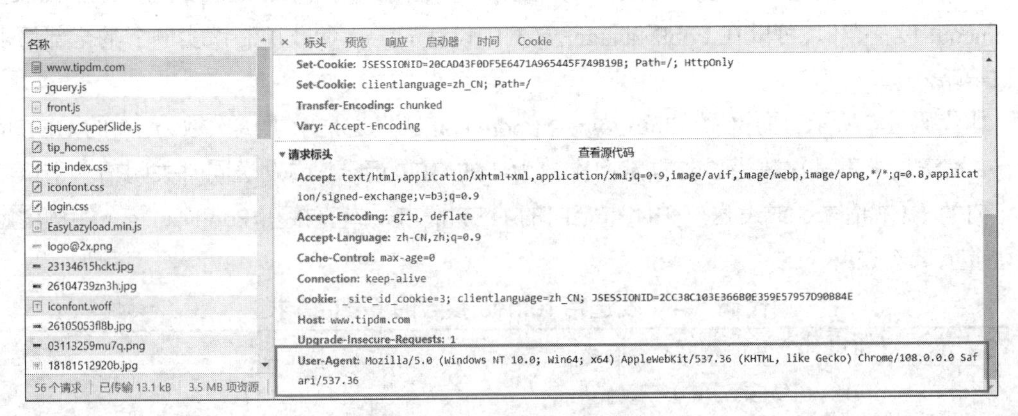

图 3-15　User-Agent 信息

3. timeout 设置

为防止网络不稳定、服务器不稳定等问题造成连接不稳定时丢包，可以在 request()方法中设置 timeout 参数，timeout 参数通常为浮点数。依据不同需求，request()方法的 timeout 参数有多种设置方法，可直接在 url 参数后设置本次请求的全部 timeout 参数，也可分别设置本次请求的连接与读取的 timeout 参数，还可在 PoolManager 实例中设置 timeout 参数（可应用至该实例的全部请求中）。

分别使用 3 种方法向网页“http://www.tipdm.com”发送带 timeout 参数的 GET 请求，可仅指定超时时间，或分别指定连接和读取的超时时间，如代码 3-3 所示。

代码 3-3　发送带 timeout 参数的 GET 请求

```
>>> # 方法 1：直接在 url 参数后添加统一的 timeout 参数
>>> url = 'http://www.tipdm.com'
>>> rq = http.request('GET', url, timeout=3.0)
>>> # 方法 2：分别设置连接与读取的 timeout 参数
```

```
>>> rq = http.request('GET', url, timeout = urllib3.Timeout(connect=1.0,
read=3.0))
>>> # 方法 3：在 PoolManager 实例中设置 timeout 参数
>>> http = urllib3.PoolManager(timeout=4.0)
>>> http = urllib3.PoolManager(timeout = urllib3.Timeout(connect=1.0, read=3.0))
```

需要注意的是，若已经在 PoolManager 实例中设置 timeout 参数，则之后在 request()方法中另外设置的 timeout 参数将会替代 PoolManager 实例中设置的 timeout 参数。

4. 请求重试设置

urllib 3 库可以通过设置 request()方法的 retries 参数来对重试进行控制，默认进行 3 次请求重试以及 3 次重定向。自定义重试次数可通过赋值一个整数给 retries 参数来实现，还可通过定义 retries 实例来定制请求重试次数及重定向次数。若需要同时关闭请求重试及重定向，则可将 retries 参数赋值为 False；若仅关闭重定向，则将 redirect 参数赋值为 False。与 timeout 设置类似，可以在 PoolManager 实例中设置 retries 参数控制该实例下的全部请求重试策略。

如代码 3-4 所示，向网页“http://www.tipdm.com”发送请求重试次数为 10 的 GET 请求，或发送请求重试次数为 5 与重定向次数为 4 的 GET 请求，或发送同时关闭请求重试与重定向的 GET 请求，或发送仅关闭重定向的 GET 请求，或直接在 PoolManager 实例中定义请求重试次数。

代码 3-4　发送带 retries 参数的 GET 请求

```
>>> http = urllib3.PoolManager()
>>> url = 'http://www.tipdm.com'
>>> # 直接在 url 参数之后添加 retries 参数
>>> rq = http.request('GET', url, retries=10)
>>> # 分别设置 5 次请求重试与 4 次重定向
>>> rq = http.request('GET', url, retries=5, redirect=4)
>>> # 同时关闭请求重试与重定向
>>> rq = http.request('GET', url, retries=False)
>>> # 仅关闭重定向
>>> rq = http.request('GET', url, redirect=False)
>>> # 在 PoolManager 实例中设置 retries 参数
>>> http = urllib3.PoolManager(retries=5)
>>> http = urllib3.PoolManager(timeout = urllib3.Retry(5, read=4))
```

5. 发送完整的 HTTP 请求

向网页“http://www.tipdm.com”发送一个完整的请求，该请求包含链接、User-Agent、超时时间、重定向次数和重试次数设置，如代码 3-5 所示。

代码 3-5 发送完整的 HTTP 请求

```
>>> import urllib3
>>> # 创建 PoolManager 实例
>>> http = urllib3.PoolManager()
>>> # 目标 url
>>> url = 'http://www.tipdm.com'
>>> # 设置 User-Agent 信息
>>> ua = {'User-Agent': 'Mozilla/5.0 (Windows NT 10.0; Win64; x64) AppleWebKit/537.36 (KHTML, like Gecko) Chrome/108.0.0.0 Safari/537.36'}
>>> # 设置超时时间
>>> tm = urllib3.Timeout(connect=1.0, read=3.0)
>>> # 设置重试次数与重定向次数并生成请求
>>> rq = http.request('GET', url, headers=ua, timeout=tm, retries=5, redirect=4)
>>> # 查看服务器状态码
>>> print('服务器状态码：', rq.status)
服务器状态码： 200
>>> # 查看获取的内容
>>> print('获取的内容：', rq.data.decode('utf-8'))
获取的内容： <!DOCTYPE HTML>
<html>
<head>
<meta name="viewport" content="width=device-width, initial-scale=1.0">
<meta http-equiv="Content-Type" content="text/html; charset=utf-8" />
<title>泰迪智能科技-大数据实验室建设_大数据实训平台-大数据人工智能专业建设</title>
……
<script>
  lazyLoadInit({
    coverColor:"transparent",
    offsetBottom:0,
    offsetTopm:0,
    showTime:500,
  });
</script>
</body>
</html>
```

注：由于输出结果太长，所以此处部分结果已经省略。

3.1.3 使用 Requests 库实现 HTTP 请求

微课 3-3 使用 Requests 库实现 HTTP 请求

Requests 库是一个原生的 HTTP 库，比 urllib 3 库更容易使用。Requests 库可发送原生的 HTTP/1.1 请求，不需要手动为 URL 添加查询字符串，也不需要对 POST 数据进行表单编码。相对于 urllib 3 库，Requests 库拥有完全自动化的 Keep-Alive 和 HTTP 连接池的功能。Requests 库的连接特性如表 3-4 所示。

表 3-4 Requests 库的连接特性

连接特性	连接特性	连接特性
Keep-Alive 和 HTTP 连接池	基本/摘要式的身份认证	文件分块上传
国际化域名和 URL	优雅的 key/value Cookie	流下载
带持久 Cookie 的会话	自动解压	连接超时
浏览器式的 SSL 认证	Unicode 响应体	分块请求
自动内容解码	HTTP/HTTPS 代理支持	支持.netrc

1. 生成请求

使用 Requests 库生成请求非常简便，其中，实现 GET 请求的方法为 get()方法，其基本语法格式如下。

```
requests.get(url, **kwargs)
```

get()方法的常用参数及其说明如表 3-5 所示。

表 3-5 get()方法的常用参数及其说明

参数名称	说明
url	接收 str。表示字符串形式的网址。无默认值
**kwargs	接收 dict 或 Python 中其他数据类型的数据。表示依据具体需要及请求的类型可添加的参数，通常参数赋值为字典或具体数据

向网页“http://www.tipdm.com”发送 GET 请求，并查看返回的结果类型、状态码、编码、响应头和网页内容，如代码 3-6 所示。

代码 3-6 发送 GET 请求并查看返回结果

```
>>> import requests
>>> url = 'http://www.tipdm.com'
>>> # 生成 GET 请求
>>> rqg = requests.get(url)
>>> print('结果类型：', type(rqg))  # 查看结果类型
结果类型： <class 'requests.models.Response'>
>>> print('状态码：', rqg.status_code)  # 查看状态码
状态码： 200
```

```
>>> print('编码: ', rqg.encoding)  # 查看编码
编码: UTF-8
>>> print('响应头: ', rqg.headers)  # 查看响应头
响应头: {'Server': 'nginx', 'Date': 'Tue, 27 Dec 2022 01:26:55 GMT',
'Content-Type': 'text/html;charset=UTF-8', 'Transfer-Encoding': 'chunked',
'Connection': 'keep-alive', 'Vary': 'Accept-Encoding', 'Set-Cookie':
'_site_id_cookie=3; Path=/, JSESSIONID=8B6457E268F6F8E46C444547F6AE3FDC;
Path=/; HttpOnly, clientlanguage=zh_CN; Path=/', 'Content-Language': 'zh-CN',
'Content-Encoding': 'gzip'}
>>> print('网页内容: ', rqg.text)  # 查看网页内容
网页内容: <!DOCTYPE HTML>
<html>
<head>
<meta name="viewport" content="width=device-width, initial-scale=1.0">
……
</script>
</body>
</html>
```

注：由于输出结果太长，所以此处部分结果已经省略。

在代码 3-6 中，Requests 库仅用一行代码便可生成 GET 请求；当生成其他类型的请求时，也可采用类似的格式，只要选取对应的请求方法即可。

2. 查看状态码与编码

在代码 3-6 中，使用 rqg.status_code 可查看服务器返回的状态码。而使用 rqg.encoding 可通过服务器返回的 HTTP 头部信息来猜测网页编码。需要注意的是，当 Requests 库猜测错时，需要手动指定编码，避免返回的网页内容解析出现乱码。

向网页“http://www.tipdm.com”发送 GET 请求，查看返回的状态码和修改后的编码，并将编码手动指定为 utf-8，如代码 3-7 所示。

代码 3-7　发送 GET 请求并手动指定编码

```
>>> url = 'http://www.tipdm.com'
>>> rqg = requests.get(url)
>>> print('状态码: ', rqg.status_code)  # 查看状态码
状态码: 200
>>> rqg.encoding = 'utf-8'  # 若 rqg.encoding 结果不是 utf-8，则手动指定编码
>>> print('修改后的编码: ', rqg.encoding)  # 查看修改后的编码
修改后的编码: utf-8
```

注：编码格式小写“utf-8”和大写“UTF-8”指的是同一种编码，对结果没有影响。

手动指定编码的方法并不灵活，无法自适应爬取过程中不同网页的编码，而使用 chardet 库的方法比较简便灵活。chardet 库是一个非常优秀的字符串/文件编码检测模块。

chardet 库的 detect()方法可以检测给定字符串的编码，其基本语法格式如下。

```
chardet.detect(byte_str)
```

detect()方法的常用参数及其说明如表 3-6 所示。

表 3-6　detect()方法的常用参数及其说明

参数名称	说明
byte_str	接收 str。表示需要检测编码的字符串。无默认值

detect()方法可返回以下字典，字典中的 encoding 参数表示编码形式，confidence 参数表示检测精确度，language 参数表示当前字符串中出现的语言类型。

```
{'encoding': 'utf-8', 'confidence': 0.99, 'language': ''}
```

将请求的编码指定为 detect()方法检测到的编码，可以避免检测错误造成的乱码，如代码 3-8 所示。

代码 3-8　使用 detect()方法检测编码并指定编码

```
>>> import chardet
>>> url = 'http://www.tipdm.com'
>>> rqg = requests.get(url)
>>> print('编码：', rqg.encoding)  # 查看编码
编码： UTF-8
>>> print('detect()方法检测结果：', chardet.detect(rqg.content))
detect()方法检测结果：{'encoding':'utf-8','confidence':0.99,'language':''}
>>> rqg.encoding = chardet.detect(rqg.content)['encoding']  # 将检测到的编码赋
值给 rqg.encoding
>>> print('改变后的编码：', rqg.encoding)  # 查看改变后的编码
改变后的编码： utf-8
```

3. 请求头与响应头处理

Requests 库中对请求头的处理与 urllib 3 库类似，即使用 get()方法的 headers 参数在 GET 请求中上传参数，参数形式为字典。在代码 3-9 中，使用 rqg.headers 可查看服务器返回的响应头，通常响应头返回的结果会与上传的请求参数对应。

定义一个 User-Agent 字典作为 headers 参数，向网页“http://www.tipdm.com”发送带有该 headers 参数的 GET 请求，并查看返回的响应头，如代码 3-9 所示。

代码 3-9　发送带有 headers 参数的 GET 请求并查看响应头

```
>>> url = 'http://www.tipdm.com'
```

```
>>> ua = {'User-Agent': 'Mozilla/5.0 (Windows NT 10.0; Win64; x64) AppleWebKit/537.36 (KHTML, like Gecko) Chrome/108.0.0.0 Safari/537.36'}
>>> rqg = requests.get(url, headers=ua)
>>> print('响应头：', rqg.headers)  # 查看响应头
响应头： {'Server': 'nginx', 'Date': 'Tue, 27 Dec 2022 01:50:26 GMT', 'Content-Type': 'text/html;charset=UTF-8', 'Transfer-Encoding': 'chunked', 'Connection': 'keep-alive', 'Vary': 'Accept-Encoding', 'Set-Cookie': '_site_id_cookie=3; Path=/, JSESSIONID=C1A81A78C7762542A2ED3E7B229AC17D; Path=/; HttpOnly, clientlanguage=zh_CN; Path=/', 'Content-Language': 'zh-CN', 'Content-Encoding': 'gzip'}
```

4. timeout 设置

为避免等待服务器响应造成程序永久失去响应，通常需要给程序设置一个时间作为限制，超过该时间后程序将会自动停止等待。在 Requests 库中通过设置 get()方法的 timeout 参数，可以实现超过该参数设定的秒数后，程序停止等待。

向网页“http://www.tipdm.com”分别发送超时时间为 2s、0.001s 的带有 timeout 参数的 GET 请求，并查看对应响应，如代码 3-10 所示。

代码 3-10 发送带有 timeout 参数的 GET 请求并查看响应

```
>>> url = 'http://www.tipdm.com'
>>> print('超时时间为 2s：', requests.get(url, timeout=2))
超时时间为 2s： <Response [200]>
>>> requests.get(url, timeout=0.001)  # 超时时间过短将会报错
ConnectTimeout: HTTPConnectionPool(host='www.tipdm.com', port=80): Max retries exceeded with url: / (Caused by ConnectTimeoutError(<urllib3.connection.HTTPConnection object at 0x0000013644E1F1C0>, 'Connection to www.tipdm.com timed out. (connect timeout=0.001)'))
```

5. 发送完整的 HTTP 请求

向网页“http://www.tipdm.com”发送一个完整的 GET 请求，该请求包含链接、请求头、超时时间，并且正确设置编码，如代码 3-11 所示。

代码 3-11 发送一个完整的 GET 请求

```
>>> import chardet
>>> import requests
>>> # 设置 URL
>>> url = 'http://www.tipdm.com'
>>> # 设置请求头
```

```
>>> ua = {'User-Agent': 'Mozilla/5.0 (Windows NT 10.0; Win64; x64) AppleWebKit/537.36 (KHTML, like Gecko) Chrome/108.0.0.0 Safari/537.36'}
>>> # 设置超时时间并生成 GET 请求
>>> rqg = requests.get(url, headers=ua, timeout=2)
>>> print('状态码：', rqg.status_code)  # 查看状态码
状态码： 200
>>> # 修正编码
>>> rqg.encoding = chardet.detect(rqg.content)['encoding']
>>> print('修正后的编码：', rqg.encoding)  # 查看修正后的编码
修正后的编码： utf-8
>>> print('响应头：', rqg.headers)  # 查看响应头
响应头： {'Server': 'nginx', 'Date': 'Tue, 27 Dec 2022 02:04:09 GMT', 'Content-Type': 'text/html;charset=UTF-8', 'Transfer-Encoding': 'chunked', 'Connection': 'keep-alive', 'Vary': 'Accept-Encoding', 'Set-Cookie': '_site_id_cookie=3; Path=/, JSESSIONID=ECCFC72D667DE78B4DAFCCF4609D693F; Path=/; HttpOnly, clientlanguage=zh_CN; Path=/', 'Content-Language': 'zh-CN', 'Content-Encoding': 'gzip'}
>>> print(rqg.text)  # 查看网页内容
<!DOCTYPE HTML>
<html>
<head>
<meta name="viewport" content="width=device-width, initial-scale=1.0">
……
</script>
</body>
</html>
```

注：由于输出结果太长，所以此处部分结果已经省略。

任务 3.2 解析网页

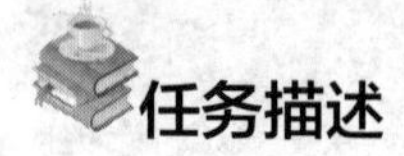

任务描述

通过解析网页可以获取网页包含的数据信息，如文本、图片、视频等，这需要爬虫具备定位网页中信息的位置并解析网页内容的功能。本任务分别通过 Xpath、Beautiful Soup 库和正则表达式解析 3.1.3 小节中通过 Requests 库获取的网页“http://www.tipdm.com”的

网页内容，即获取其中的元素及相关信息。

任务分析

（1）使用 lxml 库的 etree 模块实现通过 Xpath 获取网页内容中的标题内容、节点下的文本内容。

（2）使用 Beautiful Soup 库创建 BeautifulSoup 对象，将 HTML 文档转换为文档树。

（3）使用 Beautiful Soup 库搜索文档树中的文本内容、属性值。

（4）使用正则表达式匹配字符串。

（5）使用正则表达式查找网页中的标题内容。

3.2.1　使用 Xpath 解析网页

微课 3-4　使用 Xpath 解析网页

XML 路径语言（XML Path Language，XPath）是一门在 XML 文档中查找信息的语言。XPath 最初被设计用于搜寻 XML 文档，但同样适用于 HTML 文档的搜索。XPath 的选择功能十分强大，它不仅提供了非常简洁明了的路径选择表达式，还提供了超过 100 个内建函数，用于字符串、数值、时间的匹配，以及节点、序列的处理等，几乎所有定位的节点都可以用 XPath 来选择。

本小节将使用 Xpath 定位并获取 title 节点中的文本内容，以及 header 节点下的全部标题文本及对应链接。

1. 基本语法

使用 Xpath 需要从 lxml 库中导入 etree 模块，还需要使用 HTML 类对需要匹配的 HTML 对象进行初始化。HTML 类的基本语法格式如下。

```
lxml.etree.HTML(text, parser=None, base_url=None)
```

HTML 类的常用参数及其说明如表 3-7 所示。

表 3-7　HTML 类的常用参数及其说明

参数名称	说明
text	接收 str。表示需要转换为 HTML 格式的字符串。无默认值
parser	接收 str。表示选择的 HTML 解析器。默认为 None
base_url	接收 str。表示文档的原始 URL，用于查找外部实体的相对路径。默认为 None

使用 HTML 类将网页内容初始化，并输出初始化后的网页内容，如代码 3-12 所示。

代码 3-12　使用 HTML 类将网页内容初始化并输出

```
>>> import requests
>>> # 导入etree模块
>>> from lxml import etree
```

```
>>> url = 'http://www.tipdm.com'
>>>  ua  =  {'User-Agent':  'Mozilla/5.0  (Windows  NT  10.0;  Win64;  x64)
AppleWebKit/537.36 (KHTML, like Gecko) Chrome/108.0.0.0 Safari/537.36'}
>>> rqg = requests.get(url, headers=ua)
>>> rqg.encoding = 'utf-8'
>>> # 初始化 HTML 对象
>>> html = etree.HTML(rqg.text, parser=etree.HTMLParser(encoding='utf-8'))
>>> # 输出修正后的 HTML 对象（如有必要）
>>>  result  =  etree.tostring(html,  encoding='utf-8',  pretty_print=True,
method='html')
>>> print('修正后的 HTML 对象：', result)
修正后的 HTML 对象： b'<html>\n<head>\n<meta name="viewport" content="width=
device-width, initial-scale=1.0">\n<meta http-equiv="Content-Type" content=
"text/html; charset=utf-8">…… showTime:500,\n  });\n</script>\n</li>\n
</ul>\n</div>\n</body>\n</html>\n'
>>> print('格式化后的 HTML 对象：', result.decode('utf-8'))
格式化后的 HTML 对象：<html>
<head>
<meta name="viewport" content="width=device-width, initial-scale=1.0">
<meta http-equiv="Content-Type" content="text/html; charset=utf-8">
<title>泰迪智能科技-大数据实验室建设_大数据实训平台-大数据人工智能专业建设</title>
……
</script>
</li>
</ul>
</div>
</body>
</html>
```

注：由于输出结果太长，所以此处部分结果已经省略。

在代码 3-12 中，首先调用 HTML 类对 Requests 库请求回来的网页进行初始化，这样就成功构造了一个 XPath 解析对象。若 HTML 类中的节点没有闭合，etree 模块可提供自动补全功能。调用 tostring()方法即可输出修正后的 HTML 代码，但其结果为 bytes 类型，需要使用 decode()方法将其转成 str 类型。

也可以直接从本地文件中导入 HTML 文件（保存有网页内容的 HTML 文件），将其中的内容导入并使用 HTML 类进行初始化，编码格式设为 utf-8，如代码 3-13 所示。

代码 3-13 从本地文件中导入 HTML 文件并初始化

```
>>> # 从本地文件中导入，test.html 为保存网页内容的 HTML 文件
>>> html_local = etree.parse('../data/test.html', etree.HTMLParser(encoding=
'utf-8'))
>>> result_local = etree.tostring(html_local)
>>> print('本地文件导入的 HTML 文件：', result_local)
本地文件导入的 HTML 文件： b'<html>&#13;\n<head>&#13;\n<meta name="viewport"
content="width=device-width, initial-scale=1.0"/>&#13;\n<meta http-equiv=
"Content-Type" content="text/html; charset=utf-8"/>……showTime:500,&#13;
\n  });&#13;\n</script>&#13;\n</li></ul></div></body>&#13;\n</html>'
>>> print('格式化后的 HTML 文件：', result_local.decode('utf-8'))
格式化后的 HTML 文件：'<html>&#13;\n<head>&#13;\n<meta name="viewport" content=
"width=device-width, initial-scale=1.0"/>&#13;\n<meta http-equiv="Content-
Type" content="text/html; charset=utf-8"/>
……
</script>&#13;
</li></ul></div></body>&#13;
</html>
```

注：由于输出结果太长，此处部分结果已经省略。

Xpath 可使用类似正则表达式的表达式来匹配 HTML 文件中的内容，常用的表达式如表 3-8 所示。

表 3-8 Xpath 常用的表达式

表达式	说明
nodename	选取 nodename 节点的所有子节点
/	从当前节点选取直接子节点
//	从当前节点选取所有子孙节点
.	选取当前节点
..	选取当前节点的父节点
@	选取属性

在表 3-8 中，子节点表示当前节点的下一层节点，子孙节点表示当前节点的所有下层节点，父节点表示当前节点的上一层节点。

使用 Xpath 进行匹配时，可按表达式查找对应节点，并将节点输出至一个列表中。使用名称定位 head 节点，分别使用节点层级、名称、搜索定位 head 节点下的 title 节点，如代码 3-14 所示。

代码 3-14　使用表达式定位 head 和 title 节点

```
>>> # 通过名称定位 head 节点
>>> result0 = html.xpath('head')
>>> print('名称定位 head 节点结果：', result0)
名称 head 节点定位结果： [<Element head at 0x13644f133c0>]
>>> # 按节点层级定位 title 节点
>>> result1 = html.xpath('/html/head/title')
>>> print('节点层级定位结果：', result1)
节点层级定位结果： [<Element title at 0x13644f13ac0>]
>>> # 通过名称定位 title 节点
>>> result2 = html.xpath('title')
>>> print('名称定位 title 节点结果：', result2)
名称定位 title 节点结果： []
>>> # 通过搜索定位 title 节点
>>> result3 = html.xpath('//title')
>>> print('搜索定位 title 节点结果：', result3)
搜索定位 title 节点结果： [<Element title at 0x13644f13ac0>]
```

在代码 3-14 中，直接使用名称无法定位子孙节点的 title 节点，原因是当前 Xpath 解析对象 html 指向网页中的根节点 html 节点，通过名称只能定位 html 节点的两个子节点：head 节点或 body 节点。

2. 谓语

Xpath 中的谓语可用于查找某个特定的节点或包含某个指定值的节点，谓语被嵌在路径后的方括号中，常用的谓语表达式如表 3-9 所示。

表 3-9　Xpath 常用的谓语表达式

表达式	说明
/html/body/div[1]	选取属于 body 子节点的第一个 div 节点
/html/body/div[last()]	选取属于 body 子节点的最后一个 div 节点
/html/body/div[last()-1]	选取属于 body 子节点的倒数第二个 div 节点
/html/body/div[position()<3]	选取属于 body 子节点的前两个 div 节点
/html/body/div[@id]	选取属于 body 子节点的带有 id 属性的 div 节点
/html/body/div[@id="content"]	选取属于 body 子节点的 id 属性值为 content 的 div 节点
/html /body/div[xx>10.00]	选取属于 body 子节点的 xx 元素值大于 10 的节点

当使用谓语时，将表达式加入 Xpath 的路径中即可。

使用谓语定位带有 class 属性的 header 节点和 id 属性为 menu 的 ul 节点，如代码 3-15

所示。

代码 3-15　使用谓语定位 header 节点和 ul 节点

```
>>> # 定位 header 节点
>>> result1 = html.xpath('//header[@class]')
>>> print('class 属性定位结果：', result1)
class 属性定位结果： [<Element header at 0x13644ee8e80>]
>>> # 定位 ul 节点
>>> result2 = html.xpath('//ul[@id="menu"]')
>>> print('id 属性定位结果：', result2)
id 属性定位结果： [<Element ul at 0x13644f4e480>]
```

3. 功能函数

Xpath 中还提供了用于进行模糊搜索的功能函数，有时仅掌握了对象的部分特征，当需要模糊搜索该类对象时，可使用功能函数来实现，常用的功能函数如表 3-10 所示。

表 3-10　Xpath 常用的功能函数

功能函数	示例	说明
starts-with	//div[starts-with(@id,"co")]	选取 id 值以 co 开头的 div 节点
contains	//div[contains(@id,"co")]	选取 id 值包含 co 的 div 节点
and	//div[contains(@id,"co") and contains(@id,"en")]	选取 id 值包含 co 和 en 的 div 节点
text	//div[contains(text(),"first")]	选取节点文本包含 first 的 div 节点

Text 功能函数也可用于提取文本内容。定位并获取 title 节点的文本内容，如代码 3-16 所示。

代码 3-16　定位并获取 title 节点的文本内容

```
>>> # 定位并获取 title 节点的文本内容
>>> title = html.xpath('//title/text()')
>>> print('title 节点的文本内容：', title)
title 节点的文本内容： ['泰迪智能科技-大数据实验室建设_大数据实训平台-大数据人工智能专业建设']
```

4. 提取 header 节点下的全部标题文本及对应链接

使用 text 功能函数可以提取某个单独子节点下的文本，若需要提取出定位到的子节点及其子孙节点下的全部文本，则需要使用 string()方法来实现。

header 节点下的全部标题文本及对应链接均位于该节点的子节点 ul 节点下，使用 starts-with 函数定位 id 值以 me 开头的 ul 节点，并使用 text 功能函数获取其所有子孙节点 a 内的文本内容，使用@选取 href 属性，从而实现提取所有子孙节点 a 内的链接。使用 string()

方法可以直接获取 ul 节点及其子孙节点中的所有文本内容及对应链接，如代码 3-17 所示。

代码 3-17　提取 ul 节点下的所有文本内容和对应链接

```
>>> # 定位属性 id 值以 me 开头的 ul 节点，并提取其所有子孙节点 a 内的文本内容
>>> content = html.xpath('//ul[starts-with(@id,"me")]/li//a/text()')
>>> for i in content:
>>>     print(i)
首页
产品中心
大数据产品
线上产品
教学资源
……
大事记
资质荣誉
活动图集
联系我们
>>> # 提取对应链接
>>> url_list = html.xpath('//ul[starts-with(@id,"me")]/li//a/@href')
>>> for i in url_list:
>>>     print(i)
/
http://www.tipdm.com:80/cpzx/index.jhtml
http://www.tipdm.com:80/sxcp/index.jhtml
http://www.tipdm.com:80/xscp/index.jhtml
http://www.tipdm.com:80/swsjfxpt/index.jhtml
……
http://www.tipdm.com:80/dsj/index.jhtml
http://www.tipdm.com:80/zzry/index.jhtml
http://www.tipdm.com:80/hdtj/index.jhtml
http://www.tipdm.com:80/lxwm/index.jhtml
>>> # 定位属性 id 值以 me 开头的 ul 节点
>>> target = html.xpath('//ul[starts-with(@id,"me")]')
>>> # 提取该节点下的全部文本内容
>>> target_text = target[0].xpath('string(.)').strip()  # strip()方法可用于去除多余的空格
>>> print('ul 节点下的全部文本内容：', target_text)
```

```
ul 节点下的全部文本内容： 首页

    产品中心


        大数据产品
        线上产品
        教学资源
……
        大事记
        资质荣誉
        活动图集
        联系我们
```

3.2.2 使用 Beautiful Soup 库解析网页

微课 3-5 使用 Beautiful Soup 库解析网页

Beautiful Soup 是一个可以从 HTML 文件或 XML 文件中提取数据的 Python 库。它提供了一些简单的函数用于实现导航、搜索、修改分析树等功能。通过解析文档，Beautiful Soup 库可为用户提供需要爬取的数据，非常简便，仅需少量代码即可写出一个完整的应用程序。

目前，Beautiful Soup 3 已经停止开发，大部分爬虫选择使用 Beautiful Soup 4 开发。Beautiful Soup 不仅支持 Python 标准库中的 HTML 解析器，还支持一些第三方的解析器。HTML 解析器对比如表 3-11 所示。

本书主要使用 lxml HTML 作为解析器。本小节将使用 Beautiful Soup 定位并获取 title 节点中的文本内容，以及 header 节点下 ul 节点中的全部标题文本和对应链接。

表 3-11 HTML 解析器对比

解析器	语法格式	优点	缺点
Python 标准库	BeautifulSoup(markup, "html.parser")	Python 的内置标准库；执行速度适中；文档容错能力强	Python 2.7.3 或 3.2.2 前的版本的文档容错能力弱
lxml HTML 解析器	BeautifulSoup(markup, "lxml")	速度快；文档容错能力强	需要安装 C 语言库
lxml XML 解析器	BeautifulSoup(markup, ["lxml-xml"]) BeautifulSoup(markup, "xml")	速度快；唯一支持 XML 的解析器	需要安装 C 语言库
html5lib	BeautifulSoup(markup, "html5lib")	最好的容错性；以浏览器的方式解析文档；生成 HTML5 格式的文档	速度慢；不依赖外部扩展

1．创建 BeautifulSoup 对象

要使用 Beautiful Soup 库解析网页，首先需要创建 BeautifulSoup 对象，通过将字符串或 HTML 文件传入 Beautiful Soup 库的构造方法可以创建一个 BeautifulSoup 对象，使用格式如下。

```
BeautifulSoup("<html>data</html>")  # 通过字符串创建
BeautifulSoup(open("index.html"))   # 通过 HTML 文件创建
```

创建的 BeautifulSoup 对象可通过 prettify()方法进行格式化输出，其基本语法格式如下。

```
BeautifulSoup.prettify(encoding=None, formatter='minimal')
```

prettify()方法的常用参数及其说明如表 3-12 所示。

表 3-12　prettify()方法的常用参数及其说明

参数名称	说明
encoding	接收 str。表示格式化时使用的编码。默认为 None
formatter	接收 str。表示格式化的模式。默认为 minimal

将网页内容转化为 BeautifulSoup 对象，并格式化输出，如代码 3-18 所示。

代码 3-18　将网页内容转化为 BeautifulSoup 对象并格式化输出

```
>>> from bs4 import BeautifulSoup
>>> import requests
>>> import chardet
>>> url = 'http://www.tipdm.com'
>>> ua = {'User-Agent': 'Mozilla/5.0 (Windows NT 10.0; Win64; x64) AppleWebKit/
537.36 (KHTML, like Gecko) Chrome/108.0.0.0 Safari/537.36'}
>>> rqg = requests.get(url, headers=ua)
>>> rqg.encoding = chardet.detect(rqg.content)['encoding']
>>> # 初始化 HTML 对象
>>> html = rqg.text
>>> soup = BeautifulSoup(html, 'lxml')  # 生成 BeautifulSoup 对象
>>> print('输出格式化的 BeautifulSoup 对象：', soup.prettify())  # 输出格式化的
BeautifulSoup 对象
输出格式化的 BeautifulSoup 对象：<!DOCTYPE HTML>
<html>
 <head>
  <meta content="width=device-width, initial-scale=1.0" name="viewport"/>
  <meta content="text/html; charset=utf-8" http-equiv="Content-Type"/>
  <title>
```

```
泰迪智能科技-大数据实验室建设_大数据实训平台-大数据人工智能专业建设
……
     </script>
    </li>
   </ul>
  </div>
 </body>
</html>
```

注：由于输出结果太长，所以此处部分结果已经省略。

2. 对象类型

Beautiful Soup 库可将 HTML 文档转换成一个复杂的树状结构，每个节点都是 Python 对象，对象类型可以归纳为 4 种：Tag、NavigableString、BeautifulSoup、Comment。

（1）Tag

Tag 对象为 HTML 文档中的标签，形如“<title>The Dormouse's story</title>”或“<p class="title"><b>The Dormouse's story</b></p>”等 HTML 标签，再加上其中包含的内容便是 Beautiful Soup 库中的 Tag 对象。

通过 Tag 名称可以很方便地在文档树中获取需要的 Tag 对象，但使用 Tag 名称查找的方法只能获取文档树中第一个同名的 Tag 对象，而通过多次调用可获取某个 Tag 对象下的分支 Tag 对象。通过 find_all()方法可以获取文档树中的全部同名 Tag 对象，如代码 3-19 所示。

代码 3-19　通过 find_all()方法获取全部同名 Tag 对象

```
>>> print('获取<head>标签：', soup.head)  # 获取<head>标签
获取<head>标签： <head>
<meta content="width=device-width, initial-scale=1.0" name="viewport"/>
<meta content="text/html; charset=utf-8" http-equiv="Content-Type"/>
<title>泰迪智能科技-大数据实验室建设_大数据实训平台-大数据人工智能专业建设</title>
……
</script>
</head>
>>> print('获取<title>标签：', soup.title)  # 获取<title>标签
获取<title>标签： <title>泰迪智能科技-大数据实验室建设_大数据实训平台-大数据人工智能专业建设</title>
>>> print('获取第一个<a>标签：', soup.body.a)  # 获取<body>标签中的第一个<a>标签
获取第一个<a>标签： <a class="logo" href="/"><img src="/r/cms/tipdmcom/tipdmcom/tip/logo.png" srcset="/r/cms/tipdmcom/tipdmcom/tip/logo@2x.png 2x"/></a>
>>> print('所有名称为 a 的标签的个数：' , len(soup.find_all('a')))  # 获取所有名称
```

```
为 a 的标签的个数
所有名称为 a 的标签的个数： 136
```

注：由于输出结果太长，所以此处部分结果已经省略。

Tag 对象有两个非常重要的属性：name 和 attributes。

name 属性可通过.name 方式来获取和修改，修改过后的 name 属性将会应用至 BeautifulSoup 对象生成的 HTML 文档。获取 Tag 对象的 name 属性并修改属性值，如代码 3-20 所示。

代码 3-20 获取 Tag 对象的 name 属性并修改属性值

```
>>> print('BeautifulSoup 对象的 name 属性为：', soup.name)  # 获取 BeautifulSoup 对象的 name 属性
BeautifulSoup 对象的 name 属性为： [document]
>>> tag = soup.a
>>> print('Tag 对象的 name 属性为：', tag.name)  # 获取 Tag 对象的 name 属性
Tag 对象的 name 属性为： a
>>> print('Tag 对象的内容：' , tag)
Tag 对象的内容： <a class="logo" href="/"><img src="/r/cms/tipdmcom/tipdmcom/tip/logo.png" srcset="/r/cms/tipdmcom/tipdmcom/tip/logo@2x.png 2x"/></a>
>>> tag.name = 'b'  # 修改 Tag 对象的 name 属性值
>>> print('修改 name 属性后 Tag 对象的内容：', tag)  # 查看修改 name 属性后的 HTML 文件
修改 name 属性后 Tag 对象的内容： <b class="logo" href="/"><img src="/r/cms/tipdmcom/tipdmcom/tip/logo.png"
srcset="/r/cms/tipdmcom/tipdmcom/tip/logo@2x.png 2x"/></b>
```

attributes 属性表示 Tag 对象标签中 HTML 文本的属性，通过.attrs 方式可获取 Tag 对象的全部 attributes 属性，返回的值为字典，修改或增加属性的操作方法与字典的相同。获取 Tag 对象的 attributes 属性并修改属性值，如代码 3-21 所示。

代码 3-21 获取 Tag 对象的 attributes 属性并修改属性值

```
>>> print('Tag 对象的全部属性：', tag.attrs)  # 获取 Tag 对象的全部属性
Tag 对象的全部属性： {'class': ['logo'], 'href': '/'}
>>> print('class 属性的值：', tag['class'])  # 获取 class 属性的值
class 属性的值： ['logo']
>>> tag['class'] = 'Logo'  # 修改 class 属性的值
>>> print('修改后 Tag 对象的属性：', tag.attrs)
修改后 Tag 对象的属性： {'class': 'Logo', 'href': '/'}
>>> tag['id'] = 'logo'  # 新增属性 id，赋值为 logo
>>> del tag['class']  # 删除 class 属性
>>> print('修改后 Tag 对象的内容：', tag)
```

```
修改后 Tag 对象的内容：<b href="/" id="logo"><img src="/r/cms/tipdmcom/tipdmcom/tip/logo.png" srcset="/r/cms/tipdmcom/tipdmcom/tip/logo@2x.png 2x"/></b>
```

（2）NavigableString

NavigableString 对象为包含在 Tag 对象中的文本字符串内容，如“<title>The Dormouse's story</title>”中的“The Dormouse's story”，可使用.string 方式获取，NavigableString 对象无法被编辑，但可以使用 replace_with()方法进行替换。获取 title 标签中的 NavigableString 对象并替换内容，如代码 3-22 所示。

代码 3-22 获取 title 标签中的 NavigableString 对象并替换内容

```
>>> tag = soup.title
>>> print('Tag 对象中包含的字符串：', tag.string)  # 获取 Tag 对象中包含的字符串
Tag 对象中包含的字符串： 泰迪智能科技-大数据实验室建设_大数据实训平台-大数据人工智能专业建设
>>> print('tag.string 的类型：', type(tag.string))  # 查看类型
tag.string 的类型： <class 'bs4.element.NavigableString'>
>>> tag.string.replace_with('泰迪科技')  # 替换字符串内容
>>> print('替换后的内容：', tag.string)
替换后的内容：泰迪科技
```

（3）BeautifulSoup

BeautifulSoup 对象表示的是一个文档的全部内容。大部分时候，可以把它当作 Tag 对象。由于 BeautifulSoup 对象并不是真正的 HTML 文档或 XML 文档的 Tag 对象，所以并没有 Tag 对象的 name 和 attributes 属性，但其包含一个值为“[document]”的特殊 name 属性。查看 BeautifulSoup 对象的类型和相关属性，如代码 3-23 所示。

代码 3-23 查看 BeautifulSoup 对象的类型和相关属性

```
>>> print('soup 的类型：', type(soup))  # 查看类型
soup 的类型： <class 'bs4.BeautifulSoup'>
>>> print('BeautifulSoup 对象的特殊 name 属性：', soup.name)  # 查看 BeautifulSoup 对象的特殊 name 属性
BeautifulSoup 对象的特殊 name 属性： [document]
>>> print('soup.name 的类型：', type(soup.name))
soup.name 的类型： <class 'str'>
>>> print('BeautifulSoup 对象的 attributes 属性：', soup.attrs)  # BeautifulSoup 对象的 attributes 属性为空
BeautifulSoup 对象的 attributes 属性：{}
```

（4）Comment

Tag 对象、NavigableString 对象、BeautifulSoup 对象几乎覆盖了 HTML 文档和 XML

文档中的所有内容，但还有一些特殊对象。文档的注释部分是最容易与 Tag 对象中的文本字符串混淆的部分。在 Beautiful Soup 库中，将文档的注释部分识别为 Comment 类型。Comment 对象是一个特殊类型的 NavigableString 对象，当其出现在 HTML 文档中时，会使用特殊的格式输出。调用 String 属性获取节点的 Comment 对象并输出内容，如代码 3-24 所示。

代码 3-24　获取节点的 Comment 对象并输出内容

```
>>> markup = '<c><!--This is a markup--></b>'
>>> soup_comment = BeautifulSoup(markup, 'lxml')
>>> comment = soup_comment.c.string  # Comment 对象也由 string 获取
>>> print('注释的内容：' , comment)  # 直接输出时与一般 NavigableString 对象一致
注释的内容： This is a markup
>>> print('注释的类型：' , type(comment))  # 查看类型
注释的类型： <class 'bs4.element.Comment'>
```

3. 搜索特定节点并获取其中的链接及文本

Beautiful Soup 库中定义了很多搜索方法，其中常用的有 find()方法和 find_all()方法，两者的参数一致，区别为 find_all()方法的返回结果是所有匹配到的元素组成的一个列表，而 find()方法返回的是匹配到的第一个元素结果。此外，比较常用的 select()方法的功能与 find()方法、find_all()方法的功能一样，均用于选取特定的标签，且选取规则依赖于 CSS，因此又被称为 CSS 选择器。

（1）find_all()方法

find_all()方法可用于搜索文档树中的 Tag 对象，非常方便，其基本语法格式如下。

```
BeautifulSoup.find_all(name=None, attrs={}, recursive=True, string=None,
limit=None, **kwargs)
```

find_all()方法的常用参数及其说明如表 3-13 所示。

表 3-13　find_all()方法的常用参数及其说明

参数名称	说明
name	接收 str。表示查找所有名字为 name 的 Tag 对象。默认为 None
attrs	接收 dict。表示查找符合指定条件属性的 Tag 对象，从 Beautiful Soup 库的 4.1.1 版本开始，可以通过 class-参数搜索有指定 CSS 类名的 Tag 对象。默认为{}
recursive	接收 bool。表示是否检索当前 Tag 对象的所有子孙节点。若只想搜索 Tag 对象的直接子节点，则可将该参数设为 False。默认为 True
string	接收 str。表示搜索文档中匹配传入的字符串的内容，与 name 参数的可选值一样，string 参数也可以使用多种过滤器。默认为 None
limit	接收 float。表示限制返回的标签数量。默认为 None
**kwargs	若一个指定名字的参数不是搜索内置的参数名，搜索时会把该参数当作指定名字的 Tag 对象的属性来搜索

使用 find_all()方法搜索到指定节点后，使用 get()方法可获取列表中的节点所包含的链接，而使用 get_text()方法可获取其中的文本内容。

首先使用 find_all()方法定位 title 节点，并分别使用 string 属性和 get_text()方法获取 title 节点内的标题文本；然后使用 find_all()方法定位 header 节点下的 ul 节点，并分别使用 get()方法、get_text()方法获取其每个子孙节点 a 的链接和文本内容，如代码 3-25 所示。

代码 3-25 使用 find_all()方法定位节点并使用 get()和 get_text()方法获取节点的链接和文本

```
>>> # 通过 name 参数搜索名为 title 的全部子节点
>>> print('名为 title 的全部子节点：', soup.find_all('title'))
名为 title 的全部子节点： [<title>泰迪科技</title>]
>>> print('title 子节点的文本内容：', soup.title.string)
title 子节点的文本内容： 泰迪科技
>>> print('使用 get_text()获取的文本内容：', soup.title.get_text())
使用 get_text()获取的文本内容： 泰迪科技
>>> target = soup.find_all('a', class_='next')  # 按照 CSS 类名完全匹配
>>> print('CSS 类名匹配获取的节点：', target)
CSS 类名匹配获取的节点： [<a class="next" href="javascript:void(0)">&gt;</a>]
>>> target = soup.find_all(id='search')  # 传入关键字 id，搜索符合条件的节点
>>> print('关键字 id 匹配的节点：', target)
关键字 id 匹配的节点： [<div class="search" id="search">
<input autocomplete="off" class="searchCon" id="searchInput" maxlength="50"
name="q" onkeydown="searchEnter()" placeholder="请输入您要查找的内容"
type="text" value=""/>
<a class="searchMenu" id="searchBtn"><i class="iconfont icon-sousuo"></i>
</a> </div>]
>>> target = soup.ul.find_all('a')
>>> print('第一个 ul 节点下名称为 a 的节点：', target)
第一个 ul 节点下名称为 a 的节点： [<a href="/">首页</a>, <a href="http://www.
tipdm.com:80/cpzx/index.jhtml" target="">产品中心</a>, ……, <a
href="http://www.tipdm.com:80/lxwm/index.jhtml" target="">联系我们</a>]

>>> # 创建两个空列表用于存放链接及文本
>>> urls = []
>>> text = []
>>> # 分别提取链接和文本
>>> for tag in target:
    urls.append(tag.get('href'))
```

```
    text.append(tag.get_text())
>>> print('a 节点的 href 属性值构成的列表：', urls)
a 节点的 href 属性值构成的列表：['/', 'http://www.tipdm.com:80/cpzx/index.jhtml',
'http://www.tipdm.com:80/sxcp/index.jhtml', ……, 'http://www.tipdm.com:80/
hdtj/index.jhtml', 'http://www.tipdm.com:80/lxwm/index.jhtml']
>>> print('a 节点的文本内容构成的列表：', text)
a 节点的文本内容构成的列表：['首页', '产品中心', '大数据产品', ……, '活动图集', '联
系我们']
```

注：由于输出结果太长，所以此处部分结果已经省略。

（2）select()方法

在网页中使用 CSS 选择器时，标签名不加任何修饰，类名前加.，id 名前加#。在 Tag 对象或 BeautifulSoup 对象的 select()方法中传入字符串参数，即可使用 CSS 选择器的语法找到标签。select()方法基本语法格式如下。

```
BeautifulSoup.select(selector, namespaces=None, limit=None, **kwargs)
```

select()方法的常用参数及其说明如表 3-14 所示。

表 3-14　select()方法的常用参数及其说明

参数名称	说明
selector	一个包含 CSS 选择器的字符串。无默认值
namespaces	将 CSS 选择器中使用的命名空间前缀映射到命名空间 URIs 的字典。默认情况下，Beautiful Soup 将使用解析文档时遇到的前缀。默认为 None
limit	在找到 limit 个匹配的结果后，停止寻找。默认为 None
**kwargs	若一个指定名字的参数不是搜索内置的参数名，搜索时会把该参数传输给 soupsieve.select()方法

select()方法中最常用的参数为 selector，即按照 CSS 选择器，传入目标节点的选择器规则。select()方法可以使用标签名、类名、id 名、组合和属性值查找标签。标签之间使用>连接表示父子关系；若使用空格连接，表示前辈和后辈关系。此处介绍更为简单的获取属性的方式，在[]中填入想要获取的属性名即可获取到 select 结果列表中元素的属性值。使用 select()方法定位节点并使用[]和 text 属性获取节点的链接和文本，如代码 3-26 所示。

代码 3-26　使用 select()方法定位节点并使用[]和 text 属性获取节点的链接和文本

```
>>> html = rqg.text
>>> soup = BeautifulSoup(html, 'lxml')  # 生成 BeautifulSoup 对象
>>> # 使用标签名查找
>>> print('查找标签名为 title 的标签：', soup.select('title'))
```

```
查找标签名为 title 的标签： [<title>泰迪智能科技-大数据实验室建设_大数据实训平台-大数据人工智能专业建设</title>]
>>> # 使用 text 属性获取列表中标签元素的文字
>>> print('获取标签中文字：', soup.select('title')[0].text)
获取标签中文字： 泰迪智能科技-大数据实验室建设_大数据实训平台-大数据人工智能专业建设
>>> # 使用类名查找
>>> print('查找类名为 slogan 的标签：', soup.select('.slogan'))
查找类名为 slogan 的标签： [<div class="slogan">“专注于大数据挖掘技术研发及知识传播”</div>]
>>> # 使用 id 名查找
>>> print('查找 id 名为 menu 的标签：', soup.select('#menu'))
查找 id 名为 menu 的标签： [<ul class="menu" id="menu">
<li class="on"><a href="/">首页</a></li>
<li>
<a href="http://www.tipdm.com:80/cpzx/index.jhtml" target="">产品中心</a>
……
<li><a href="http://www.tipdm.com:80/lxwm/index.jhtml" target="">联系我们</a></li>
</ul>
</li>
</ul>]
>>> # 使用组合查找
>>> print('查找<div>标签的类名为 introTxt 的标签:', soup.select('div .introTxt'))
查找<div>标签的类名为 introTxt 的标签： [<div class="introTxt">结合产业需求，为高校提供大数据&amp;人工智能专业建设服务</div>……让更多的合作伙伴分享我们的产品优势和品牌成果</div>]
>>> # 使用子标签查找
>>> print('查找父标签为 head 的<title>标签：', soup.select('head > title'))
查找父标签为 head 的<title>标签： [<title>泰迪智能科技-大数据实验室建设_大数据实训平台-大数据人工智能专业建设</title>]
>>> # 使用属性查找
>>> print('查找属性 class="logo"的<a>标签：', soup.select('a[class="logo"]'))
查找属性 class="logo"的<a>标签： [<a class="logo" href="/"><img src="/r/cms/tipdmcom/tipdmcom/tip/logo.png" srcset="/r/cms/tipdmcom/tipdmcom/tip/logo@2x.png 2x"/></a>]
>>> # 使用[]获取标签的属性值
```

```
>>> print('获取标签中的属性值：', soup.select('a[class="logo"]>img')[0]['src'])
获取标签中的属性值：  /r/cms/tipdmcom/tipdmcom/tip/logo.png
```

注：由于输出结果太长，所以此处部分结果已经省略。

小贴士：获取标签中文本信息的两种属性（string 和 text）的区别。

（1）Tag 对象内只要不含有其他标签子节点，这个 Tag 对象既可以使用 string 得到文本，也可以使用 text 获得文本。

（2）如果 Tag 对象包含多个子节点，那么 Tag 对象就无法确定 string 应该获取哪个子节点的内容。

3.2.3 使用正则表达式解析网页

微课 3-6 使用正则表达式解析网页

在编写处理网页文本的程序时，经常会有查找符合某些复杂规则的字符串的需求，而正则表达式正好能满足这一点。正则表达式（Regular Expression，RE），又称为正规表示法或常规表示法，常用于检索、替换符合某个模式的文本。其主要思想为，首先设置一些特殊的字及字符组合，然后通过组合的“规则字符串”来对表达式进行过滤，从而获取或匹配需要的特定内容。正则表达式具有灵活、逻辑性和功能性非常强的特点，能迅速地通过表达式，从字符串中找到所需信息，但对于刚接触的人来说，比较晦涩难懂。

本小节将使用正则表达式获取网页内容中的标题内容。

1. 正则表达式模块

Python 通过自带的 re 模块提供了对正则表达式的支持。正则表达式是对字符串[包括普通字符（如 a～z 字母）和特殊字符（称为“元字符”）]进行操作的一种逻辑公式，即用事先定义好的一些特定字符及特定字符的组合，组成一个“规则字符串”，这个“规则字符串”用来表达对字符串的一种过滤逻辑。

（1）元字符

正则表达式常见符号及其描述如表 3-15 所示，特殊字符及其描述如表 3-16 所示。

表 3-15 正则表达式常见符号及其描述

常见符号	描述	示例
literal	匹配文本字符串的字面值 literal	foo
re1|re2	匹配正则表达式 re1 或 re2	foo|bar
.	匹配任何字符（除了\n 之外）	b.b
^	匹配字符串起始部分	^Dear
$	匹配字符串终止部分	/bin/*sh$
*	匹配 0 次或者多次前面出现的正则表达式	[A-Za-z0-9]*

续表

<table>
<tr><th>常见符号</th><th>描述</th><th>示例</th></tr>
<tr><td>+</td><td>匹配 1 次或者多次前面出现的正则表达式</td><td>[a-z]+.com</td></tr>
<tr><td>?</td><td>匹配 0 次或者 1 次前面出现的正则表达式</td><td>goo?</td></tr>
<tr><td>{N}</td><td>匹配 N 次前面出现的正则表达式</td><td>[0-9]{3}</td></tr>
<tr><td>{M,N}</td><td>匹配 M～N 次前面出现的正则表达式</td><td>[0-9]{5,9}</td></tr>
<tr><td>[…]</td><td>匹配来自字符集的任意单一字符</td><td>[aeiou]</td></tr>
<tr><td>[..x-y..]</td><td>匹配 x～y 范围中的任意单一字符</td><td>[0-9], [A-Za-z]</td></tr>
<tr><td>[^…]</td><td>不匹配此字符集中出现的任何一个字符，包括某一范围的字符（如果在此字符集中出现）</td><td>[^aeiou],A-Za-z0-9</td></tr>
<tr><td>(*|+|?|{})?</td><td>用于匹配上面频繁出现/重复出现符号的非贪婪版本（*、+、?、{}）</td><td>.*?[a-z]</td></tr>
<tr><td>(…)</td><td>匹配封闭的正则表达式，然后另存为子组</td><td>([0-9]{3})?,f(oo|u)bar</td></tr>
</table>

表 3-16 正则表达式特殊字符及其描述

特殊字符	描述	示例
\d	匹配任何十进制数字，与[0-9]一致（\D 与\d 相反，不匹配任何非数值型的数字）	data\d+.txt
\w	匹配任何字母与数字字符，与[A-Za-z0-9_]相同（\W 与之相反）	[A-Za-z_]\w+
\s	匹配任何空白字符，与[\n\t\r\v\f]相同（\S 与之相反）	of\sthe
\b	匹配任何单词边界（\B 与之相反）	\bThe\b
\N	匹配已保存的子组 N（参见表 3-15 的符号(…)）	price: \16
\c	逐字匹配任何特殊字符 c（即仅按照字面意义匹配，不匹配特殊含义）	.,\,*
\A（\Z）	匹配字符串的起始（结束）	\ADear

使用 re 模块的步骤为：首先，将正则表达式的字符串编译为 Pattern 实例；其次，使用 Pattern 实例处理文本并获得匹配结果（一个 Match 实例）；最后，使用 Match 实例获得信息，并进行其他的操作。在 re 模块中，常用的方法及其说明如表 3-17 所示。

表 3-17 re 模块的常用方法及其说明

方法名称	说明
compile()	将正则表达式的字符串转化为 Pattern 匹配对象
match()	将输入的字符串从头开始对输入的正则表达式进行匹配，如果遇到无法匹配的字符或到达字符串末尾，那么立即返回 None，否则获取匹配结果

续表

方法名称	说明
search()	将输入的整个字符串进行扫描，对输入的正则表达式进行匹配，并获取匹配结果，如果没有匹配结果，那么输出 None
split()	以能够匹配的字符串作为分隔符，将字符串分割后返回一个列表
findall()	搜索整个字符串，返回一个包含全部能匹配子串的列表
finditer()	与 findall()方法的作用类似，以迭代器的形式返回结果
sub()	使用指定内容替换字符串中匹配的每一个子串内容

（2）compile()方法

在 re 模块中，使用 compile()方法可以将正则表达式的字符串转化为 Pattern 匹配对象，其基本语法格式如下。

```
re.compile(pattern, flags=0)
```

compile()方法的常用参数及其说明如表 3-18 所示。

表 3-18　compile()方法的常用参数及其说明

参数名称	说明
pattern	接收 str。表示需要转换的正则表达式的字符串。无默认值
flags	接收 str。表示匹配模式，取值为运算符“|”时表示同时生效，如 re.I|re.M。默认为 0

其中，flags 参数的可选值如表 3-19 所示。

表 3-19　flags 参数的可选值

可选值	说明
re.I	忽略大小写
re.M	多行模式，改变“^”和“$”的行为
re.S	将“.”修改为任意匹配模式，改变“.”的行为
re.L	使预定字符类\w\W\b\B\s\S，取决于当前区域设定
re.U	使预定字符类\w\W\b\B\s\S\d\D，取决于 Unicode 定义的字符属性
re.X	详细模式，该模式下正则表达式可为多行，忽略空白字符并可加入注释

（3）search()方法

search()方法可将输入的整个字符串进行扫描，并对输入的正则表达式进行匹配，若无可匹配字符，则将立即返回 None，否则获取匹配结果。search()方法的基本语法格式如下。

```
re.search(pattern, string, flags=0)
```

search()方法的常用参数及其说明如表 3-20 所示。

表 3-20 search()方法的常用参数及其说明

参数名称	说明
pattern	接收 Pattern 实例。表示转换后的正则表达式。无默认值
string	接收 str。表示输入的需要匹配的字符串。无默认值
flags	接收 str。表示匹配模式，取值为运算符“|”时表示同时生效，如 re.I|re.M。默认为 0

在 search()方法中输入的 pattern 参数，需要先使用 compile()方法将其转换为正则表达式。使用 search()方法匹配字符串中的数字，如代码 3-27 所示。

代码 3-27 使用 search()方法匹配字符串中的数字

```
>>> import re
>>> pat = re.compile(r'\d+')  # 转换用于匹配数字的正则表达式
>>> print('成功匹配：', re.search(pat, 'abc45'))  # 成功匹配到 45
成功匹配： <re.Match object; span=(3, 5), match='45'>
```

（4）findall()方法

findall()方法可搜索整个字符串，并返回一个包含全部能匹配的子串的列表，其基本语法格式如下。

```
re.findall(pattern, string, flags=0)
```

findall()方法的常用参数及其说明如表 3-21 所示。

表 3-21 findall()方法的常用参数及其说明

参数名称	说明
pattern	接收 Pattern 实例。表示转换后的正则表达式。无默认值
string	接收 str。表示输入的需要匹配的字符串。无默认值
flags	接收 str。表示匹配模式，取值为运算符“|”时表示同时生效，如 re.I|re.M。默认为 0

使用 findall()方法找出字符串中的所有数字，如代码 3-28 所示。

代码 3-28 使用 findall()方法找出字符串中的所有数字

```
>>> pat = re.compile(r'\d+')  # 转换用于匹配数字的正则表达式
>>> print('成功找出：', re.findall(pat, 'ab2c3ed'))  # 找出其中的 2、3
成功找出： ['2', '3']
```

2. 获取网页中的标题内容

分别使用 re 模块中的 search()方法和 findall()方法查找网页内容中的 title 内容，即获取网页中的标题内容，如代码 3-29 所示。

代码 3-29 通过正则表达式查找网页内容中的 title 内容

```
>>> import requests
>>> import chardet
```

```
>>> url = 'http://www.tipdm.com'
>>> ua = {'User-Agent': 'Mozilla/5.0 (Windows NT 10.0; Win64; x64)
AppleWebKit/537.36 (KHTML, like Gecko) Chrome/108.0.0.0 Safari/537.36'}
>>> rqg = requests.get(url, headers=ua)
>>> rqg.encoding = chardet.detect(rg.content)['encoding']
>>> # 使用search()方法查找title中的内容
>>> title_pattern = r'(?<=<title>).*?(?=</title>)'
>>> title_com = re.compile(title_pattern, re.M|re.S)
>>> title_search = re.search(title_com, rqg.text)
>>> title = title_search.group()
>>> print('标题内容：', title)
标题内容： 泰迪智能科技-大数据实验室建设_大数据实训平台-大数据人工智能专业建设
>>> # 使用findall()方法查找title中的内容
>>> print('标题内容：', re.findall(r'<title>(.*?)</title>', rqg.text))
标题内容： ['泰迪智能科技-大数据实验室建设_大数据实训平台-大数据人工智能专业建设']
```

使用正则表达式无法很好地定位特定节点，并获取其中的链接和文本内容，而使用 Xpath 和 Beautiful Soup 库则能较为便利地实现这个功能。

任务 3.3 存储数据

任务描述

爬虫通过解析网页获取页面中的数据后，还需要将获得的数据存储下来以供后续分析。使用 JSON 模块将 Xpath 获取的文本内容存储为 JSON 文件，使用 PyMySQL 库将 Beautiful Soup 库获取的标题存储入 MySQL 数据库。

任务分析

（1）使用 JSON 模块将 Xpath 获取的文本内容存储为 JSON 文件。

（2）使用 PyMySQL 库将 Beautiful Soup 库获取的标题存储入 MySQL 数据库。

3.3.1 将数据存储为 JSON 文件

微课 3-7 将数据存储为 JSON 文件

JSON 文件的操作在 Python 中分为解码和编码两种，都通过 JSON 模块来实现。其中，编码过程为将 Python 对象转换为 JSON 对象的过程，而解码过程则相反，是将 JSON 对象转换为 Python 对象。

将数据存储为 JSON 文件的过程为一个编码过程，编码过程常用到

dump 函数和 dumps 函数。两者的区别在于，dump 函数将 Python 对象转换为 JSON 对象，并通过 fp 文件流将 JSON 对象写入文件内，而 dumps 函数则生成一个字符串。

dump 函数和 dumps 函数的基本语法格式如下。

```
json.dump(obj, fp, *, skipkeys=False, ensure_ascii=True, check_circular=True,
allow_nan=True, cls=None, indent=None, separators=None, default=None,
sort_keys=False, **kw)
json.dumps(obj, *, skipkeys=False, ensure_ascii=True, check_circular=True,
allow_nan=True, cls=None, indent=None, separators=None, default=None,
sort_keys=False, **kw)
```

dump 函数和 dumps 函数的常用参数及其说明如表 3-22 所示，本小节使用 dump 函数将数据存储为 JSON 文件。

表 3-22 dump 函数和 dumps 函数的常用参数及其说明

参数名称	说明
skipkeys	如果 skipkeys 为 True，那么那些不是基本对象（包括 str、int、float、bool、None）的字典的键会被跳过；否则将引发 TypeError。默认为 False
ensure_ascii	如果 ensure_ascii 为 True，那么输出时保证将所有输入的非 ASCII 字符转义。如果 ensure_ascii 为 False，那么输入的非 ASCII 字符会原样输出。默认为 True
check_circular	如果 check_circular 为 False，那么将跳过容器类型的循环引用检查，循环引用将引发 OverflowError（或更多错误）。默认为 True
allow_nan	如果 allow_nan 为 False，那么在对严格 JSON 规格范围外的 float 类型值（nan、inf 和-inf）进行序列化时会引发 ValueError。如果 allow_nan 为 True，那么使用它们的 JavaScript 等价形式（NaN、Infinity 和-Infinity）。默认为 True
indent	如果 indent 为一个非负整数或字符串，那么 JSON 数组元素和对象成员会被美化输出为该值指定的缩进等级。若缩进等级为 0、负数或""，则只会添加换行符。默认选择最紧凑的表达。使用一个正整数会让每一层缩进同样数量的空格。如果 indent 是一个字符串（如"\t"），那么该字符串会被用于缩进每一层。默认为 None
separators	表示分隔符，实际上为(item_separator,dict_separator)元组，格式为(',',':')，表示字典内的键之间用“,”隔开，而键和值之间用“:”隔开。默认为 None
sort_keys	表示是否数据根据键的值进行排序。当 sort-keys 为 True 时，数据将根据键的值进行排序。默认为 False

注意：当写入文件时需要先序列化 Python 对象，否则程序会报错。

使用 Xpath 获取标题菜单的文本，再使用 dump 函数将获取的文本写入 JSON 文件，如代码 3-30 所示。

代码 3-30 使用 dump 函数将获取的文本写入 JSON 文件

```
>>> import json
>>> from lxml import etree
>>> import requests
>>> import chardet
```

```
>>> url = 'http://www.tipdm.com'
>>> ua = {'User-Agent': 'Mozilla/5.0 (Windows NT 10.0; Win64; x64) AppleWebKit/537.36 (KHTML, like Gecko) Chrome/108.0.0.0 Safari/537.36'}
>>> rqg = requests.get(url, headers=ua)
>>> rqg.encoding = chardet.detect(rqg.content)['encoding']
>>> html = rqg.text
>>> t = etree.HTML(html)
>>> content = t.xpath('//ul[@id="menu"]/li/a/text()')
>>> print('标题菜单的文本：', content)
标题菜单的文本： ['首页', '产品中心', '实验室建设', '培训', '企业应用', '校企合作', '新闻中心', '1+X 证书', '关于我们']
>>> # 使用 dump 函数将获取的文本写入文件
>>> with open('../tmp/output.json', 'w', encoding='utf-8') as fp:
>>>     json.dump(content, fp, ensure_ascii=False)
```

3.3.2 将数据存储到 MySQL 数据库

微课 3-8 将数据存储到 MySQL 数据库

PyMySQL 与 MySQLdb 都是 Python 中用于操作 MySQL 的库，两者的使用方法基本一致，唯一的区别在于，PyMySQL 支持 Python 3.x 版本，而 MySQLdb 不支持。

1. 连接方法

PyMySQL 库使用 connect 函数连接数据库，connect 函数的参数为 Connection 构造函数的参数，基本语法格式如下。

```
pymysql.connect(user=None, password="", host=None, database=None, port=0, charset="", connect_timeout=10,…)
```

注：由于 connect 函数的参数列表太长，所以省略了在本小节中不太常用的参数。

connect 函数的常用参数及其说明如表 3-23 所示。

表 3-23 connect 函数的常用参数及其说明

参数名称	说明
user	接收 str。数据库用户名，管理员用户为 root。默认为 None
password	接收 str。表示数据库密码。默认为""
host	接收 str。表示数据库地址，本机地址通常为 127.0.0.1。默认为 None
database	接收 str。表示数据库名称。默认为 None
port	接收 int。表示数据库端口，通常为 3306。默认为 0
charset	接收 str。表示插入数据库时的编码。默认为""
connect_timeout	接收 int。表示建立连接的超时时间，单位为 s。默认为 10

在传递参数时，通过关键字传参的方式向相应的参数传递值，如代码 3-31 所示。注意，charset 的取值为 utf8，不是 utf-8。host 的取值为“127.0.0.1”，表示本机，也可以写成“localhost”。

代码 3-31 使用 connect 函数连接数据库

```
>>> import pymysql
>>> # 设置参数创建连接
>>> conn = pymysql.connect(host='127.0.0.1', port=3306, user='root', password=
'123456', database='test', charset='utf8', connect_timeout=1000)
```

2. 数据库操作函数

PyMySQL 库中可以使用函数对返回的连接（connect）对象进行操作，常用的连接对象操作函数如表 3-24 所示。

表 3-24 常用的连接对象操作函数

函数	说明
commit	提交事务。对支持事务的数据库或表，若提交修改操作后，不使用该函数，则数据不会写入数据库中
rollback	事务回滚。在没有使用 commit 的前提下，执行此函数时，回滚当前事务
cursor	创建一个游标对象。所有的 SQL 语句的执行都需要在游标对象下进行

在通过 Python 操作数据库的过程中，通常使用 pymysql.connect.cursor()方法获取游标，或使用 pymysql.cursor.execute()方法对数据库进行操作，如创建数据库和数据表等，使用更多的为增、删、改、查等基本操作。

游标对象也提供了很多种方法，常用的方法如表 3-25 所示。

表 3-25 游标对象的常用方法

方法	说明	语法格式
close()	关闭游标	cursor.close()
execute()	执行 SQL 语句	cursor.execute(sql)
executemany()	执行多条 SQL 语句	cursor.executemany(sql)
fetchone()	获取执行结果中的第一条记录	cursor.fetchone()
fetchmany()	获取执行结果中的 *n* 条记录	cursor.fetchmany(*n*)
fetchall()	获取执行结果中的全部记录	cursor.fetchall()
scroll()	用于游标滚动	cursor.scroll()

游标对象的创建是基于连接对象的，创建游标对象后即可通过 SQL 语句对数据库进行增、删、改、查等操作。

在连接的 MySQL 数据库中创建一个表名为 class 的表，该表包含 id、name、text 这 3

列，使用 id 列作为主键，之后将 Beautiful Soup 库获取的标题文本存入该表中，如代码 3-32 所示。

代码 3-32　将数据存储到数据库中

```
>>> import requests
>>> import chardet
>>> from bs4 import BeautifulSoup
>>> # 创建游标
>>> cursor = conn.cursor()
>>> # 创建表
>>> sql = '''create table if not exists tmp (id int(10) primary key auto_increment, name varchar(20) not null,text varchar(20) not null);'''
>>> cursor.execute(sql)  # 执行创建表的 SQL 语句
>>> cursor.execute('show tables;')  # 查看创建的表
>>> data = cursor.fetchall()
>>> print('查看当前数据库中已有表: ', data)
查看当前数据库中已有表: (('tmp',),)
>>> # 数据准备
>>> url = 'http://www.tipdm.com'
>>> ua = {'User-Agent': 'Mozilla/5.0 (Windows NT 10.0; Win64; x64) AppleWebKit/537.36 (KHTML, like Gecko) Chrome/108.0.0.0 Safari/537.36'}
>>> rqg = requests.get(url, headers=ua)
>>> rqg.encoding = chardet.detect(rqg.content)['encoding']
>>> html = rqg.text
>>> soup = BeautifulSoup(html, 'lxml')
>>> target = soup.title.string
>>> print('标题的内容: ', target)
标题的内容：泰迪智能科技-大数据实验室建设_大数据实训平台-大数据人工智能专业建设
>>> # 插入数据
>>> title = 'tipdm'
>>> sql = 'insert into class (name,text)values(%s,%s)'
>>> cursor.execute(sql, (title, target))  # 执行插入语句
>>> conn.commit()  # 提交事务
>>> # 查询数据
>>> data = cursor.execute('select * from class')
>>> # 使用 fetchmany()方法获取操作结果
>>> data = cursor.fetchmany()
```

```
>>> print('查询获取的结果：', data)
查询获取的结果： ((1, 'tipdm', '泰迪智能科技-大数据实验室建设_大数据实训平台-大数据人工智能专业建设'),)
>>> conn.close()
```

小结

本项目介绍了爬取静态网页的 3 个主要步骤：实现 HTTP 请求、解析网页和数据存储，并对实现各个步骤的相关 Python 库进行介绍，主要内容如下。

（1）使用 Chrome 开发者工具可方便地直接查看页面元素、页面源代码及资源加载过程。

（2）分别通过 urllib 3 库和 Requests 库建立 HTTP 请求，从而与网页建立链接并获取网页内容。

（3）通过 lxml 库中的 etree 模块实现使用 Xpath 解析网页。可通过表达式及谓语查找特定节点，也可通过功能函数进行模糊查询和内容获取。

（4）Beautiful Soup 库可从 HTML 文件或 XML 文件中提取数据，并提供函数实现导航、搜索、修改分析树的功能。

（5）正则表达式可按照模式对网页内容进行匹配，查找符合条件的网页内容，但缺点为不易上手且容易产生歧义。

（6）JSON 模块可提供 Python 对象与 JSON 对象的互相转换功能，并可提供存储数据为 JSON 文件的功能。

（7）PyMySQL 库可提供操作 MySQL 的功能，且支持 Python 3.x 版本，内含数据库连接方法及多种操作函数。

实训

实训 1　生成 GET 请求并获取指定网页内容

1. 训练要点

（1）掌握使用 Requests 库生成 GET 请求。

（2）掌握使用 Requests 库上传请求头中的 User-Agent 信息。

（3）掌握使用 Requests 库查看返回的状态码、响应头和页面内容。

2. 需求说明

通过 Requests 库向古典名著网发送 GET 请求，并上传伪装过的 User-Agent 信息，如

"Mozilla/5.0 (Windows NT 10.0; Win64; x64) AppleWebKit/537.36 (KHTML, like Gecko) Chrome/107.0.0.0 Safari/537.36"。查看服务器返回的状态码和响应头，确认连接是否建立成功，并查看服务器返回的、能正确显示的页面内容。

3. 实现思路及步骤

（1）导入 Requests 库，设定要连接的 URL 和传输的 User-Agent 信息。

（2）通过 Requests 库生成 GET 请求。

（3）查看服务器返回的状态码和响应头。

（4）查看服务器返回的页面内容。

实训 2　搜索目标节点并提取文本内容

1. 训练要点

（1）掌握使用 Beautiful Soup 库搜索文档树中的节点。

（2）掌握使用 Beautiful Soup 库提取搜索到的节点中的文本内容。

2. 需求说明

通过 Beautiful Soup 库解析实训 1 获取的网页内容，找到标签名为"h2"的节点，提取该节点中第一个 a 子节点下的文本内容，同时，提取该节点中所有 a 节点中的文本内容。

3. 实现思路及步骤

（1）将实训 1 中获取的网页内容转化为 BeautifulSoup 对象。

（2）使用 find()方法查找 class 标签名为"h2"的节点，并获取该节点下第一个 a 子节点。

（3）通过. string 形式获取步骤（2）中第一个 a 子节点的文本内容。

（4）使用 find_all()或 select()方法，获取 h2 节点下所有 a 节点。

（5）通过.text 形式获取步骤（4）中的节点文本内容。

实训 3　在数据库中建立新表并导入数据

1. 训练要点

（1）掌握通过 PyMySQL 库在 MySQL 中建立一个新表。

（2）掌握通过 PyMySQL 库将数据存入 MySQL 的新表中。

（3）掌握通过 PyMySQL 库查询 MySQL 中的表数据。

2. 需求说明

通过 PyMySQL 库存储实训 2 步骤（5）中获取到的网页内容，即在 MySQL 的 test 库中建立一个新表，并将获取到的文本内容存入该表内，之后查询该表内容，确认是否存储成功。

3. 实现思路及步骤

（1）建立与 MySQL 的 test 库的连接。

（2）在 MySQL 的 test 库中建立一个新表，表名为“train”，构建索引列“id”，以及长度为 50 且类型为 varchar 的“title”列。

（3）将实训 2 步骤（5）中获取到的文本内容，插入新建好的 train 表内。

（4）查询插入记录后的表中内容。

思考题

【导读】个人信息是互联网经济最宝贵的资源之一，不仅是商业竞争的着力点，而且是众多诈骗活动的“金矿”。近年来，个人信息泄露事件屡见不鲜。不论是网上购物、收发邮件，还是注册 App 账号，都有可能将自身的姓名、身份证号、电话号码、家庭住址等隐私信息置于被泄露的风险之中。而全国网民因个人信息泄露造成的经济损失也越来越大。为此，我国于 2016 年 11 月 7 日颁布了《中华人民共和国网络安全法》，要求网络运营者应当对其收集的用户信息严格保密，并建立健全的用户信息保护制度。网络安全是国家安全的一个方面，国家安全是民族复兴的根基，社会稳定是国家强盛的前提。

【思考题】假如您是一名科技公司的负责人，公司的业务涉及客户的个人信息，您该采取哪些有效的措施去保护客户的个人信息不被泄露？

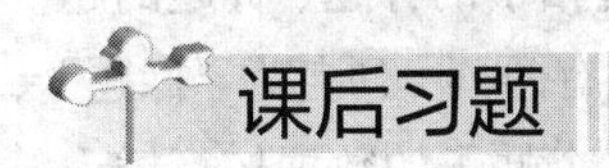

课后习题

1. 选择题

（1）使用 Chrome 开发者工具查看 User-Agent 值时，通常通过哪个面板查看？（　　）

A. “元素”面板　　B. “源代码”面板

C. “网络”面板　　D. “内存”面板

（2）使用 requests.get()发送请求时，下列哪个参数是必须的？（　　）

A. url　　B. header　　C. headers　　D. method

（3）当使用 Xpath 定位下面代码中的<p></p>标签时，下列哪个选项的 Xpath 规则是正确的？（　　）

```
<html>
<body>
    <div id="author" class="name">
    <p class="detail">Lucy</p>
```

```
</div>
</body>
</html>
```

A. //div[class="name"]/p　　B. //div[@class="name"]/p

C. //p[@id="author"]　　D. /html/body/p

（4）使用 BeautifulSoup 的 select()方法定位第（3）题中的<p>标签，下列哪个选择器的写法是正确的？（　　）

A. p#detail　　B. div.name>p　　C. div.name<p　　D. div#author//p

（5）将正则表达式写成[0-9]*[abc]，可以匹配下列哪个字符串？（　　）

A. 123?　　B. 123*a　　C. 1ab　　D. 1a

（6）下列关于 JSON 模块描述错误的是（　　）。

A. dumps 函数返回的结果是一个字符串

B. dump 函数将 JSON 对象转换为 Python 对象

C. 将数据存储为 JSON 文件是一个编码过程

D. JSON 模块可实现在 Python 中对 JSON 编码及解码的两种操作

（7）在 pymysql.connect 函数中，下列哪个参数用来接收要建立连接的数据库库名？（　　）

A. password　　B. user　　C. database　　D. host

2. 操作题

通过使用 Xpath 或 BeautifulSoup 库，获取虎扑—历史栏目中各帖子的标题、标题的超链接地址。同时，在本地数据库中新建一个 html_text 表，要求该表有两列，列名为“标题”“链接”，分别用于存储标题和标题相对应的链接。将爬取下来的多个帖子的数据按行插入 html_text 表中，并查看数据是否存储成功。

项目 4 爬取动态网页——获取图书基本信息

项目背景

当前互联网中的大多数网站，通过动态的方式加载内容，这部分动态加载的内容采用项目 3 中的方法无法解析得到，需要采用相关动态网页的爬取方法。在某企业官网中，包含图书检索、导航等功能，如图 4-1 所示。动态信息可以采用逆向分析或 Selenium 库提取，提取的信息可以使用 MongoDB 数据库进行存储。Selenium 库也可以实现模拟用户操作浏览器，进行单击、输入关键字、切换窗口等操作。

图 4-1　某企业官网

学习目标

1. 技能目标

（1）能够使用 Chrome 开发者工具，分析动态数据所在网址。

（2）能够使用静态解析的方法，将动态数据解析出来。

（3）能够使用 Selenium 库进行网页交互操作。

（4）能够使用 Selenium 库解析动态网页文本信息和标签属性值。

（5）能够使用 MongoDB 数据库存储解析到的数据。

2. 知识目标

（1）掌握逆向分析定位动态数据所在网址的方法。

（2）掌握 Selenium 库的安装和配置方法。

（3）掌握 Selenium 库的常用函数。

（4）掌握 MongoDB 存储数据的基本方法。

3. 素质目标

（1）严谨认真，养成良好的学习习惯和编程习惯，注重代码的可读性。

（2）提高自身调错、纠错的能力，针对编程中遇到的问题，自己分析代码流程和问题，自行修改代码并解决问题。

思维导图

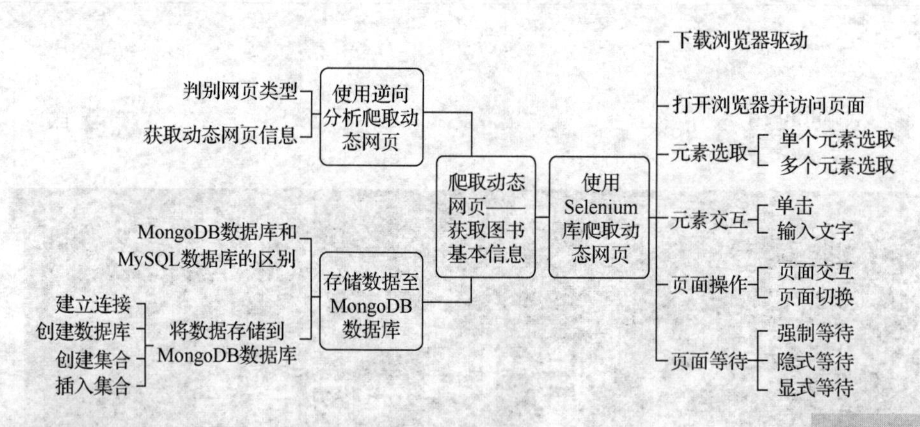

任务 4.1 使用逆向分析爬取动态网页

微课 4-1 使用逆向分析爬取动态网页

任务描述

动态网页中数据不能使用项目 3 中介绍的方法获取，需要通过逆向分析的思路，借助浏览器中的开发者模式，定位目标数据所在的资源，并确定目标数据所在的 URL。本任务的目标为使用逆向分析的方法获取某出版社官网“https://www.ptpress.com.cn/”中“新书推荐”栏下默认的计算机类的 8 本图书的名称。

任务分析

（1）判别网页的类型。

（2）使用 Chrome 开发者工具的“网络”面板定位目标信息所在位置。

（3）使用 Chrome 开发者工具确定目标信息所在网址。

（4）使用 Requests 库发送请求，获取响应内容。

（5）使用 JSON 格式对响应内容进行解析，提取目标信息。

4.1.1 判别网页类型

获取“新书推荐”栏中计算机类的 8 本图书的名称，需要先确定目标内容是静态内容还是动态内容。读者可以通过 2.1.3 小节中介绍的方法进行判别，基本步骤如下。

（1）在浏览器中右击，选择“查看网页源代码”选项，如图 4-2 所示，得到当前页面的静态源代码。

图 4-2 选择“查看网页源代码”选项

（2）使用组合键“Ctrl+F”，在当前网页源代码中进行搜索，搜索的内容为部分目标文字。例如，搜索“计算机体系结构”，如图 4-3 所示，检索结果为“0/0”，说明当前网页源代码中检索到匹配的文字总共 0 次，当前选中的为第 0 次。

（3）检索到的匹配次数为 0 次，即通过静态的网页源代码无法定位到目标内容，目标内容采用了动态加载的方法，需要采用动态网页爬取的方法来获取。

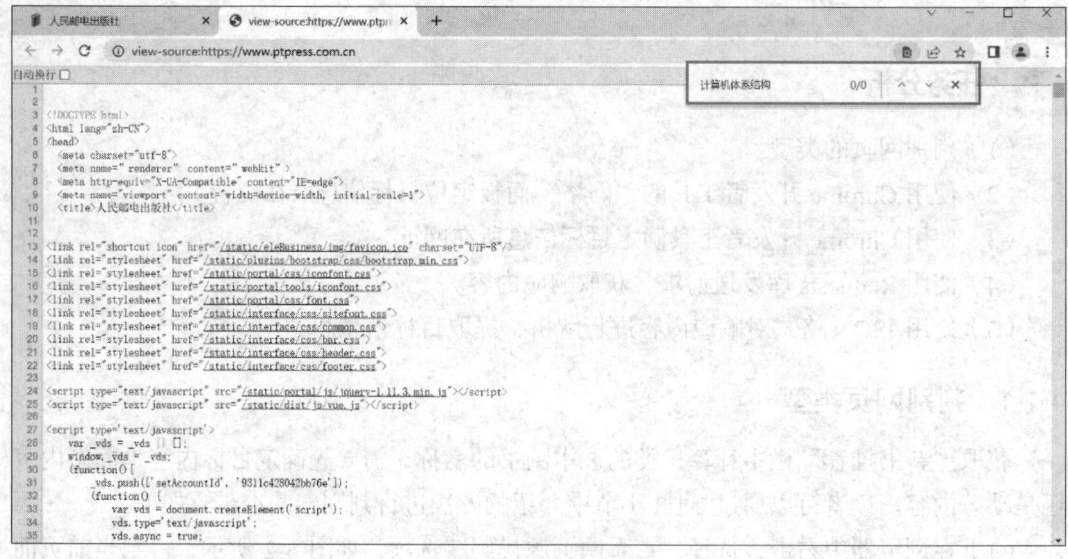

图 4-3　检索目标文字

4.1.2　获取动态网页信息

在确认网页是动态网页之后，需要获取在网页响应中由 JavaScript 动态加载生成的信息。在 Chrome 浏览器中查找网页“新书推荐”栏中图书名称所在资源，基本步骤如下。

① 按“F12”键打开网页“https://www.ptpress.com.cn”的 Chrome 开发者工具，选择“网络”面板，并按“F5”键进行页面刷新，加载各项资源，如图 4-4 所示。

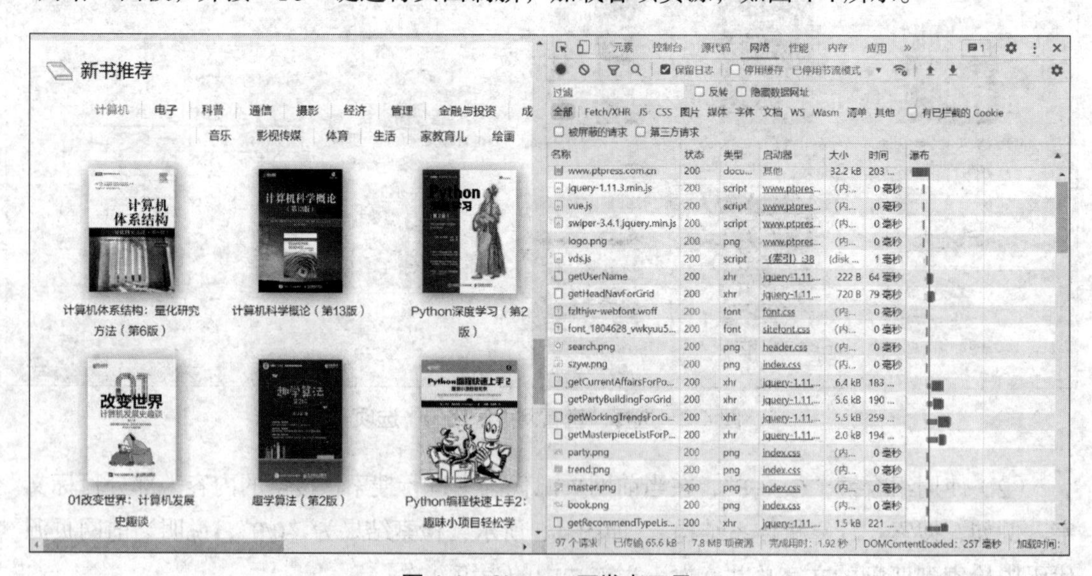

图 4-4　Chrome 开发者工具

② 打开“网络”面板后，会发现有很多响应。在“网络”面板中，“Fetch/XHR”是 AJAX（Asynchronous JavaScript and XML，异步 JavaScript 和 XML 技术）中的概念，表示 XML-HTTP-request 对象，一般 JavaScript 加载的文件隐藏在“JS”或“Fetch/XHR”中。

通过查找可发现，网页 https://www.ptpress.com.cn 通过 JavaScript 加载的文件在“Fetch/XHR”上。在开发者工具中，可以通过单击“Fetch/XHR”对加载资源进行过滤，筛选 XML-HTTP-request 对象，如图 4-5 所示。

图 4-5　使用“Fetch/XHR”对加载资源进行过滤

③ “新书推荐”栏的信息会在“Fetch/XHR”的“预览”标签中显示。在“网络”面板的 Fetch/XHR 中，查看“getRecommendBookListForPortal”资源的“预览”信息，可以看到推荐的图书名称，如图 4-6 所示。

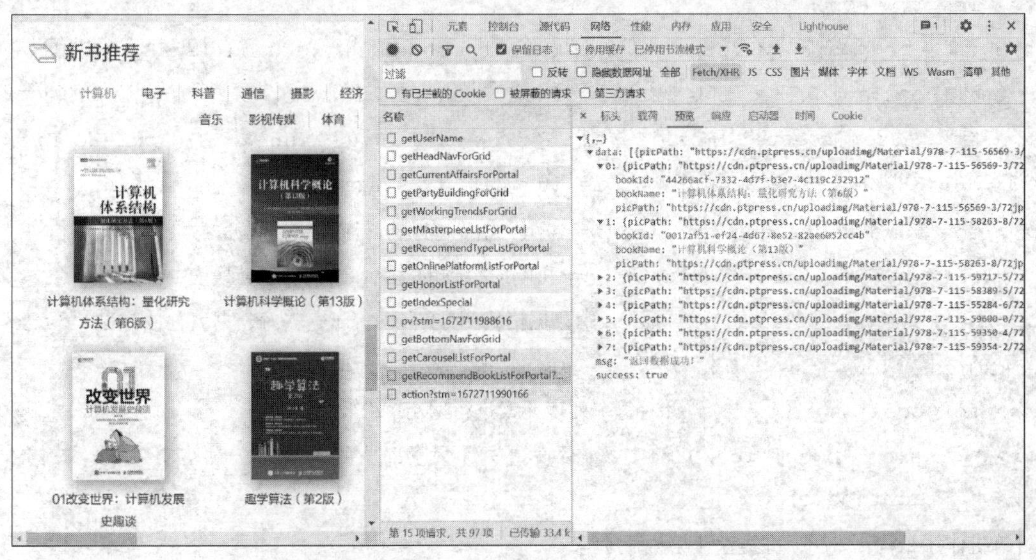

图 4-6　查看“新书推荐”栏对应的资源

爬取“https://www.ptpress.com.cn”首页“新书推荐”栏下的图书名称，基本步骤如下。

① 单击“getRecommendBookListForPortal”资源的“标头”标签，找到“请求网址”，如图 4-7 所示。

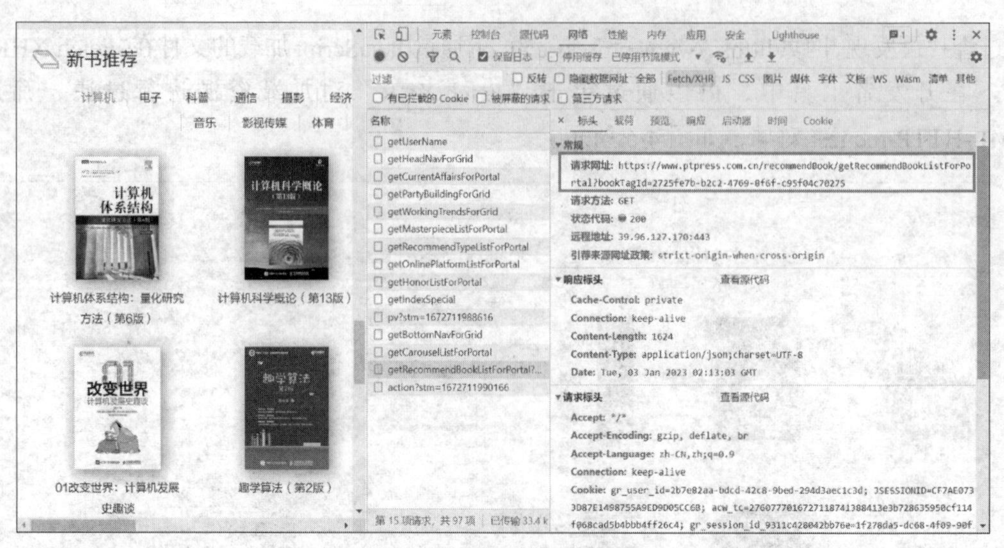

图 4-7 “新书推荐”对应的网址

② 使用 Requests 库向找到的请求网址发送请求，获得响应内容。响应内容即图 4-6 所示的“预览”内容。

③ 使用 JSON 格式，将响应内容中的图书名称提取出来。

爬取“新书推荐”栏下的 8 本图书的名称的完整代码如代码 4-1 所示。

代码 4-1 爬取“新书推荐”栏下的 8 本图书的名称

```
>>> import requests
>>> import json
>>> url = 'https://www.ptpress.com.cn/recommendBook/getRecommendBookListFor
Portal?bookTagId=2725fe7b-b2c2-4769-8f6f-c95f04c70275'
>>> ua = {'User-Agent': 'Mozilla/5.0 (Windows NT 10.0; Win64; x64) AppleWebKit/
537.36 (KHTML, like Gecko) Chrome/108.0.0.0 Safari/537.36'}
>>> rqg = requests.get(url, headers=ua)  # 向分析得到的网址发送 HTTP 请求
>>> data = json.loads(rqg.text)  # 将响应得到的 JSON 格式内容转换为 Python 对象
>>> books = data['data']  # data 中数据格式为{"data":[……]}，书名存放在键“data”
对应的值中
>>> for book in books:  # 针对每个列表元素进行遍历
>>>     name = book['bookName']  # 列表中每个元素都是字典的形式
>>>     print(name)
计算机体系结构：量化研究方法（第 6 版）
计算机科学概论（第 13 版）
Python 深度学习（第 2 版）
数据分析咖哥十话 从思维到实践促进运营增长
01 改变世界：计算机发展史趣谈
```

趣学算法（第 2 版）
Python 编程快速上手 2：趣味小项目轻松学
中国游戏风云

注意：由于首页新书推荐是动态的，信息会不停更新，所以不同时间爬取结果可能会不同。

任务 4.2 使用 Selenium 库爬取动态网页

任务描述

动态网页内容除了可以采用逆向分析方法爬取之外，还可以使用 Selenium 库爬取。Selenium 库是一个功能非常强大的自动化测试工具，能模拟浏览器的行为，支持多种主流浏览器，可以获取到页面动态加载之后的内容。本任务使用 Selenium 库，在某出版社官网“https://www.ptpress.com.cn/”进行单击、最大化、获取数据等操作，同时掌握 Selenium 库的使用方法。

任务分析

（1）下载、配置浏览器驱动。

（2）使用 Selenium 库定位单个目标元素、多个目标元素。

（3）使用 Selenium 库对页面进行最大化、关闭、滚动等操作，对单个可单击元素进行单击，对文本输入框进行文字输入操作。

（4）使用 Selenium 库获取目标标签中的文本、属性值。

（5）使用 Selenium 库进行窗口切换。

（6）使用多种方法实现页面等待效果，获取加载后的内容。

4.2.1 下载浏览器驱动

微课 4-2 下载浏览器驱动

本书使用的 Selenium 库的版本为 4.7.2。在使用 Selenium 库启动浏览器时，需要下载、安装对应的浏览器驱动，下面以 Chrome 浏览器驱动文件下载和安装为例介绍基本步骤。

① 确定当前浏览器的版本号，可以在 Chrome 浏览器中通过“关于 Google Chrome”查看版本号，如图 4-8、图 4-9 所示。

② 在 Chrome 浏览器驱动的官网下载对应浏览器版本和当前操作系统版本的驱动，并将驱动文件放置到系统路径中。当前浏览器版本号为 108.0.5359.125，驱动版本号几乎没有和浏览器版本完全一致的，选择尽可能相近的即可（至少保证主版本号一致），本任务选择的驱动版本号为 108.0.5359.71，如图 4-10 所示。进入该驱动版本对应目录下，选择对应操作系统的文件进行下载，根据操作系统版本，此处下载 chromedriver_win32.zip，如图 4-11 所示。

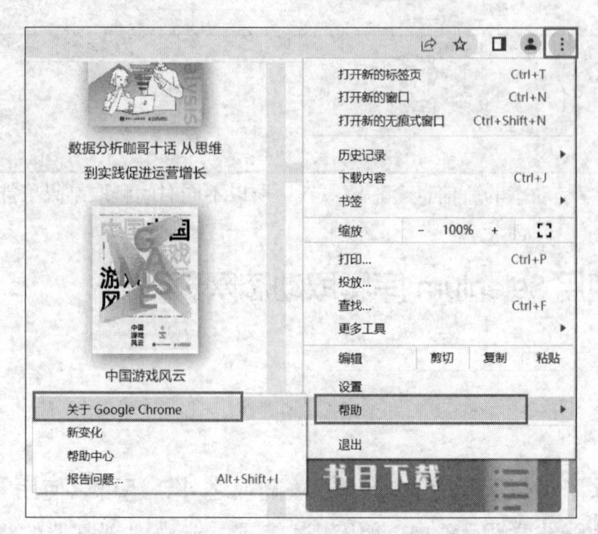

图 4-8　通过浏览器的“关于 Google Chrome”查看版本号

图 4-9　查看浏览器版本号

Name	Last modified	Size
Parent Directory		-
100.0.4896.20/	2023-01-03T03:00:00Z	-
100.0.4896.60/	2023-01-03T03:00:00Z	-
101.0.4951.15/	2023-01-03T03:00:00Z	-
101.0.4951.41/	2023-01-03T03:00:00Z	-
102.0.5005.27/	2023-01-03T03:00:00Z	-
102.0.5005.61/	2023-01-03T03:00:00Z	-
103.0.5060.134/	2023-01-03T03:00:00Z	-
103.0.5060.24/	2023-01-03T03:00:00Z	-
103.0.5060.53/	2023-01-03T03:00:00Z	-
104.0.5112.20/	2023-01-03T03:00:00Z	-
104.0.5112.29/	2023-01-03T03:00:00Z	-
104.0.5112.79/	2023-01-03T03:00:00Z	-
105.0.5195.19/	2023-01-03T03:00:00Z	-
105.0.5195.52/	2023-01-03T03:00:00Z	-
106.0.5249.21/	2023-01-03T03:00:00Z	-
106.0.5249.61/	2023-01-03T03:00:00Z	-
107.0.5304.18/	2023-01-03T03:00:00Z	-
107.0.5304.62/	2023-01-03T03:00:00Z	-
108.0.5359.22/	2023-01-03T03:00:00Z	-
108.0.5359.71/	2023-01-03T03:00:00Z	-
109.0.5414.25/	2023-01-03T03:00:00Z	-

图 4-10　根据浏览器版本号下载浏览器驱动

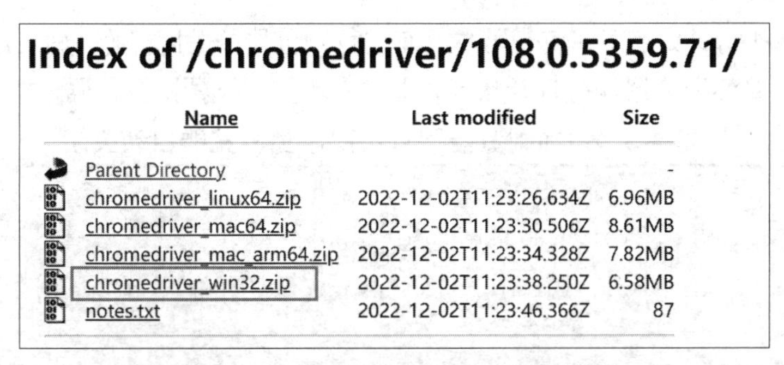

Index of /chromedriver/108.0.5359.71/

Name	Last modified	Size
Parent Directory		-
chromedriver_linux64.zip	2022-12-02T11:23:26.634Z	6.96MB
chromedriver_mac64.zip	2022-12-02T11:23:30.506Z	8.61MB
chromedriver_mac_arm64.zip	2022-12-02T11:23:34.328Z	7.82MB
chromedriver_win32.zip	2022-12-02T11:23:38.250Z	6.58MB
notes.txt	2022-12-02T11:23:46.366Z	87

图 4-11　根据操作系统版本选择相应驱动进行下载

③ 将下载的压缩文件解压，得到 chromedriver.exe 驱动文件，将 chromedriver.exe 驱动文件放置到安装 Python 的根目录（与 python.exe 文件同一目录）下。

4.2.2　打开浏览器并访问页面

使用 Selenium 库可以模拟用户的行为，操控浏览器进行相应的动作。使用 Selenium 库驱动浏览器打开网页“https://www.ptpress.com.cn/”，如代码 4-2 所示。

代码 4-2　使用 Selenium 库驱动浏览器打开网页“https://www.ptpress.com.cn/”

```
>>> from selenium import webdriver
>>> browser = webdriver.Chrome()  # 打开 Chrome 浏览器，并应用启动配置
>>> browser.get('https://www.ptpress.com.cn/')  # 通过 get()方法获取需要打开的页面
```

当执行代码 4-2 时，Chrome 浏览器自动启动，并打开网页“https://www.ptpress.com.cn”，如图 4-12 所示。其中“Chrome 正受到自动测试软件的控制。”表明当前浏览器页面是使用代码驱动打开的。

图 4-12　打开浏览器并访问网页结果

在代码 4-2 执行结束后，即使代码中没有进行浏览器的关闭操作，Chrome 浏览器仍可能自动关闭，若要使浏览器保持打开状态，则可以增加浏览器配置代码，如代码 4-3 所示。

代码 4-3　增加浏览器配置代码避免浏览器自动关闭

```
>>> option = webdriver.ChromeOptions()  # 设置启动配置
>>> option.add_experimental_option('detach', True)
>>> browser = webdriver.Chrome(options=option)  # 打开 Chrome 浏览器，并应用启动配置
>>> browser.get('https://www.ptpress.com.cn/')  # 通过 get()方法获取需要打开的页面
```

4.2.3　元素选取

微课 4-3　元素选取

Selenium 库提供了多种在页面中定位元素的方法。根据不同的需求，可以定位单个元素、多个元素，也可以提取定位到的元素中的文本信息和属性值。本小节将分别介绍 Selenium 库中选取单个元素和多个元素的方法。

1．单个元素选取

在 Selenium 4.7.2 版本中，find_element_by_xx 用法已被废弃，当前使用 find_element()方法实现单个元素选取功能。find_element()方法的基本语法格式如下。

```
WebDriver.find_element(by=By.ID, value: Optional[str] = None)
```

基于创建的 Chrome 浏览器驱动，使用 find_element()方法，定位当前窗口页面中的某个元素。其中，参数 by 表示采用的定位策略，参数 by 的取值及其说明如表 4-1 所示；参数 value 接收字符串，表示当前定位策略对应的值。

表 4-1　参数 by 的取值及其说明

定位策略	说明
By.ID	通过 HTML 标签的 id 属性值定位元素
By.NAME	通过 HTML 标签的 name 属性值定位元素
By.CLASS_NAME	通过 HTML 标签的 class 属性值定位元素
By.TAG_NAME	通过 HTML 标签的标签名定位元素
By.LINK_TEXT	通过 HTML 标签的超链接文本定位元素
By.PARTICAL_LINK_TEXT	通过 HTML 标签的部分超链接文本定位元素
By.CSS_SELECTOR	通过 HTML 标签的 CSS 选择器规则定位元素
By.XPATH	通过 HTML 标签的 Xpath 规则定位元素

find_element()方法返回的结果是一个 WebElement 类型的对象，如果需要提取该对象标签中的文本信息，那么需要使用该对象的 text 属性；如果需要提取该对象标签的某个属性值，那么需要用到 get_attribute()方法。使用 Xpath 定位“首页”所在的<a>标签，如代码 4-4 所示。

代码 4-4 定位“首页”所在的<a>标签

```
>>> from selenium import webdriver
>>> from selenium.webdriver.common.by import By
>>> option = webdriver.ChromeOptions()
>>> option.add_experimental_option('detach', True)
>>> browser = webdriver.Chrome(options=option)  # 打开 Chrome 浏览器，并应用启动配置
>>> browser.get('https://www.ptpress.com.cn/')  # 通过 get()方法获取需要打开的页面
>>> elem = browser.find_element(By.XPATH, '//div[@class="row"]/a[1]')  # 使用 Xpath 定位“首页”所在的<a>标签
>>> print('定位到的元素返回值：', elem)
定位到的元素返回值：<selenium.webdriver.remote.webelement.WebElement (session="85fdf53bcd999891826cd59bbc3729b4", element="80b3dd21-6cbb-435e-95a7-326048d7f8ea")>
>>> print('元素中的文本信息：', elem.text)  # 提取标签中的文本信息
元素中的文本信息： 首页
>>> print('元素的属性值：', elem.get_attribute('href'))  # 提取标签的属性值
元素的属性值： javascript:;
```

除了使用 Xpath 定位之外，还可以使用其他的方式定位，如 browser.find_element(By.CSS_SELECTOR, 'div.row>a:nth-child(1)')、browser.find_element(By.LINK_TEXT, '首页')等。

2. 多个元素选取

多个元素的选取方法 find_elements()与单个元素的选取方法 find_element()的两个参数作用是一致的，find_elements()方法的基本语法格式如下，其中，参数 by 的取值及说明可以参照表 4-1。

```
WebDriver.find_elements(by=By.ID, value: Optional[str]=None)
```

使用 find_elements()方法可以定位多个元素，定位导航栏中的多个标题元素及其文本信息如代码 4-5 所示。find_elements()方法返回的结果是一个列表，列表中的每个元素是 WebElement 类型的对象。

代码 4-5 定位导航栏中的多个标题元素及其文本信息

```
>>> # 使用 XPath 定位导航栏的多个标题元素
>>> elems = browser.find_elements(By.XPATH, '//div[@class="row"]/a')
>>> print('定位多个元素返回的结果：', elems)
定位多个元素返回的结果： [<selenium.webdriver.remote.webelement.WebElement (session="480851e2bc931f98fad18dd2fb9339b3", element="a1270d79-d124-461e-
```

```
8888-e8eff08d102d")> … … <selenium.webdriver.remote.webelement.WebElement
(session="480851e2bc931f98fad18dd2fb9339b3", element="a7e24558-aa34-47ff-
bd29-0ecd5d08dd76")>]
>>> for elem in elems:
>>>     print(elem.text)#循环输出文本信息
首页
工作动态
企业党建
图书
期刊
服务
招贤纳士
关于我们
```

注：由于输出结果太长，所以此处部分结果已经省略。

当使用 find_element()方法定位单个元素时，若有多个符合条件的元素，则只返回符合条件的第一个元素；若没有符合条件的元素被定位到，则程序会报错。当使用 find_elements()方法定位多个元素时，返回的是符合条件的元素列表，若没有符合条件的元素，则返回空列表。

使用 find_elements()方法定位多张图片，并使用 screenshot_as_png()方法对每个 WebElement 对象所选中的图片标签的对应图片进行截图保存，如代码 4-6 所示，保存后的图片如图 4-13 所示。

代码 4-6　对图片进行截图保存

```
>>> # 定位“新书推荐”栏中的 8 本图书图片所在标签
>>> pics = browser.find_elements(By.XPATH, '//div[@id="newBook"]//div
[@class="img"]/img')
>>> for index, pic in enumerate(pics):
>>>     # 给每张图片重新用数字命名
>>>     pic_name = '../tmp/' + str(index) + '.png'
>>>     print('正在存储图片：', pic_name)
>>>     with open(pic_name, 'wb') as f:
>>>         # 使用 screenshot_as_png()方法将图片截图存储到本地 tmp 文件夹
>>>         f.write(pic.screenshot_as_png)
>>> browser.quit()  # 关闭浏览器
正在存储图片： ../tmp/0.png
正在存储图片： ../tmp/1.png
……
```

```
正在存储图片：  ../tmp/6.png
正在存储图片：  ../tmp/7.png
```

图 4-13 运行代码 4-6 后保存下来的图片

通过代码 4-6 保存的图片是“https://www.ptpress.com.cn/”首页中新书封面的截图，并非图片的原图。如果需要通过<img>标签的 src 属性值的对应网址，将图片保存下来，那么通常需要借助 Requests 库发送请求，将得到的响应的 content 值保存下来，即可得到原图片，具体实现代码如代码 4-7 所示，保存到本地的图片如图 4-14 所示。

代码 4-7 借助 Reqeusts 请求保存原图

```
>>> import requests
>>> browser = webdriver.Chrome()
>>> browser.get('https://www.ptpress.com.cn/')
>>> # 定位“新书推荐”栏中的 8 本图书图片所在标签
>>> pics = browser.find_elements(By.XPATH, '//div[@id="newBook"]//div[@class=
"img"]/img')
>>> for pic in pics:
>>>     # 获取每张图片对应的 src 属性值，即图片对应的网址
>>>     pic_url = pic.get_attribute('src')
>>>     # 图片的名称采用网址中的名称，修改图片扩展名为.png
>>>     pic_name = '../tmp/' + pic_url.split('/')[-1].split('.')[0] + '.png'
>>>     print('正在存储图片：', pic_name)
>>>     # 使用 Requests 向图片对应的网址发送请求
>>>     resp = requests.get(pic_url)
>>>     with open(pic_name, 'wb') as f:
>>>         # 响应的 content 值即图片的二进制内容
>>>         f.write(resp.content)
```

```
>>> browser.quit()
正在存储图片： ../tmp/56569_s300.png
正在存储图片： ../tmp/58263_s300.png
......
正在存储图片： ../tmp/59350.png
正在存储图片： ../tmp/59354_s300.png
```

图 4-14　运行代码 4-7 后保存下来的图片

4.2.4　元素交互

微课 4-4　元素交互

使用 find_element()方法定位单个元素或 find_elements()方法定位多个元素后，可以对不同 WebElement 对象进行不同交互操作。例如，对于可单击的<a>标签，进行单击操作；对于可以输入文本的<input>标签，进行输入文字的操作等。

1. 单击

在网页中经常有一些按钮、超链接可以单击，Selenium 库可以通过 click()方法对定位到的元素进行单击。单击导航栏中“工作动态”超链接，如代码 4-8 所示，代码执行后的结果如图 4-15 所示，在当前页面选中了“工作动态”栏，对应的内容也是该栏中显示的内容。

代码 4-8　单击“工作动态”超链接

```
>>> from selenium import webdriver
>>> from selenium.webdriver.common.by import By
>>> option = webdriver.ChromeOptions()  # 设置启动配置
>>> option.add_experimental_option('detach', True)
```

```
>>> browser = webdriver.Chrome(options=option)  # 打开 Chrome 浏览器，并应用启动配置
>>> browser.get('https://www.ptpress.com.cn/')  # 通过 get()方法获取需要打开的页面
>>> # 使用 XPath 定位“工作动态”所在的<a>标签
>>> elem = browser.find_element(By.XPATH, '//div[@class="row"]/a[2]')
>>> elem.click()
```

图 4-15　代码 4-8 执行后的浏览器结果

2. 输入文字

在网页中，各种文本输入框十分常见，如各购物网站中用户可以根据自己的需求进行检索。在网页“https://www.ptpress.com.cn/”的首页也存在文本输入框，用于检索图书。通过 Selenium 库输入文字，需要在定位到文本输入框元素的前提下，使用 send_keys()方法，向该文本输入框中输入内容。在输入结束后，通过使用“Enter”键或单击“搜索”按钮进行搜索。在输入文字之后，若需要使用“Enter”键进行搜索，则需要加载 Keys 模块，如代码 4-9 所示，代码执行后的结果如图 4-16 所示。

代码 4-9　在文本输入框输入“爬虫”并使用“Enter”键进行搜索

```
>>> from selenium.webdriver.common.keys import Keys
>>> # 使用 XPath 定位文本输入框所在标签
>>> elem = browser.find_element(By.XPATH, '//div[@class="search"]/input')
>>> elem.send_keys('爬虫')  # 向文本输入框中输入关键字
>>> elem.send_keys(Keys.ENTER)  # 使用“Enter”键进行搜索
```

图 4-16　在文本输入框中输入“爬虫”并使用“Enter”键进行搜索的结果

在代码 4-9 中，除了使用“Enter”键提交搜索请求之外，还可以通过 find_element()方法定位“搜索”按钮，对“搜索”按钮进行单击操作，以提交搜索请求，如代码 4-10 所示，其运行结果与图 4-16 一致。

代码 4-10　通过单击“搜索”按钮提交搜索请求

```
>>> browser.get('https://www.ptpress.com.cn/')
>>> # 使用 XPath 定位文本输入框所在标签
>>> elem1 = browser.find_element(By.XPATH, '//div[@class="search"]/input')
>>> elem.send_keys('爬虫')  # 向文本输入框中输入关键字
>>> search = browser.find_element(By.XPATH, '//div[@class="search"]/button')
# 定位“搜索”按钮所在标签
>>> search.click()  # 对“搜索”按钮进行单击
```

4.2.5　页面操作

微课 4-5　页面操作

Selenium 库支持对浏览器进行一些操作，如窗口最大化、浏览器关闭、当前标签页关闭、执行脚本、截屏、标签窗口切换等操作。

1．页面交互

使用 Selenium 库打开的浏览器窗口大小是默认的，可以采用 maximize_window()方法实现浏览器窗口的最大化。maximize_window()方法的基本语法格式如下。

```
WebDriver.maximize_window()
```

在浏览器打开后，即使程序执行完成，浏览器仍不会自动关闭，此时，需要使用 quit()或 close()方法主动关闭浏览器。quit()方法表示关闭整个浏览器，即不管浏览器打开多少个窗口，都全部关闭。close()方法表示关闭当前窗口，如果当前浏览器仅打开一个窗口，那么效果和 quit()方法的效果一样。quit()方法与 close()方法的基本语法格式如下。

```
WebDriver.quit()
WebDriver.close()
```

网页操作中经常需要滚动鼠标，浏览页面中其他内容，页面滚动操作可以通过 Selenium 库中的 execute_script()方法执行 JavaScript 代码实现，该方法的基本语法格式如下。其中，script 参数表示需要执行的 JavaScript 代码，*args 参数接收 JavaScript 代码所用到的其他参数。

```
WebDriver.execute_script(script, *args)
```

在对网页进行操作时，可以通过 save_screenshot()方法对当前标签页面进行截图。save_screenshot()方法的基本语法格式如下，其中，filename 参数表示要保存的文件完整路径，要求文件扩展名为.png。

```
WebDriver.save_screenshot(filename)
```

访问“https://www.ptpress.com.cn/”页面，并对该浏览器页面进行页面操作，包括窗口最大化、将浏览器页面向下滚动、截屏、关闭浏览器，实现代码如代码 4-11 所示。注意：代码中的 time.sleep(1)表示停顿 1s，该知识点将会在 4.2.6 小节中进行讲解。

代码 4-11　对浏览器页面进行基本操作

```
>>> from selenium import webdriver
>>> import time  # 加载time模块，用于时间停留
>>> option = webdriver.ChromeOptions()  # 设置启动配置
>>> option.add_experimental_option('detach', True)
>>> browser = webdriver.Chrome(options=option)  # 打开Chrome浏览器，并应用启动配置
>>> browser.get('https://www.ptpress.com.cn/')  # 通过 get()方法获取需要打开的页面URL
>>> browser.maximize_window()  # 窗口最大化
>>> for i in range(5):  # 控制滚动执行5次
>>>     # 当前页面纵向向下滚动100像素，横向滚动0像素
>>>     browser.execute_script('window.scrollBy(0, 100)')
>>>     time.sleep(1)  # 停顿1s
>>> browser.save_screenshot('../tmp/test.png')  # 页面滚动结束后，截屏保存到tmp文件夹下
>>> browser.quit()  # 关闭浏览器
```

2. 页面切换

当单击网页链接时，浏览器经常会以新的窗口呈现链接对应的内容。在 Selenium 库中，需要通过窗口切换来控制当前窗口，否则默认当前窗口是一直是最开始打开的窗口。而窗口切换需要先获取到当前浏览器的所有窗口的句柄，并返回一个窗口句柄列表，然后通过

WebDriver.switch_to.window()方法切换到指定窗口。基于 4.2.4 小节中的输入文字示例，即代码 4-9 做进一步优化，以提取当前浏览器第二个窗口中的与爬虫相关的图书名称，如代码 4-12 所示。

代码 4-12　提取多本与爬虫相关图书名称

```
>>> from selenium.webdriver.common.by import By
>>> from selenium.webdriver.common.keys import Keys
>>> option = webdriver.ChromeOptions()
>>> option.add_experimental_option('detach', True)
>>> browser = webdriver.Chrome(options=option)
>>> browser.get('https://www.ptpress.com.cn/')
>>> browser.maximize_window()
>>> # 使用 XPath 定位文本输入框所在标签
>>> elem = browser.find_element(By.XPATH, '//div[@class="search"]/input')
>>> elem.send_keys('爬虫')  # 向文本输入框中输入关键字
>>> elem.send_keys(Keys.ENTER)  # 使用“Enter”键开始搜索
>>>  # 获取当前浏览器窗口句柄
>>> handles = browser.window_handles
>>> # 将浏览器当前窗口切换到最新的窗口，即操作最新打开的窗口
>>> browser.switch_to.window(handles[-1])
>>> # 定位最新窗口中的所有图书名所在标签
>>> books = browser.find_elements(By.XPATH, '//div[@class="book_item"]/a/p')
>>> for book in books:
>>>     print(book.text)  # 输出每本图书名称
>>> browser.quit()  # 关闭浏览器
Python 网络爬虫基础教程
Python 爬虫项目教程（微课版）
Python3 网络爬虫开发实战 第 2 版
Python3 网络爬虫开发实战 第 2 版
Python 网络爬虫与数据采集
Python 爬虫开发实战教程（微课版）
Python 网络爬虫（Scrapy 框架）
Python 3 反爬虫原理与绕过实战
Python 网络爬虫权威指南 第 2 版
```

4.2.6　页面等待

当使用浏览器加载页面时，一般要等待页面元素加载完成后，才能执行某些操作，否

则会出现找不到某元素等错误。在这种要求下，某些场景需要加入等待时间。根据等待方式的不同，可以将页面等待划分为强制等待、隐式等待和显式等待。

微课4-6　页面等待

1. 强制等待

利用 time 模块中的 sleep()方法实现，不管页面是否加载完成，都要强制等待一段时间，时间到达后，才会执行后续的代码。但使用此等待方式，会比较呆板，影响代码的执行效率。强制等待 5s 后关闭浏览器，如代码 4-13 所示。

代码 4-13　强制等待 5s 后关闭浏览器

```
>>> from selenium import webdriver
>>> import time  # 加载 time 模块
>>> browser = webdriver.Chrome()
>>> browser.get('https://www.ptpress.com.cn/')
>>> browser.maximize_window()
>>> # 强制等待 5s
>>> time.sleep(5)
>>> browser.quit()
```

2. 隐式等待

设置一个隐式等待时间后，如果在这个时间内，网页加载完成，那么会执行下一步操作，否则会一直等到超时，才执行下一步操作。隐式等待方式也存在弊端，即用户所需的元素已加载完成，而其他元素加载较慢，仍要等待所有元素加载完成后，才会执行下一步操作，时间上有所增加。注意：当使用隐式等待时，仅需要对某个窗口设置一次。基于 4.2.4 小节中的单击示例，即代码 4-8，添加隐式等待 10s，如代码 4-14 所示。

代码 4-14　隐式等待 10s

```
>>> from selenium.webdriver.common.by import By
>>> option = webdriver.ChromeOptions()
>>> option.add_experimental_option('detach', True)
>>> browser = webdriver.Chrome(options=option)
>>> # 隐式等待 10s
>>> browser.implicitly_wait(10)
>>> browser.get('https://www.ptpress.com.cn/')
>>> browser.maximize_window()
>>> # 使用 XPath 定位“工作动态”所在的<a>标签
>>> elem = browser.find_element(By.XPATH, '//div[@class="row"]/a[2]')
>>> elem.click()
>>> browser.quit()
```

3. 显式等待

显式等待需要用到 WebDriverWait 类，其基本语法格式如下。其中，driver 参数用于接收一个 WebDriver 对象，timeout 参数用于设置超时时间，poll_frequency 参数用于设置每隔多少秒检测一次，ignored_exceptions 参数用于设置在调用过程中需要忽略的异常类。

```
WebDriverWait(driver, timeout: float, poll_frequency: float = POLL_FREQUENCY,
ignored_exceptions: typing.Optional[WaitExcTypes] = None)
```

WebDriverWait 要结合该类的 unitl()和 unitl_not()方法来使用，还需要导入一个类 expected_conditions，用于判断预期条件是否达成。expected_conditions 类的常见判断方法如表 4-2 所示。

表 4-2　expected_conditions 类的常见判断方法

方法	作用
title_is()	判断当前页面的标题是否为某内容
title_contains()	判断当前页面的标题是否包含某内容
presence_of_element_located()	判断某元素是否被加载出
visibility_of_element_located()	判断某个地址是否可见
visibility_of()	判断某个元素是否可见
presence_of_all_elements_located()	判断是否至少有一个元素加载出
text_to_be_present_in_element()	判断某个元素文本是否包含某文字
text_to_be_present_in_element_value()	判断某个元素值是否包含某文字
frame_to_be_available_and_switch_to_it()	判断窗口是否加载并切换
invisibility_of_element_located()	判断某个元素是否不存在或不可见
element_to_be_clickable()	判断某个可单击元素是否可见
staleness_of()	判断一个元素是否仍在 DOM 中，可判断页面是否已经刷新
element_to_be_selected()	判断某个元是否被选择，传入元素对象
element_located_to_be_selected()	判断某个元是否被选择，传入定位元组
element_selection_state_to_be()	判断某个元素选中状态是否与预期一致，一致返回 True，否则返回 False
element_located_selection_state_to_be()	判断某个地址选中状态是否与预期一致，一致返回 True，否则返回 False
alert_is_present()	判断当前页面是否出现 Alert

基于代码 4-8 进行更新，使用显式等待的方式，判断元素是否被定位到，如代码 4-15 所示。若成功定位，则立刻执行下一步单击操作，否则会隔 0.5s 检测一次，直到元素被成功定位，再进行单击操作；若重复检测直到 20s 元素仍未被定位到，则抛出异常。

代码 4-15 显式等待判断元素是否被定位到

```
>>> from selenium.webdriver.support.wait import WebDriverWait
>>> from selenium.webdriver.support import expected_conditions as EC

>>> option = webdriver.ChromeOptions()
>>> option.add_experimental_option('detach', True)
>>> browser = webdriver.Chrome(options=option)
>>> browser.get('https://www.ptpress.com.cn/')
>>> browser.maximize_window()
>>> # 使用XPath定位“工作动态”所在的<a>标签
>>> elem = browser.find_element(By.XPATH, '//div[@class="row"]/a[2]')
>>> try:
>>>     # 每隔0.5s检测一次，直到“工作动态”所在标签可以被定位到，最多等待20s
>>>     wait = WebDriverWait(browser, 20, 0.5)
>>>     wait.until(EC.element_to_be_clickable(elem))
>>>     elem.click()
>>>     time.sleep(5)
>>> finally:
>>>     browser.quit()
```

任务 4.3 存储数据至 MongoDB 数据库

微课 4-7 存储数据至 MongoDB 数据库

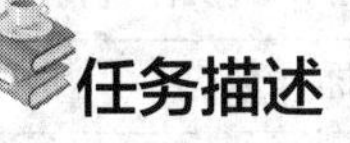

任务描述

爬虫通过解析网页获取页面中的数据后，可以将数据存放到 MongoDB 数据库中。本任务使用 PyMongo 库将 Selenium 库解析得到导航栏中标题文字存储至 MongoDB 数据库中。

任务分析

（1）了解 MongoDB 数据库和 MySQL 数据库的区别。

（2）使用 PyMongo 库将解析得到的文本内容存储至 MongoDB 数据库中。

4.3.1 MongoDB 数据库和 MySQL 数据库的区别

MongoDB 数据库是一个年轻的非结构化数据库产品，其稳定性不及传统的 MySQL 数据库。MongoDB 属于典型的“空间换时间”类型的数据库产品。数据库扩展是非常有挑战性的，当表格存储空间大小达到 5～10GB 时，如果需要分片并且分割数据库，那么 MySQL 的性能会降低，但 MongoDB 很容易实现这一点。另外，MongoDB 是以 BSON（Binary JSON，二进制 JSON）结构进行存储的，对海量数据存储有着很明显的优势。

传统的 MySQL 数据库一般由数据库（database）、表（table）、记录（record）3 个层次组成，而 MongoDB 是由数据库（database）、集合（collection）、文档（document）这 3 个层次组成的。MySQL 中的概念和 MongoDB 中的概念的对比如表 4-3 所示。

表 4-3　MySQL 中的概念和 MongoDB 中的概念的对比

MySQL 中的概念	说明	MongoDB 中的概念	说明
database	数据库	database	数据库
table	数据库表	collection	数据库文档集合
record	数据库表中的行/记录	document	数据库文档
column	数据库表中的列/字段	field	数据库文档域
index	索引	index	索引
primary key	主键	primary key	主键

MongoDB 具有独特的操作语句，与 MySQL 使用传统的 SQL 语句不同。MySQL 和 MongDB 的基本操作命令的对比如表 4-4 所示。

表 4-4　MySQL 和 MongoDB 的基本操作命令的对比

操作说明	MySQL	MongoDB
显示数据库列表	show databases;	show dbs
进入数据库	use dbname;	use mydb
创建数据库	create database name;	无须单独创建，使用 show 后，默认创建库
创建表/集合	create table tname(id int);	无须单独创建，直接插入数据
删除表/集合	drop table tname;	db.tname.drop()
删除数据库	drop database dbname;	首先进入该数据库，然后使用 db.dropDatabase() 命令
插入记录/文档	insert into tname(id) value(1);	db.tname.insert({id:1})
删除记录/文档	delete from tname where id=1;	db.tname.remove({id:1})
查询所有记录/文档	select * from tname;	db.tname.find()
条件查询	select * from tname where id=2;	db.tname.find({id:2})
多条件查询	select * from tname where id=2 or name='python';	db.tname.find($or:[{id:2}, {name:'python'}])
查询一条数据	select * from tname limit 1;	db.tname.findone()
获取表记录/文档数	select count(id) from tname;	db.tname.count()

注意：dbname 表示数据库名称，tname 表示表或集合名称。

4.3.2 将数据存储到 MongoDB 数据库

Python 中需要借助 PyMongo 库来操作 MongoDB 数据库，操作 MongoDB 数据库的具体步骤如下。

1. 建立连接

要使用 PyMongo 操作 MongoDB 数据库，首先需要初始化数据库连接。如果 MongoDB 在本地电脑上运行，而且也没有修改端口或添加用户名和密码，那么初始化 MongoClient 的实例不需要带任何参数，如代码 4-16 所示。

代码 4-16 建立本地连接，使用默认端口和用户名密码

```
>>> import pymongo
>>> conn = pymongo.MongoClient()
```

如果 MongoDB 在其他服务器上运行，那么需要使用统一资源标识符（Uniform Resource Identifier，URI）来指定连接地址，如代码 4-17 所示。

代码 4-17 建立指定地址连接，指定用户名和密码

```
>>> conn = pymongo.MongoClient('mongodb://用户名:密码@服务器 IP 地址或域名:端口')
```

如果 MongoDB 没有设置权限验证，那么不需要指定用户名和密码，如代码 4-18 所示。

代码 4-18 建立指定地址连接，无用户名和密码

```
>>> conn = pymongo.MongoClient('mongodb://服务器 IP 地址或域名:端口')
```

2. 创建数据库

MongoDB 的一个实例可以支持多个独立的数据库。在使用 PyMongo 库时，如果数据库 mydb 不存在，可以使用 MongoClient 实例的属性方式来创建数据库，如代码 4-19 所示。

代码 4-19 用属性方式创建数据库

```
>>> conn = pymongo.MongoClient()
>>> # 使用属性方式创建数据库 mydb
>>> mydb = conn.mydb
```

除了可以使用属性方式来创建数据库，还可以通过字典方式来创建数据库，如代码 4-20 所示。

代码 4-20 用字典方式创建数据库

```
>>> conn = pymongo.MongoClient()
>>> # 使用字典方式创建数据库 mydb
>>> mydb = conn['mydb']
```

注意：在 MongoDB 中，数据库只有在内容插入后才会创建，即数据库创建后要创建集合（数据表）并插入一个文档（记录），数据库才会真正创建。

3. 创建集合

创建集合需要使用数据库对象，并指定需要创建的集合的名称。如果集合不存在，那

么 MongoDB 将创建对应集合。在数据库 mydb 中用属性方式创建一个集合 test，如代码 4-21 所示。

代码 4-21　用属性方式创建集合

```
>>> conn = pymongo.MongoClient()
>>> mydb = conn.mydb
>>> # 使用属性方式创建集合 test
>>> test = mydb.test
```

同创建数据库一样，创建集合也可以通过字典的方式，如代码 4-22 所示。

代码 4-22　用字典方式创建集合

```
>>> conn = pymongo.MongoClient()
>>> mydb = conn.mydb
>>> # 使用字典方式创建集合 test
>>> test = mydb['test']
```

4. 插入集合

若要将记录或在 MongoDB 中调用的文档插入集合，则可以使用 insert_one()方法。insert_one()方法的第一个参数是一个字典，其中包含要插入的文档中每个字段的名称和值。代码 4-23 演示了在集合 Nav 中，多次使用 insert_one()方法插入一条条记录，其中，插入的记录数据为代码 4-5 中通过 find_elements()方法定位导航栏获取到的多个标题元素的文本信息。数据库操作成功后，可以使用 find()方法获取当前集合中的所有文档内容，也可以使用 MongoDB 可视化工具 Robo 3T 查看结果，如图 4-17 所示。

代码 4-23　插入一条记录

```
>>> from selenium import webdriver
>>> from selenium.webdriver.common.by import By
>>> browser = webdriver.Chrome()
>>> browser.get('https://www.ptpress.com.cn/')
>>> browser.maximize_window()
>>> # 定位导航栏中所有栏
>>> elems = browser.find_elements(By.XPATH, '//div[@class="row"]/a')
>>> conn = pymongo.MongoClient()
>>> mydb = conn['mydb']
>>> test = mydb['Nav']
>>> for elem in elems:
>>>     test.insert_one({'name': elem.text})
>>> for x in test.find():
>>>     print(x)
```

```
>>> browser.quit()
{'_id': ObjectId('6395c8e30a5c4365768cd330'), 'name': '首页'}
{'_id': ObjectId('6395c8e30a5c4365768cd331'), 'name': '工作动态'}
{'_id': ObjectId('6395c8e30a5c4365768cd332'), 'name': '企业党建'}
{'_id': ObjectId('6395c8e30a5c4365768cd333'), 'name': '图书'}
{'_id': ObjectId('6395c8e30a5c4365768cd334'), 'name': '期刊'}
{'_id': ObjectId('6395c8e30a5c4365768cd335'), 'name': '服务'}
{'_id': ObjectId('6395c8e30a5c4365768cd336'), 'name': '招贤纳士'}
{'_id': ObjectId('6395c8e30a5c4365768cd337'), 'name': '关于我们'}
```

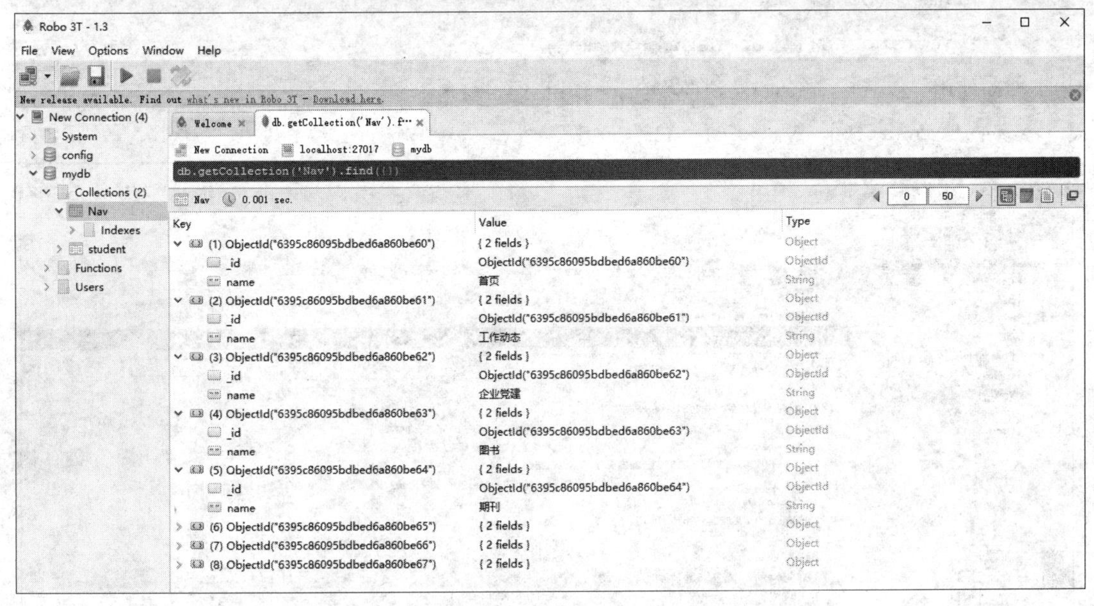

图 4-17 使用 Robo 3T 查看 Nav 集合内容

若需要将多个文档插入 MongoDB 的集合中，则可以使用 insert_many()方法。insert_many()方法的第一个参数是一个包含字典的列表，其中包含要插入的数据。代码 4-24 演示了在集合 Nav1 中插入多条记录的方法，其中插入的记录来源于代码 4-1 中使用逆向分析方法获取到的 8 本图书的名称，图 4-18 所示为使用 Robo 3T 查看插入多条记录的内容。

代码 4-24 插入多条记录

```
>>> import requests
>>> import json
>>> url = 'https://www.ptpress.com.cn/recommendBook/getRecommendBookList
ForPortal?bookTagId=2725fe7b-b2c2-4769-8f6f-c95f04c70275'
>>> ua = {'User-Agent': 'Mozilla/5.0 (Windows NT 10.0; Win64; x64) AppleWebKit/
537.36 (KHTML, like Gecko) Chrome/108.0.0.0 Safari/537.36'}
```

```
>>> rqg = requests.get(url, headers=ua)
>>> data = json.loads(rqg.text)
>>> books = data['data']
>>> conn = pymongo.MongoClient()
>>> mydb = conn['mydb']
>>> test = mydb['Nav1']
>>> # 将多个文本信息存入列表中，列表中每个元素为字典
>>> info = []
>>> for book in books:
>>>     name = book['bookName']
>>>     info.append({'bookname': name})
>>> # 使用insert_many()方法向集合Nav1插入数据
>>> test.insert_many(info)
```

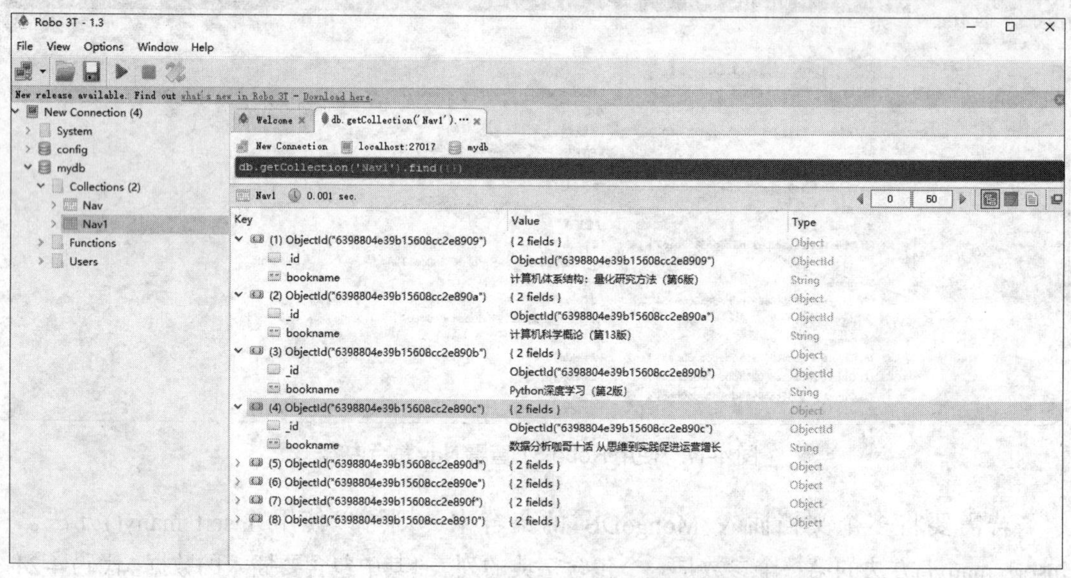

图 4-18　使用 Robo 3T 查看插入多条记录的内容

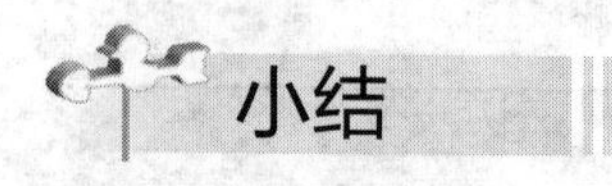

小结

本项目主要介绍了两种爬取动态网页的方法，分别是逆向分析爬取和通过 Selenium 库爬取，还介绍了如何将爬取到的数据存储到 MongoDB 数据库中，主要内容如下。

（1）使用逆向分析技术爬取网页“https://www.ptpress.com.cn”的首页“新书推荐”栏下的新书信息。

（2）使用 Selenium 库定位网页“https://www.ptpress.com.cn”中的文本输入框、“搜索”

按钮等元素。

（3）使用 Selenium 库对元素进行交互操作、对页面进行交互操作。

（4）使用 Selenium 库定位搜索结果中的多本图书名称，并获取其文本内容。

（5）使用 Selenium 库设置页面等待时间，保证目标元素被定位到。

（6）将爬取到的数据存储至 MongoDB 数据库中。

实训

实训 1　生成 GET 请求并获取指定网页内容

1. 训练要点

（1）掌握使用 Selenium 库定位单个元素的方法。

（2）掌握使用 Selenium 库进行元素交互和页面交互的操作方法。

（3）掌握页面等待的使用方法。

（4）掌握多页面切换的操作方法。

2. 需求说明

百度首页是经常使用到的一个网站，通过单击导航栏中的某一个模块，可以切换到对应的网页。使用 Selenium 库打开百度首页“https://www.baidu.com”，定位其中的“新闻”模块并进行单击。将浏览器窗口最大化显示，并切换到新窗口中，对新闻页面进行截图保存，保存的图片名为“news.png”。

3. 实现思路及步骤

（1）导入 Selenium 库，驱动浏览器并打开指定网址。

（2）通过 find_element()方法定位目标元素。

（3）对目标元素做单击操作。

（4）对浏览器做窗口最大化操作。

（5）切换当前窗口为新闻页面，并截屏保存。

（6）关闭浏览器。

实训 2　搜索目标节点并提取文本内容

1. 训练要点

（1）掌握使用 Selenium 库定位多个元素，并获取元素中文本、属性值的方法。

（2）掌握使用 MongoDB 数据库对获取到的数据进行存储的方法。

2. 需求说明

网站首页的导航栏中往往展示了当前网站的子页面，通常以超链接的方式实现，除了文本内容，还对应着子页面网址。通过实训 1 打开百度首页，定位、获取首页导航栏中所有超链接文本及其对应的超链接地址。将解析到的导航标题文本和超链接采用字典形式存储至 MongoDB 数据库中，其形式为{'title': 导航标题, 'url': 超链接网址}。

3. 实现思路及步骤

（1）使用 Selenium 库驱动 Chrome 浏览器，并打开百度首页。

（2）使用 find_elements()方法定位百度首页中的导航栏标签。

（3）对定位到的每个标签，通过属性 text 提取文本信息。

（4）对定位到的每个标签，使用 get_attribute()方法提取 href 属性值。

（5）使用 PyMongo 库连接 MongoDB 数据库，创建数据库和集合，并依次插入文档。

思考题

【导读】培养良好的编程风格是程序设计过程中至关重要的一环，良好的编程风格能够有效地提高编程效率，降低出错率，同时增强程序代码的可维护性、可理解性和可移植性，便于程序员之间进行交流。项目的完成依赖于团队中每个成员，需要每一位程序员在代码实现过程中严格规范自己的编码，提高自身专业水平，争取早日将自己锻造为全面发展的高素质人才。教育、科技、人才是全面建设社会主义现代化国家的基础性、战略性支撑。科技是第一生产力、人才是第一资源、创新是第一动力。

【思考题】假如您是团队项目中的程序员，您认为程序编写过程中哪些地方需要规范化，才能有助于提高整个团队的工作效率？

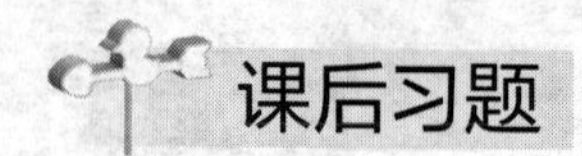

课后习题

1. 选择题

（1）Selenium 库不支持下列哪个浏览器？（　　）

A. QQ 浏览器　　B. Chrome 浏览器
C. Edge 浏览器　　D. Firefox 浏览器

（2）当使用 Selenium 库的 find_element()方法定位单个元素时，哪种是依据标签中的文本内容定位？（　　）

A. By.ID　　B. By.XPATH　　C. By.LINK_TEXT　　D. By.NAME

（3）当通过逆向分析定位数据所在的网址时，需要用到的面板是（　　）。

A. “元素”面板　　B. “控制台”面板
C. “网络”面板　　D. “安全”面板

（4）若需要定位文本输入框，并向其中输入文字，需要加载下列哪个模块？（　　）

A. from selenium.webdriver.common.keys import Keys

B. from selenium.webdriver.common.keys import Key

C. from selenium.webdriver.common.key import Keys

D. from selenium.webdriver.common import Keys

（5）若 Selenium 库中需要对定位到的元素进行单击，则要用到下列哪个方法？（　　）

A. click()　　B. send_key()　　C. clicks()　　D. send_keys()

（6）若单击某链接，打开了一个新窗口，想要截图新窗口中内容，则需要（　　）。

A. 直接截图

B. 获取窗口句柄、切换到新窗口、截图

C. 获取窗口句柄、截图

D. 不需要窗口句柄、直接切换到新窗口、截图

（7）下列哪条代码不能成功连接到 MongoDB 数据库（　　）。

A. pymongo.MongoClient()

B. pymongo.MongoClient(27017)

C. pymongo.MongoClient('localhost')

D. pymongo.MongoClient('localhost', 27017)

2. 操作题

（1）内推是企业一种比较新颖的招聘方式，通过内推能够让人才更高效、自由的流动，使招聘变得更有效率、更具情感。通过逆向分析法获取泰迪内推平台首页“https://www.5iai.com/#/index”中“热门职位”栏下的职位名称。

（2）使用 Selenium 库打开中国新闻网官网“https://www.chinanews.com”，获取当前页面中的导航标题、标题对应的超链接网址，并将获取到的文本内容存储到 MongoDB 数据库中。

项目 5 模拟登录——登录某企业官网

项目背景

在互联网中，有些网站的页面或资源无须登录即可访问，但有些网站的页面或资源需要注册账号并登录后才能够访问。例如，没有登录 12306 网站时无法查看订单或提交订单，淘宝网、京东网等购物网站也需要登录后才可以访问订单信息。本书的项目 3、项目 4 爬取的资源都是无须登录就能够访问的。若需要爬取登录后才能访问的网页或资源，则需要先进行模拟登录。用户可以通过 Cookie 登录和表单登录两种模拟登录的方法登录（这里以人民邮电出版社官网为例，如图 5-1 所示）。

图 5-1　某企业官网

学习目标

1. 技能目标

（1）能够使用 Chrome 开发者工具查找模拟登录需要的相关信息。

（2）能够使用浏览器 Cookie 模拟登录。

（3）能够使用表单登录方法模拟登录。

2. 知识目标

（1）掌握表单登录和 Cookie 登录的流程。

（2）掌握使用 Chrome 开发者工具查找登录入口的方法。

（3）掌握发送 POST 请求的方法。

（4）掌握保存和加载 Cookie 实现登录的方法。

3. 素质目标

（1）加强个人信息保护的意识，安全上网。

（2）依法办事，不得使用他人登录信息爬取网络数据。

思维导图

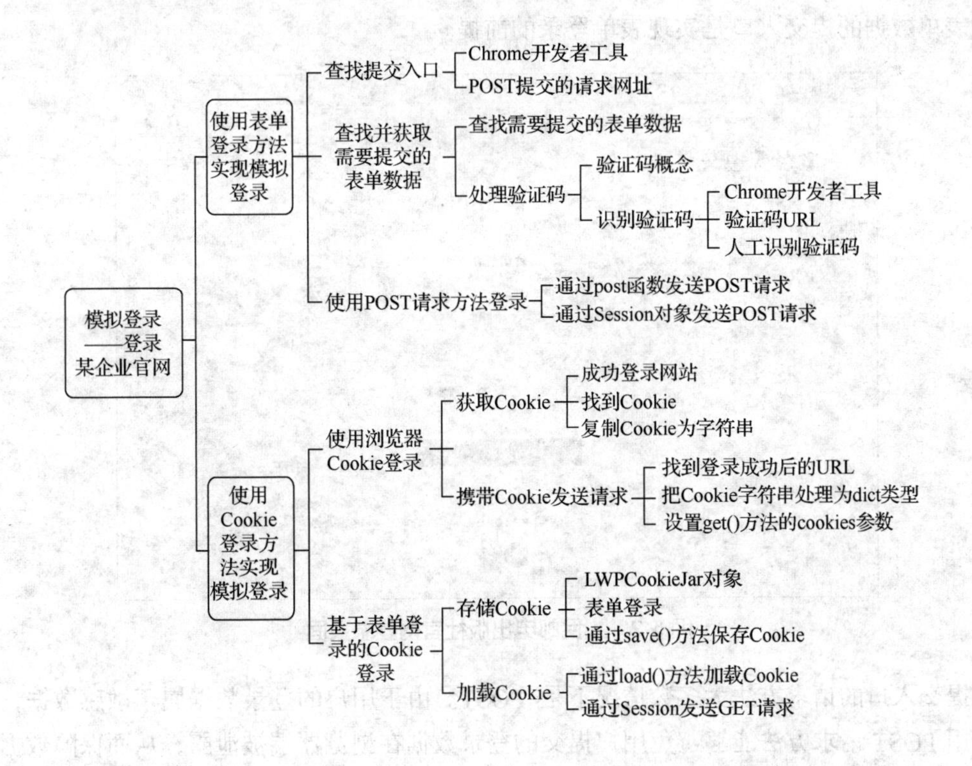

任务 5.1 使用表单登录方法实现模拟登录

微课 5-1 使用表单登录方法实现模拟登录

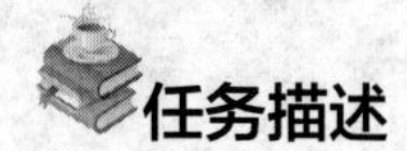

任务描述

表单登录是指通过编写程序模拟浏览器向服务器端发送 POST 请求，提交登录需要的表单数据，获得服务器端认可，返回需要的结果，从而实现模拟登录。本任务使用表单登录的方法模拟登录人民邮电出版社官网，其网址为“https://www.ptpress.com.cn/”。

任务分析

（1）使用 Chrome 开发者工具，查找表单数据的提交入口。
（2）使用 Chrome 开发者工具，查找需要提交的表单数据。
（3）获取验证码图片。
（4）使用 POST 方法向服务器发送登录请求。

5.1.1 查找提交入口

提交入口指的是登录网页（如图 5-2 所示）的表单数据（如用户名、密码、验证码等）的真实提交地址，它不一定是登录网页的地址，出于安全需要它可能会被设计成其他地址。找到表单数据的提交入口是实现表单登录的前提。

图 5-2 人民邮电出版社官网登录页面

提交入口的请求方法大多数情况下是 POST。由于用户的登录数据属于敏感数据，所以使用 POST 请求方法能够避免用户提交的登录数据在浏览器端被泄露，从而保障数据的安全。因此，请求方法是否为 POST，可以作为判断是否为提交入口的依据。

使用 Chrome 开发者工具，查找网页“https://www.ptpress.com.cn/login”的提交入口，步骤如下。

（1）打开人民邮电出版社官网，单击页面上方中间的“登录”按钮，进入登录页面，如图 5-2 所示。

（2）在登录页面右击，在弹出的快捷菜单中，选择“检查”选项，如图 5-3 所示。

图 5-3 使用“检查”选项打开 Chrome 开发者工具

也可以在 Chrome 浏览器右上角的菜单中，单击地址栏最右侧的 ⋮ 按钮，选择“更多工具”下的“开发者工具”选项，打开开发者工具，如图 5-4 所示。此外，用户还可以通过“F12”键或“Ctrl+Shift+I”组合键打开开发者工具。

图 5-4 使用右上角菜单打开 Chrome 开发者工具

（3）打开 Chrome 开发者工具后，打开“网络”面板，勾选“保留日志”复选框，按“F5”键刷新网页显示各项资源，如图 5-5 所示。

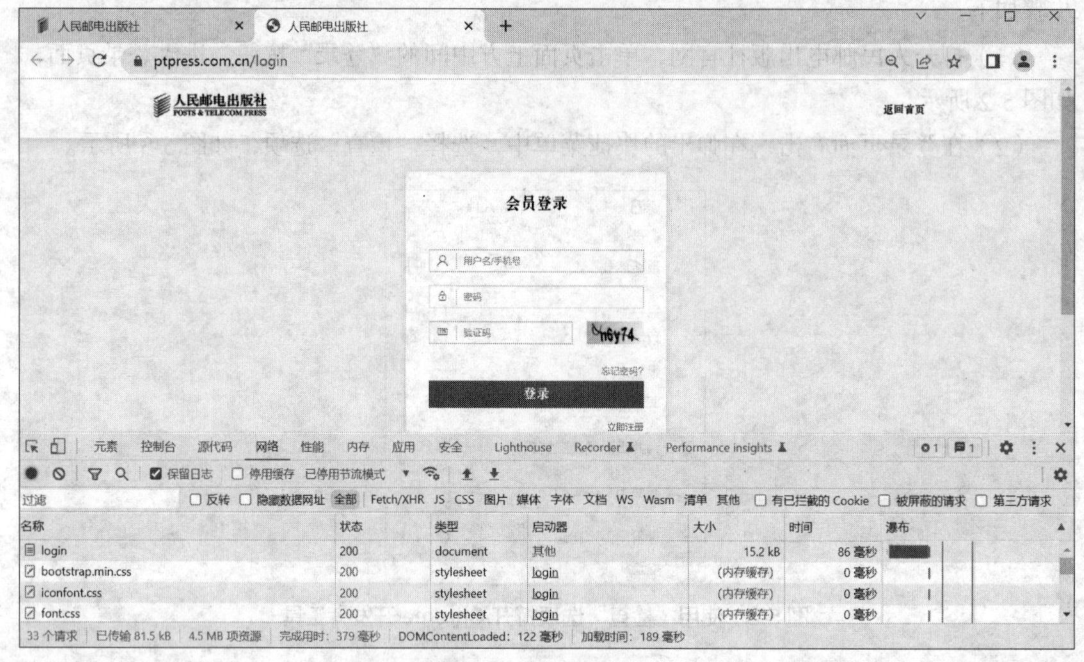

图 5-5 显示各项资源

（4）在登录页面输入账号（用户名/手机号）、密码、验证码，如图 5-6 所示，单击“登录”按钮，提交表单数据，此时会加载新的资源。

图 5-6 输入登录信息

（5）观察 Chrome 开发者工具左侧的资源，找到“login”资源并单击，观察右侧的“标头”标签下的“常规”信息，如图 5-7 所示。可以发现“请求方法”的信息为“POST”，即请求方法为 POST，可以判断“请求网址”的信息即提交入口。

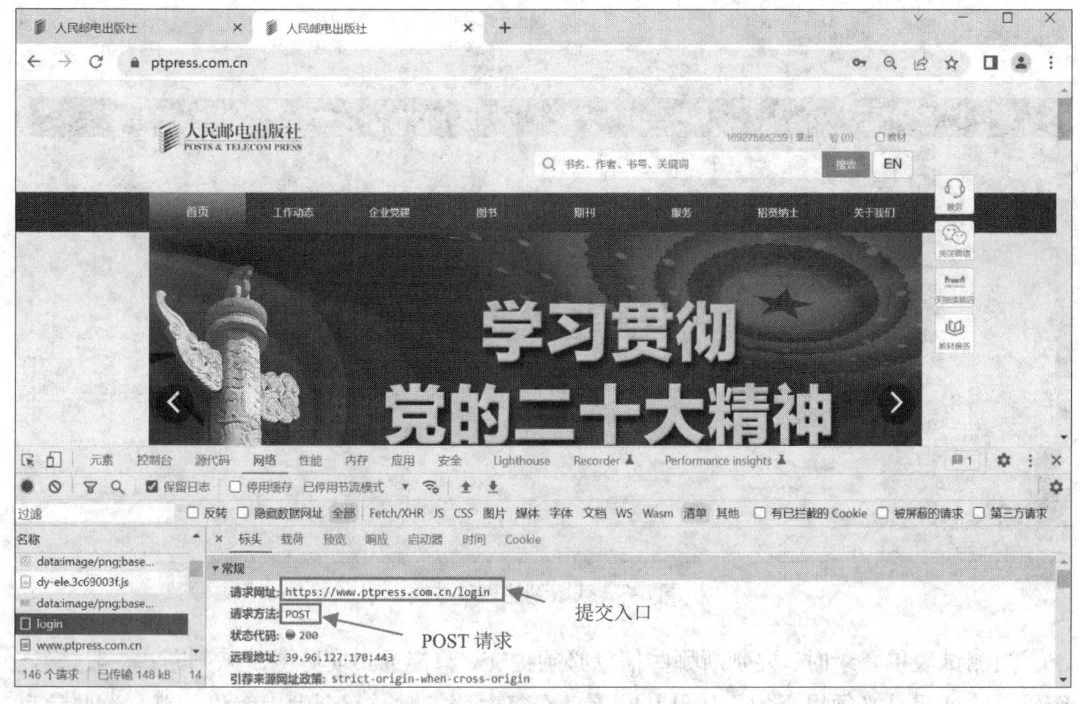

图 5-7 获取到的提交入口

5.1.2 查找并获取需要提交的表单数据

登录网页一般最少需要两个内容：账号和密码。除此之外，有很多网页还需要用户填写验证码，自动生成认证信息，然后把认证信息提交给服务器。注意：具体需要提交什么数据，需要先查找提交表单时所需要的表单数据。

1. 查找需要提交的表单数据

需要提交的表单数据是指向提交入口（代表服务器端）发送登录请求时，服务器端要求提交的表单数据，一般包括但不限于账号、密码、验证码。需要提交的表单数据一般多于登录网页要求输入的表单数据，由于某些需要提交的表单数据是在用户登录时自动生成并提交的，所以在登录网页是看不到的。

需要注意的是，与爬取无须登录的网页相同，爬取需要登录的网页时，如果要向服务器端提交请求，那么必须带上请求头信息，伪装成浏览器进行提交，否则服务器端会拒绝该请求。除了常规的 User-Agent 信息外，一些网站可能出于安全需要，强制客户端必须带上某些指定的请求头信息，这就需要模拟登录时带上这些请求头信息。

在 5.1.1 小节中，使用 Chrome 开发者工具获取了提交入口，在“载荷”标签中，“表单数据”信息为服务器端获取到的表单数据，如图 5-8 所示。其中，“username”表示账号，

“password”表示密码，“verifyCode”表示验证码。

图 5-8　获取到的表单数据

当测试表单登录时，要判断哪些信息必须提交，只能通过实际测试来判断；一般账号、密码、验证码是必须提交的。如果某些信息在每次请求时，都会发生变化，那么这些信息通常也是需要提交的。对于需要提交且每次登录都不会改变的数据，直接提交即可。但对于需要提交且每次登录都会改变的数据，必须想方设法获取。例如，在本小节中，“verifyCode”信息的值每次登录都会改变，且该信息是必须要提交的，所以用户在模拟登录时需要获取到它的值。

2. 处理验证码

验证码（CAPTCHA）的目的是区分人类和机器的操作，能够有效防止非人类的用户恶意注册网站等，防止黑客对某一个特定注册用户用特定程序暴力破解的方式进行不断登录尝试，因此也成了反爬虫的一种技术手段。为此，验证码成为表单登录的主要障碍，要实现表单模拟登录，必须先获取验证码图片，而后识别验证码。当然，随着技术的发展，验证码的形式也比较多，有字符验证码、点选验证码、滑块验证码等。

在模拟登录的过程中，识别验证码的方法主要有 3 种：人工识别、编写程序自动识别、使用打码接口识别。编写程序自动识别验证码的方法涉及图像处理相关知识，难度较高且原理复杂，故本书不涉及；而使用打码接口识别验证码需支付一定的费用。因此，本小节主要介绍人工识别验证码的方法，其操作简单且无须支付额外费用。

人工识别验证码分为 3 个步骤：获取验证码图片的地址；将验证码图片下载到本地；识别验证码。其中，获取验证码图片的地址最为关键，需要借助 Chrome 开发者工具。需要注意的是，有时获取的地址并不是验证码图片的直接地址，可能是验证码接口，若获取的是验证码接口，则需要进一步从接口中获取图片。

获取验证码图片的地址的步骤如下。

① 打开网站，进入登录页面，若已登录须先退出。打开 Chrome 开发者工具后打开“网络”面板，按“F5”键刷新得到新网页。

② 观察 Chrome 开发者工具左侧的资源，找到“kaptcha.jpg? v=0.7038940961211786”资源并单击，观察右侧的“预览”标签，若显示验证码图片，如图 5-9 所示，则“kaptcha.jpg? v=0.7038940961211786”资源下“标头”标签的“请求网址”信息即验证码图片的地址，如图 5-10 所示。

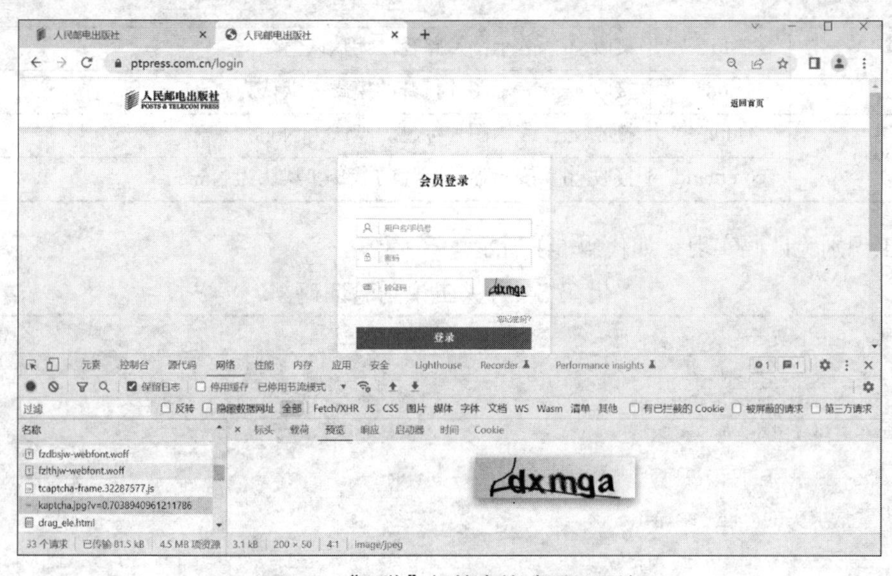

图 5-9 “预览”标签中的验证码图片

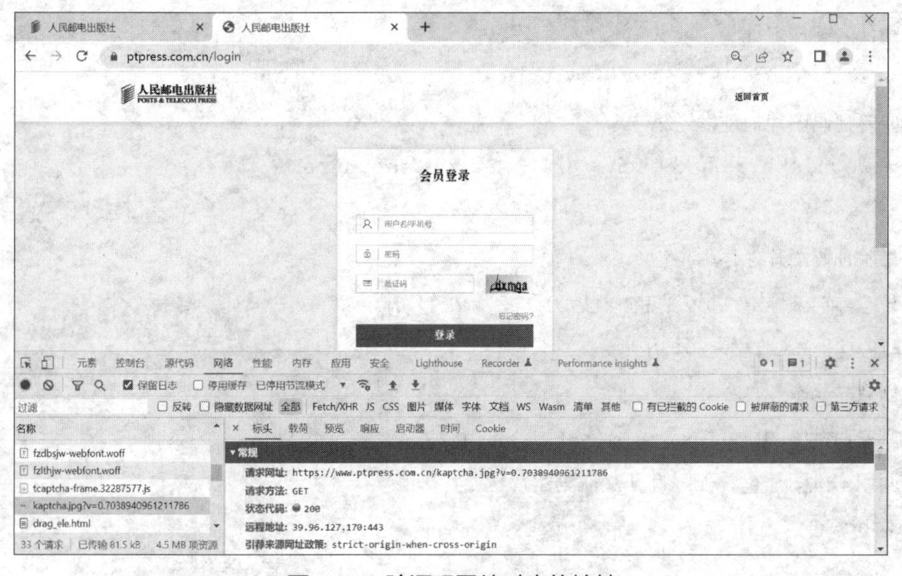

图 5-10 验证码图片对应的地址

获取验证码图片的地址后，需要对图片对应的地址发送请求，将图片下载到本地，最后人工打开图片识别验证码。使用 PIL 库的 Image 模块可以自动调用本机的图片查看程序打开验证码图片，效率更高。Image 模块自动打开图片分为两步：使用 open 函数创建一个 Image 对象；使用 show()方法显示图片。open 函数和 show()方法的基本语法格式如下。

```
Image.open(fp, mode='r')
Image.show(title=None, command=None)
```

open 函数和 show()方法的常用参数及其说明如表 5-1 所示。

表 5-1　open 函数和 show()方法的常用参数及其说明

函数/方法	参数名称	说明
open	fp	接收 str。表示图片路径。无默认值
	mode	接收 str。表示图片打开的模式。默认为'r'
show()	title	接收 str。表示图片标题。默认为 None
	command	接收 str。表示显示图片的命令。默认为 None

人工识别验证码实现，如代码 5-1 所示。

代码 5-1　人工识别验证码

```
>>> # 导入 Requests 库
>>> import requests
>>> # 导入 PIL 库的 Image 模块
>>> from PIL import Image
>>> # 设置请求头的 User-Agent
>>> headers = {'User-Agent': 'Mozilla/5.0 (Windows NT 10.0; Win64; x64) AppleWebKit/537.36 (KHTML, like Gecko) Chrome/106.0.0.0 Safari/537.36'}
>>> # 验证码图片地址
>>> kaptcha_url = 'https://www.ptpress.com.cn/kaptcha.jpg'
>>> # 向验证码图片地址发送请求
>>> r = requests.get(kaptcha_url, headers=headers)


>>> # 将验证码图片保存到本地
>>> with open('../tmp/kaptcha.jpg', 'wb') as f:
      f.write(r.content)
>>> # 创建 Image 对象
>>> im = Image.open('../tmp/kaptcha.jpg')
>>> # 调用本机图片查看程序打开验证码图片
>>> im.show()
```

```
>>> # 输入验证码图片上的字符，然后按“Enter”键
>>> kaptcha = input('请输入验证码：')
>>> # 输出验证码字符
>>> print('获取的验证码为：', kaptcha)
获取的验证码为：bncw4
```

注：由于验证码每次都会发生变换，所以每一次的输出结果可能不同。

5.1.3　使用 POST 请求方法登录

POST 请求方法能够保障用户提交数据的安全，因此它一般被需要登录的网站所采用。Requests 库的 post 函数能够以 POST 请求方法向服务器端发送请求，它会返回一个 Response <Response>对象。post 函数的基本语法格式如下。

```
requests.post(url, headers=None, data=None, json=None, **kwargs)
```

post 函数的常用参数及其说明如表 5-2 所示。

表 5-2　post 函数常用的参数及其说明

参数名称	说明
url	接收 str。表示提交入口。无默认值
headers	接收 dict。表示请求的请求头。默认为 None
data	接收 dict。表示需要提交的表单数据。默认为 None
json	接收 JSON 数据，表示请求数据中的 JSON 数据。默认为 None

使用 post 函数向人民邮电出版社官网的登录页面发送请求，即向网页“https://www.ptpress.com.cn/login”发送请求，如代码 5-2 所示。

代码 5-2　使用 post 函数发送请求

```
>>> # 将需要提交的表单数据存放至字典中
>>> login_data = {'username': '18927565259', 'password': '@tipdm666', 'verifyCode':
'bncw4'}
>>> # 提交入口
>>> url = 'https://www.ptpress.com.cn/login'
>>> # 发送请求
>>> r = requests.post(url, data=login_data)
>>> print('发送请求后返回的状态码为：', r.status_code)
发送请求后返回的状态码为： 200
>>> # 查看响应内容
>>> print('响应内容：', r.text)
响应内容： {"data":null,"msg":"验证码错误！","success":false}
```

需要注意的是，若某些需要提交的表单数据是通过请求的方式获得的，则发送此请求的客户端与最后发送 POST 请求的客户端必须是同一个，否则将会导致最后表单登录的请求失败。这是因为当客户端不同时，请求得到的表单数据和最后发送 POST 请求时服务器端要求的表单数据是不匹配的。

Cookie 可用于服务器端识别客户端，当发送请求的客户端使用同样的 Cookie 时，即可认定客户端是同一个。Requests 库的会话对象 Session 能够跨请求地保持某些参数，例如，它令发送请求的客户端享有相同的 Cookie，从而保证表单数据的匹配。以 POST 请求方法为例，通过 Session 对象发送 POST 请求的基本语法格式如下。

```
s = requests.Session()
s.post(url, data=None, json=None, **kwargs)
```

使用 Session 对象向人民邮电出版社官网的登录页面“https://www.ptpress.com.cn/login”发送请求，如代码 5-3 所示。

代码 5-3 使用 Session 对象发送请求

```
>>> # 将需要提交的表单数据存放至字典中
>>> login_data = {'username': '18927565259', 'password': '@tipdm666', 'verifyCode':
'bncw4'}
>>> # 提交入口
>>> url = 'https://www.ptpress.com.cn/login'
>>> # 创建 Session 对象
>>> s = requests.Session()
>>> # 使用 Session 对象发送请求
>>> r = s.post(url, data=login_data)
>>> print('发送请求后返回的状态码为：', r.status_code)
发送请求后返回的状态码为： 200
```

模拟登录是为了爬取需要登录才能访问的网页。当进行模拟登录操作后，若对原先需要登录才能访问的网页发送请求能够返回需要的信息（一般是源代码），则证明模拟登录成功。需要注意的是，返回状态码 200 并不能证明登录成功，它只能表明表单数据被成功发送出去。

针对人民邮电出版社官网“https://www.ptpress.com.cn”，用户只有登录以后才能访问会员中心，其登录网址为“https://www.ptpress.com.cn/login”。在模拟登录后，若向该网址发送请求能够返回需要的信息，则证明登录成功，否则失败。以此作为是否成功登录的判断标准较为准确，但稍显麻烦。经测试发现，访问模拟登录后返回的 Response 对象的 url 属性（格式如 r.url），若返回的 URL 为“https://www.ptpress.com.cn/”，则也可证明登录成功，其原因为它是在成功登录后返回的网址，否则返回的是提交入口 URL“https://www.ptpress.com.cn/login”。需要注意的是，每个网页判断登录成功的方法均不一样，但最终标准只有一个，即能够从需要登录的网页返回需要的信息。

使用Requests库中的post函数，结合5.1.1小节和5.1.2小节已经实现的步骤，模拟登录人民邮电出版社官网"https://www.ptpress.com.cn"。若最后返回的网址为"https://www.ptpress.com.cn/"，则说明登录成功。使用表单登录方法模拟登录网页"https://www.ptpress.com.cn/"，如代码5-4所示。

代码5-4 使用表单登录方法模拟登录网页"https://www.ptpress.com.cn/"

```
>>> import requests
>>> from PIL import Image

>>> # 创建Session对象
>>> s = requests.Session()
>>> # 提交入口
>>> login_url = 'https://www.ptpress.com.cn/login'
>>> # 请求头的User-Agent
>>> headers = {'User-Agent': 'Mozilla/5.0 (Windows NT 10.0; Win64; x64) AppleWebKit/537.36 (KHTML, like Gecko) Chrome/106.0.0.0 Safari/537.36'}
>>> # 定义识别验证码方法
>>> def get_kaptcha():
        # 验证码图片对应地址
        kaptcha_url = 'https://www.ptpress.com.cn/kaptcha.jpg'
        # 向验证码图片地址发送请求，获取图片
        r = s.get(kaptcha_url, headers=headers)
        # 将图片保存到本地
        with open('../tmp/kaptcha.jpg','wb') as f:
            f.write(r.content)
        # 创建Image对象
        img = Image.open('../tmp/kaptcha.jpg')
        # 查看验证码图片
        img.show()
        # 人工识别验证码并输入，然后按"Enter"键
        verifyCode = input('请输入验证码：')
        return verifyCode

>>> # 构建需要提交的表单数据（字典形式）
>>> login_data = {'username': '18927565259', 'password': '@tipdm666', 'verifyCode': get_kaptcha()}
>>> # 提交表单数据，向提交入口发送POST请求
```

```
>>> r = s.post(login_url, data=login_data, headers=headers)
>>> # 测试是否成功登录
>>> print('发送请求后返回的网址为：', r.url)
发送请求后返回的网址为： https://www.ptpress.com.cn/
```

任务 5.2 使用 Cookie 登录方法实现模拟登录

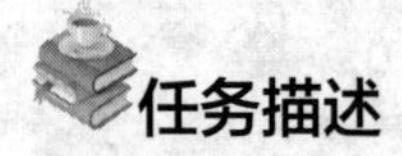

任务描述

Cookie 登录是指携带已经成功登录的客户端的 Cookie 向服务器端发送请求，此时服务器端会认定发送请求的客户端已经成功登录，会返回客户端需要的结果。表单登录是获得成功登录的 Cookie 的手段之一，相对于表单登录，Cookie 登录的好处是节约时间。Cookie 登录无须再向提交入口发送 POST 请求，因此也无须输入验证码，实现难度也较小。本任务使用 Cookie 登录的方法模拟登录人民邮电出版社官网“https://www.ptpress.com.cn/”。

任务分析

（1）使用 Chrome 开发者工具获取浏览器的 Cookie，实现模拟登录。

（2）加载已经保存的表单登录后的 Cookie，实现模拟登录。

5.2.1 使用浏览器 Cookie 登录

微课 5-2 使用浏览器 Cookie 登录

Cookie 保存在发起请求的客户端（如浏览器）中，服务器端使用 Cookie 来区分不同的客户端。Cookie 是服务器端识别客户端身份，保存客户端信息（如登录状态）的重要工具。这意味着，只要获得某客户端的 Cookie，便可模仿它与服务器进行“对话”，获得服务器端的认可，从而实现模拟登录的目的。需要注意的是，Cookie 具有时效性，失效的 Cookie 会导致登录失败，此外，原客户端退出登录，也会导致登录失败。

使用浏览器 Cookie 登录是指使用从浏览器（客户端）获取到的成功登录的 Cookie 来模拟登录，可以分为以下两个步骤。

1. 获取 Cookie

获取 Cookie 可分以下两个步骤进行。

（1）登录网站。输入账号、密码、验证码，保证成功登录网站。

（2）保存登录成功后返回的网页地址的 Cookie，步骤如下。

① 打开 Chrome 开发者工具后打开“网络”面板，按“F5”键刷新网页，找到左侧的“www.ptpress.com.cn/”资源，它代表的是本网页地址，可以看到“请求网址”的信息与本网页地址相吻合，如图 5-11 所示。

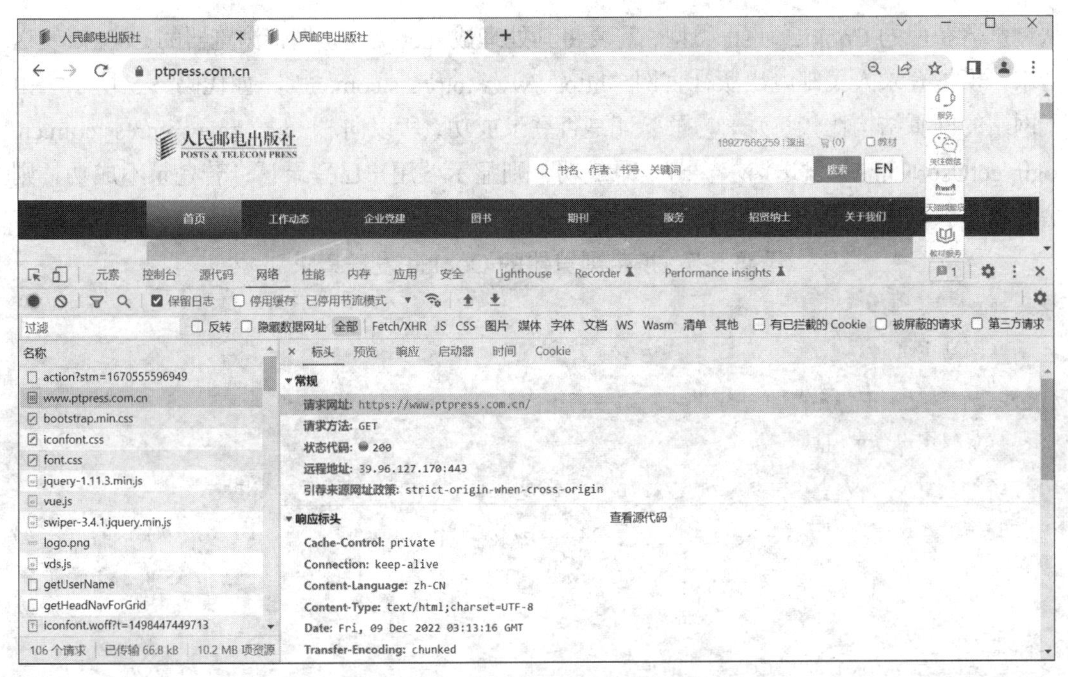

图 5-11　找到返回页面对应的资源

② 观察“标头”标签，找到“Cookie”信息，即登录成功后的 Cookie，将其复制并保存下来，如图 5-12 所示。

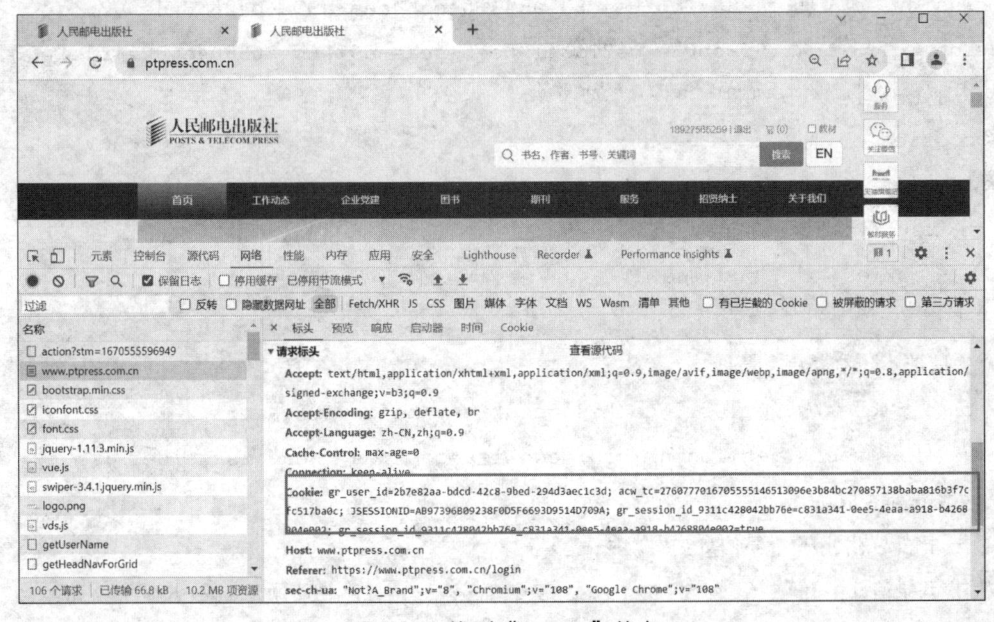

图 5-12　找到“Cookie”信息

2. 携带 Cookie 发送请求

使用 Requests 库的 get()方法设置发送请求，携带 Cookie 的参数是 cookies，它接收 dict。

从浏览器获取的 Cookie 为 str 类型，需要将其处理成 dict 类型。携带浏览器的 Cookie 发送请求，模拟登录人民邮电出版社官网"https://www.ptpress.com.cn/"，如代码 5-5 所示。由于网站的网页结构比较特殊，为了验证是否登录成功，所以向"https://www.ptpress.com.cn/login/getUserName"发送请求。若登录成功，则显示"用户已登录!"；若登录不成功，则会显示"获取用户信息失败!"。

代码 5-5　携带浏览器的 Cookie 发送请求

```
>>> import requests
>>> # 网站主页
>>> url = 'https://www.ptpress.com.cn/'
>>> # 获取用户登录信息
>>> login_info = 'https://www.ptpress.com.cn/login/getUserName'
>>> headers = {'User-Agent': 'Mozilla/5.0 (Windows NT 10.0; Win64; x64) AppleWebKit/537.36 (KHTML, like Gecko) Chrome/106.0.0.0 Safari/537.36'}

>>> # 从浏览器登录后复制 Cookie 信息
>>> cookie_str = 'gr_user_id=2b7e82aa-bdcd-42c8-9bed-294d3aec1c3d; acw_tc=276077701670555514651309 6e3b84bc270857138baba816b3f7cfc517ba0c; JSESSIONID=AB97396B09238F0D5F6693D9514D709A; gr_session_id_9311c428042bb76e=c831a341-0ee5-4eaa-a918-b4268804e002; gr_session_id_9311c428042bb76e_c831a341-0ee5-4eaa-a918-b4268804e002=true'
>>> # 把 Cookie 字符串处理成 dict 类型
>>> cookies = {}
>>> for line in cookie_str.split(';'):
        key, value = line.split('=')
        cookies[key] = value

>>> # 携带 Cookie 发送请求
>>> r1 = requests.get(url, cookies=cookies, headers=headers)
>>> r2 = requests.get(login_info, cookies=cookies, headers=headers)
>>> # 测试是否成功登录
>>> print('获取用户登录信息：', r2.text)
获取用户登录信息： {"data":"18927565259","msg":"用户已登录!","success":true}

>>> # 不携带 Cookie 发送请求
>>> r3 = requests.get(login_info,headers=headers)
>>> # 测试是否成功登录
```

```
>>> print('获取用户登录信息：', r3.text)
获取用户登录信息： {"data":null,"msg":"获取用户信息失败！","success":false}
```

注：Cookie 应为操作者最新登录的 Cookie，否则登录可能不成功。

5.2.2 基于表单登录的 Cookie 登录

微课5-3 基于表单登录的 Cookie 登录

实现第一次表单登录后，可以将 Cookie 保存下来以便下次直接使用。相较于使用浏览器 Cookie 登录的方法，表单登录后的 Cookie 无须处理。此外，Cookie 失效后再次进行表单登录即可获得最新的 Cookie。

基于表单登录的 Cookie 登录，首先需要存储首次登录后的 Cookie，然后加载已保存的 Cookie，具体实现步骤如下。

1. 存储 Cookie

存储和加载 Cookie 需要用到 http 包的 cookiejar 模块，它提供了可存储 Cookie 的对象。cookiejar 模块下的 FileCookieJar 类用于将 Cookie 保存到本地磁盘以及从本地磁盘加载 Cookie 文件。LWPCookieJar 是 FileCookieJar 的子类。LWPCookieJar 对象存储和加载的 Cookie 文件格式为 Set-Cookie3，是比较常用的一种。创建 LWPCookieJar 对象的类是 LWPCookieJar，其基本语法格式如下。

```
class http.cookiejar.LWPCookieJar(filename, delayload=None, policy=None)
```

LWPCookieJar 类的常用参数及其说明如表 5-3 所示。

表 5-3 LWPCookieJar 类的常用参数及其说明

参数名称	说明
filename	接收 str。表示需要打开或保存的文件名。无默认值
delayload	接收 str。表示从磁盘加载 Cookie。默认为 None
policy	接收 str。表示实现了 CookiePolicy 接口的一个对象。默认为 None

LWPCookieJar 对象的 save()方法可用于保存 Cookie，其基本语法格式如下。

```
http.cookiejar.LWPCookieJar.save(filename=None, ignore_discard=False, ignore_
expires=False)
```

save()方法的常用参数及其说明如表 5-4 所示。

表 5-4 save()方法的常用参数及其说明

参数名称	说明
filename	接收 str。表示需要打开或保存的文件名。默认为 None
ignore_discard	接收 bool。表示即使 Cookie 将被丢弃也要将它保存下来。默认为 False
ignore_expires	接收 bool。表示如果在该文件中 Cookie 已经存在，那么覆盖原文件写入。默认为 False

使用 save()方法保存表单登录成功后的 Cookie，保存后的 Cookie 文件放在根目录下，如代码 5-6 所示。

代码 5-6　保存表单登录成功后的 Cookie

```
>>> import requests
>>> from PIL import Image
>>> # 导入 cookiejar 模块
>>> from http import cookiejar

>>> s = requests.Session()
>>> # 创建 LWPCookieJar 对象，若 Cookie 不存在，则建立 Cookie 文件，命名为 cookie
>>> s.cookies = cookiejar.LWPCookieJar('cookie')
>>> login_url = 'https://www.ptpress.com.cn/login'
>>> headers = {'User-Agent': 'Mozilla/5.0 (Windows NT 10.0; Win64; x64)
AppleWebKit/537.36 (KHTML, like Gecko) Chrome/106.0.0.0 Safari/537.36'}

>>> def get_kaptcha():
        kaptcha_url = 'https://www.ptpress.com.cn/kaptcha.jpg'
        response = s.get(kaptcha_url, headers=headers)
        with open('../tmp/kaptcha.jpg','wb') as f:
            f.write(response.content)
        img = Image.open('../tmp/kaptcha.jpg')
        img.show()
        verifyCode = input('请输入验证码：')
        return verifyCode
>>> login_data = {'username': '18927565259', 'password': '@tipdm666', 'verifyCode':
get_kaptcha()}
>>> r = s.post(login_url, data=login_data, headers=headers)
>>> # 测试是否成功登录
>>> print('发送请求后返回的网址为：', r.url)
发送请求后返回的网址为： https://www.ptpress.com.cn/
>>> # 保存 Cookie
>>> s.cookies.save(ignore_discard=True, ignore_expires=True)
```

2. 加载 Cookie

LWPCookieJar 对象的 load()方法用于加载 Cookie，其基本语法格式如下。

```
http.cookiejar.LWPCookieJar.load(filename=None, ignore_discard=False, ignore_
expires=False)
```

load()方法的常用参数及其说明如表 5-5 所示。

表 5-5 load()方法的常用参数及其说明

参数名称	说明
filename	接收 str。表示需要加载的 Cookie 文件名。默认为 None
ignore_discard	接收 bool。表示即使 Cookie 不存在，也要进行加载。默认为 False
ignore_expires	接收 bool。表示是否覆盖原有 Cookie。默认为 False

加载表单登录后的 Cookie 并通过 Session 发送 GET 请求，实现模拟登录，如代码 5-7 所示。

代码 5-7 加载表单登录后的 Cookie 并通过 Session 发送 GET 请求

```
>>> import requests
>>> # 导入 cookiejar 模块
>>> from http import cookiejar
>>> s = requests.session()
>>> s.cookies = cookiejar.LWPCookieJar('cookie')
>>> headers = {'User-Agent': 'Mozilla/5.0 (Windows NT 10.0; Win64; x64) Apple
WebKit/537.36 (KHTML, like Gecko) Chrome/106.0.0.0 Safari/537.36'}
>>> # 判断保存的 Cookie 文件是否存在，若存在，则加载
>>> try:
    s.cookies.load(ignore_discard=True)
>>> except:
    print('Cookie 未能加载！')
>>> login_info = 'https://www.ptpress.com.cn/login/getUserName'
>>> r = s.get(login_info, headers=headers)
>>> print('获取用户登录信息：', r.text)
获取用户登录信息： {"data":"18927565259","msg":"用户已登录!","success":true}
```

小结

本项目以模拟登录人民邮电出版社官网“https://www.ptpress.com.cn/”为主线，主要介绍了以下内容。

（1）模拟登录的两种主要方法，即表单登录和 Cookie 登录。其中，Cookie 登录又分为使用浏览器的 Cookie 登录和基于表单登录的 Cookie 登录。

（2）表单登录的基本流程为：查找提交入口、查找并获取需要提交的表单数据、使用 POST 请求的方法登录。在实际应用中，获取需要提交的表单数据是重点，这是因为各个网站需要提交的表单数据不一样，获取的难度也不一样，但大致的获取流程不变。

（3）Cookie 登录的基本流程为：保存已经成功登录的 Cookie、使用保存的 Cookie 发送请求，进行模拟登录。

实训

实训 1　使用表单登录方法模拟登录古诗文网

1. 训练要点

（1）掌握获取提交入口的方法。

（2）掌握查找并获取需要提交的表单数据的方法。

（3）掌握 POST 请求方法。

2. 需求说明

古诗文网“https://www.gushiwen.cn/”收集了大部分比较常见的古文诗词，同时有翻译、注释、赏析、字典、语音朗读和背诵等功能，是一个适合用户学习古诗文的网站。背诵功能要用户登录账号才能使用。现需要通过表单登录方法模拟登录该网站，要求发送登录请求后输出的 URL 为“https://so.gushiwen.cn/user/collect.aspx”。（注：登录所需的账号、密码用户可自己注册）。

3. 实现思路及步骤

（1）使用 Chrome 开发者工具获取古诗文网的提交入口。

（2）使用 Chrome 开发者工具查找并获取需要提交的表单数据。

（3）发送 POST 请求实现表单登录。

实训 2　使用浏览器 Cookie 模拟登录古诗文网

1. 训练要点

（1）掌握获取浏览器 Cookie 的方法。

（2）掌握使用浏览器 Cookie 登录的方法。

2. 需求说明

使用浏览器 Cookie 登录的方法模拟登录古诗文网。要求发送登录请求后，在输出响应对象的 text 属性内容中，包含登录账户信息。

3. 实现思路及步骤

（1）使用 Chrome 开发者工具获取浏览器 Cookie。

（2）处理已获取的浏览器 Cookie 数据，将其数据类型转换为 dict。

（3）携带浏览器 Cookie 发送请求。

实训 3　基于表单登录后的 Cookie 模拟登录古诗文网

1. 训练要点

（1）掌握 http 包的 cookiejar 模块存储 Cookie 的方法。

（2）掌握 http 包的 cookiejar 模块加载 Cookie 的方法。

2. 需求说明

在实训 1 中已实现表单登录，基于表单登录后的 Cookie 实现模拟登录。要求向网页发送请求后，在输出响应对象的 text 属性内容中，包含登录账户信息。

3. 实现思路及步骤

（1）表单登录，使用 http 包的 cookiejar 模块存储 Cookie。

（2）使用 http 包的 cookiejar 模块加载已经存储的 Cookie。

注：若在调用 save()方法时报错，可以考虑把 cookiejar.py 中的 1842 和 1843 行代码注释后保存，重新运行。

思考题

【导读】随着“数字化”时代来临以及计算机、手机的普及，每个人可能都需要登录一些网站（如淘宝网等）来实现自己的需求；同时一些网站为了方便用户，推出了免登录等技术，实现用户自动登录网站。但这也为一些不法分子利用该技术获取个人账户信息提供了条件，而个人信息的泄露可能会带来巨大的经济损失。

【思考题】假如你使用了别的计算机登录了网站或把自己的计算机借给别人使用，该怎么有效地保证登录信息不被别人获取呢？

课后习题

1. 选择题

（1）验证码的作用不包括（　　）。

A. 防止恶意破解密码

B. 防止机器刷票

C. 防止论坛“灌水”

D. 防止恶意访问网站

（2）表单登录需要使用的请求方法是（　　）。

A. GET　　B. POST　　C. PUT　　D. DELETE

（3）【多选题】使用 Requests 库的 get()方法设置发送请求，携带 Cookie 的参数是 cookies，它接收的数据类型包括（　　）。

A. dict　　B. CookieJar　　C. list　　D. str

（4）关于 LWPCookieJar 对象，下列说法错误的是（　　）。

A. 用于存储和加载 Cookie　　B. 存储 Cookie 的方法是 save()

C. 加载 Cookie 的方法是 load()　　D. FileCookieJar 是 LWPCookieJar 的子类

（5）在 PIL 库的 Image 模块中，加载图像的方法是（　　）。

A. open()　　B. save()　　C. load()　　D. crop()

2. 操作题

查找名著小说网的提交入口并采取不同的方式进行模拟登录。

项目6 终端协议分析——爬取某音乐PC客户端和App客户端数据

项目背景

在互联网中，数据是“无价之宝”，数据是做出有效决策的基础，可以说谁拥有了大量的数据，就拥有了决策的主动权。如何有效地获取并利用这些数据成为一个巨大的挑战。随着Web端的反爬虫方式越来越多，JavaScript调试越来越复杂，实现Web端爬虫也越来越困难。于是，爬虫的目标逐渐转向了个人计算机（Personal Computer，PC）客户端和App客户端。

就酷我音乐这类既有Web端，又有PC客户端，还有App客户端的跨终端应用而言，虽然在Web端、PC客户端和App客户端上都可以在线听音乐、获取歌曲和专辑信息，但是酷我音乐的请求链接是加密的，在Web端实现爬虫会比较困难。如果将爬虫伪装成PC客户端和App客户端来模拟它们的请求方式，并通过抓包对网络上传输的数据进行抓取、分析，那么可以比较容易地对酷我音乐的数据进行爬取。酷我音乐PC客户端首页如图6-1所示。

图6-1　酷我音乐PC客户端首页

学习目标

1. 技能目标

（1）能够安装和配置 HTTP Analyzer、Fiddler 工具。

（2）能够使用 HTTP Analyzer 工具抓取酷我音乐 PC 客户端的包。

（3）能够爬取酷我音乐 PC 客户端的数据。

（4）能够使用 Fiddler 工具抓取酷我音乐 App 客户端的包。

（5）能够利用 Fiddler 工具抓取的包，爬取酷我音乐 App 客户端的数据。

2. 知识目标

（1）了解 HTTP Analyzer 工具的基础知识。

（2）掌握酷我音乐 PC 客户端数据的爬取流程。

（3）了解 Fiddler 工具的基础知识。

（4）掌握 HTTP Analyzer 和 Fiddler 工具的抓包和数据分析方法。

（5）掌握酷我音乐 App 客户端的数据分析方法。

3. 素质目标

（1）在使用爬虫技术进行数据采集时，应同步实现正向信息的获取、正确舆论的吸收和符合时代主旋律的节奏。

（2）提高在获取数据后，利用网页开发技术或移动开发技术，将获取到的数据进行整合、交流、分享的能力。

（3）提高自我学习意识，推动技术经验交流、资源收集、技术服务训练等实践性内容的学习。

思维导图

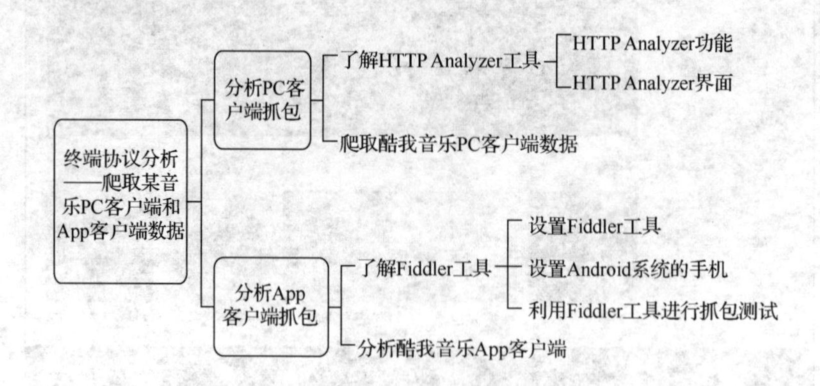

微课 6-1 分析 PC 客户端抓包

任务 6.1 分析 PC 客户端抓包

任务描述

终端协议是网络上设备之间通信规则的集合，通过终端协议可以获取 PC 客户端和 App 客户端数据。常用的 PC 客户端抓包工具有 Wireshark、HTTP Analyzer 等。Wireshark 适合几乎所有网络协议的分析，功能强大，但相对臃肿。HTTP Analyzer 则更专注于对 HTTP/HTTPS 数据流的分析，还提供了针对某个进程进行抓包的功能。本任务使用 HTTP Analyzer 工具实现酷我音乐 PC 客户端分析。

任务分析

（1）了解 HTTP Analyzer 工具的基本功能。

（2）利用 HTTP Analyzer 工具进行抓包。

（3）通过抓包分析获得在酷我音乐 PC 客户端搜索的数据。

6.1.1 了解 HTTP Analyzer 工具

HTTP Analyzer 工具是一款实时分析 HTTP/HTTPS 数据流的工具，可以实时捕捉 HTTP/HTTPS 数据。其包含许多信息，如文件头、HTML 内容、Cookie、查询字符串、提交的数据、重定向的 URL 等；还可以提供缓冲区信息、清理对话内容、HTTP 状态信息和其他过滤选项。HTTP Analyzer 工具还是一款可用于分析、调试和诊断的开发工具，它可以集成在浏览器中爬取 HTML 信息，也可安装为单独的应用程序。注意：本项目使用的是 HTTP Analyzer V7.6。

HTTP Analyzer 工具的主界面如图 6-2 所示。单击主界面左上方的“开始”按钮，即可开始记录当前处于会话状态的所有应用程序的 HTTP 流量信息。如果当前没有正在进行网络会话的应用程序，那么可以在单击“开始”按钮后，使用浏览器打开任意一个网页，即可看到相应的 HTTP 流量信息。如果当前有应用程序正在进行网络会话，那么可看到中间的窗口部分会显示一条或多条详细的 HTTP 流量信息，如图 6-3 所示。单击该图中任意 HTTP 连接，即可查看该连接所对应的详细信息，捕获到的 HTTP 连接信息显示在中间的窗口中，每个窗口显示的具体信息如下。

（1）窗口 1 显示了所有的 HTTP 连接的流量信息，并可以根据进程和时间进行归类排序。

（2）窗口 2 以选项卡的形式显示了选中的 HTTP 连接的详细信息，包括 Request-Line、Host、Connection、Accept、User-Agent 等。

（3）窗口 3 显示了当前连接所属进程的相关信息。

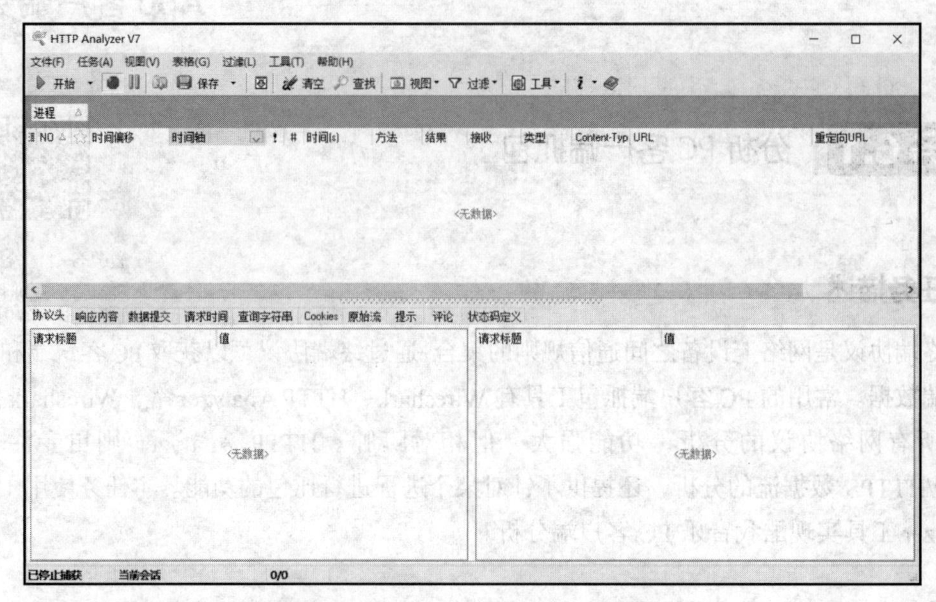

图 6-2　HTTP Analyzer 工具主界面

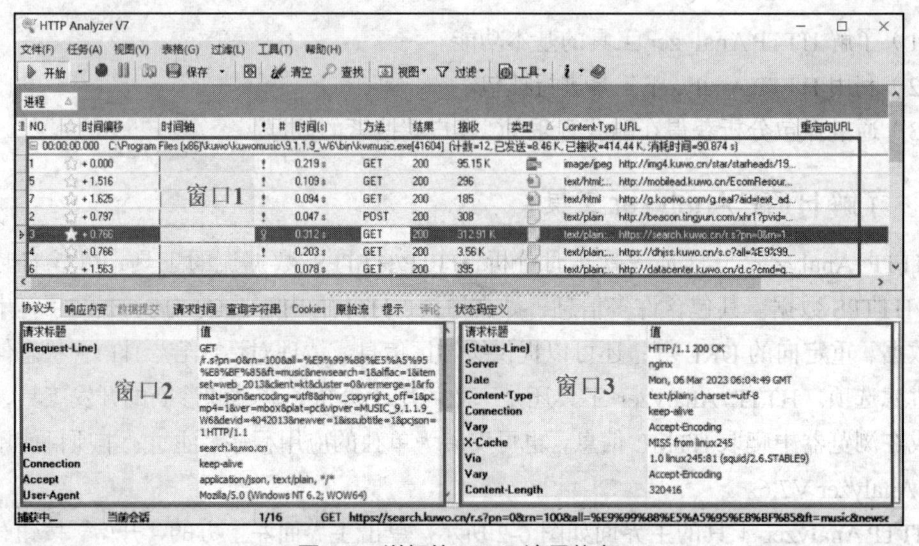

图 6-3　详细的 HTTP 流量信息

单击“进程”下拉框，可以根据进程来过滤数据，如图 6-4 所示。

(All)
(Custom...)
WebBrowsers
IE, FireFox and Chrome
IE and FireFox
FireFox
IE
|0000|0
|0001|D:\Fidderler\Fiddler\Fiddler.exe
|0002|0
|0003|0
|0004|0
|0005|System

图 6-4　进程对应的内容

以 text/html 为过滤条件，单击“类型”下拉框，选择“text/html”选项，如图 6-5 所示，即可通过数据类型进行过滤，以得到想要的结果。

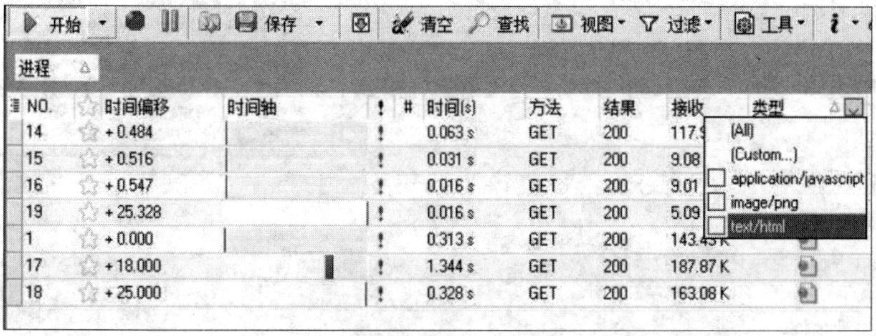

图 6-5　通过数据类型进行过滤

6.1.2　爬取酷我音乐 PC 客户端数据

使用 HTTP Analyzer 工具分别获取酷我音乐 PC 客户端中歌手的个人信息、热门歌曲、专辑信息及热门评论等数据，具体步骤如下。

（1）打开酷我音乐 PC 客户端，如图 6-1 所示。

（2）启动 HTTP Analyzer，选择仅显示酷我音乐 PC 客户端信息的进程，在酷我音乐 PC 客户端中的搜索框搜索某歌手，可以看到如图 6-6 所示的抓包效果。

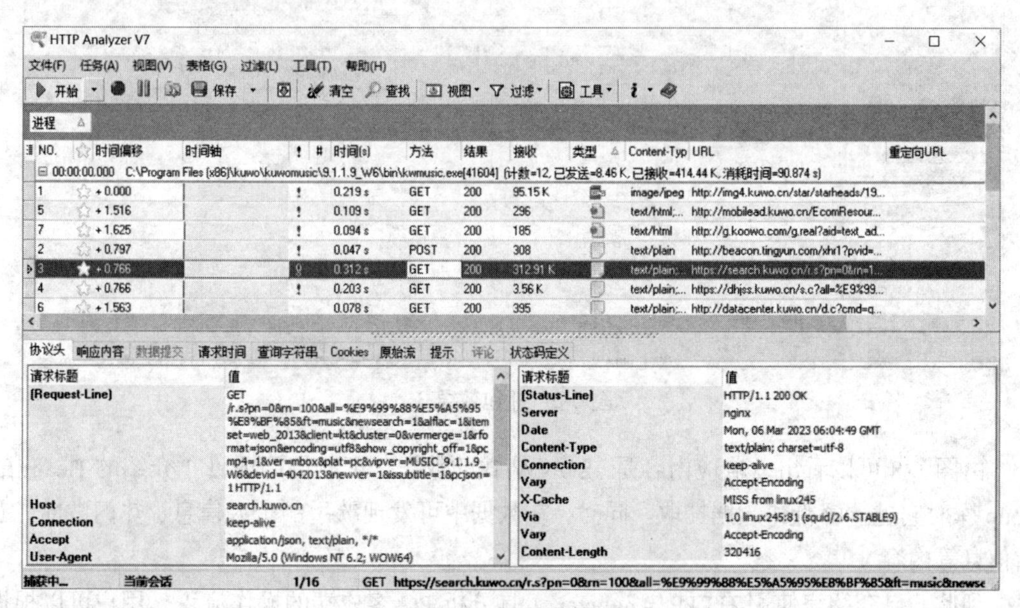

图 6-6　抓包效果 1

（3）针对图 6-6 所示的抓包效果，主要关注搜索请求的类型和响应，可以发现，该搜索使用的是 GET 请求。选择相关请求链接后，“查询字符串”结果如图 6-7 所示，“响应内容”结果如图 6-8 所示。

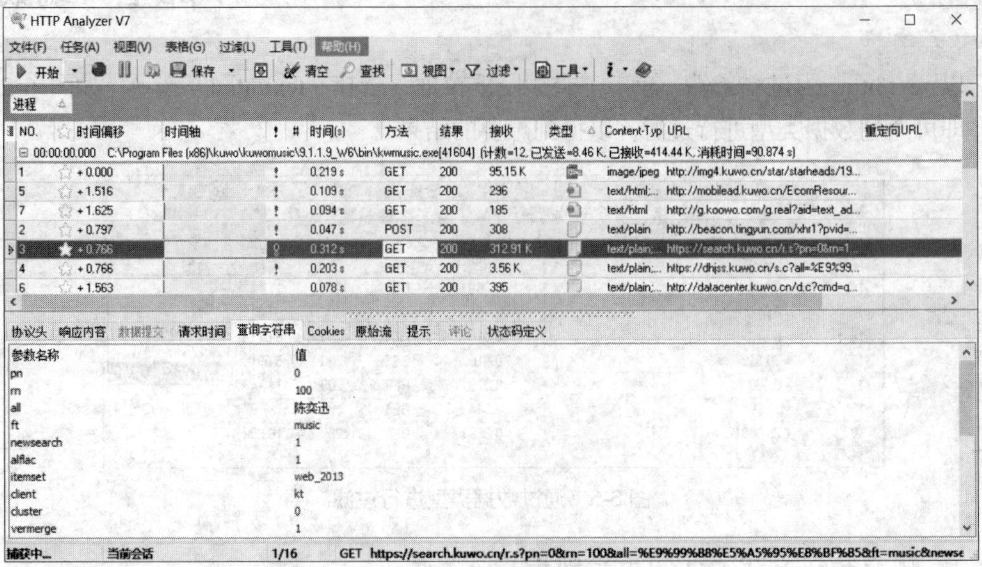

HTTP Analyzer V7

文件(F)　任务(A)　视图(V)　表格(G)　过滤(L)　工具(T)　帮助(H)

开始　保存　清空　查找　视图　过滤　工具

进程

NO.	时间偏移	时间轴	!	#	时间(s)	方法	结果	接收	类型	Content-Typ	URL	重定向URL
00:00:00.000	C:\Program Files (x86)\kuwo\kuwomusic\9.1.1.9_W6\bin\kwmusic.exe[41604] (计数=12, 已发送=8.46 K, 已接收=414.44 K, 消耗时间=90.874 s)											
1	+ 0.000		!		0.219 s	GET	200	95.15 K		image/jpeg	http://img4.kuwo.cn/star/starheads/19...	
5	+ 1.516		!		0.109 s	GET	200	296		text/html;...	http://mobilead.kuwo.cn/EcomResour...	
7	+ 1.625		!		0.094 s	GET	200	185		text/html	http://g.koowo.com/g.real?aid=text_ad...	
2	+ 0.797		!		0.047 s	POST	200	308		text/plain	http://beacon.tingyun.com/xhr1?pvid=...	
3	+ 0.766		!		0.312 s	GET	200	312.91 K		text/plain;...	https://search.kuwo.cn/r.s?pn=0&rn=1...	
4	+ 0.766		!		0.203 s	GET	200	3.56 K		text/plain;...	https://dhjss.kuwo.cn/s.c?all=%E9%99...	
6	+ 1.563		!		0.078 s	GET	200	395		text/plain;...	http://datacenter.kuwo.cn/d.c?cmd=q...	

协议头　响应内容　数据提交　请求时间　查询字符串　Cookies　原始流　提示　评论　状态码定义

参数名称	值
pn	0
rn	100
all	陈奕迅
ft	music
newsearch	1
alflac	1
itemset	web_2013
client	kt
cluster	0
vermerge	1

捕获中...　当前会话　1/16　GET https://search.kuwo.cn/r.s?pn=0&rn=100&all=%E9%99%88%E5%A5%95%E8%BF%85&ft=music&newse

图 6-7　抓包效果 2

HTTP Analyzer V7

文件(F)　任务(A)　视图(V)　表格(G)　过滤(L)　工具(T)　帮助(H)

开始　保存　清空　查找　视图　过滤　工具

进程

NO.	时间偏移	时间轴	!	#	时间(s)	方法	结果	接收	类型	Content-Typ	URL	重定向URL
00:00:00.000	C:\Program Files (x86)\kuwo\kuwomusic\9.1.1.9_W6\bin\kwmusic.exe[41604] (计数=12, 已发送=8.46 K, 已接收=414.44 K, 消耗时间=90.874 s)											
1	+ 0.000		!		0.219 s	GET	200	95.15 K		image/jpeg	http://img4.kuwo.cn/star/starheads/19...	
5	+ 1.516		!		0.109 s	GET	200	296		text/html;...	http://mobilead.kuwo.cn/EcomResour...	
7	+ 1.625		!		0.094 s	GET	200	185		text/html	http://g.koowo.com/g.real?aid=text_ad...	
2	+ 0.797		!		0.047 s	POST	200	308		text/plain	http://beacon.tingyun.com/xhr1?pvid=...	
3	+ 0.766		!		0.312 s	GET	200	312.91 K		text/plain;...	https://search.kuwo.cn/r.s?pn=0&rn=1...	
4	+ 0.766		!		0.203 s	GET	200	3.56 K		text/plain;...	https://dhjss.kuwo.cn/s.c?all=%E9%99...	
6	+ 1.563		!		0.078 s	GET	200	395		text/plain;...	http://datacenter.kuwo.cn/d.c?cmd=q...	

协议头　响应内容　数据提交　请求时间　查询字符串　Cookies　原始流　提示　评论　状态码定义

text/plain: 320416 bytes　　操作　导出...

F　Hex　数据　JSON

Name	类型	Value
[0]	object	
AARTIST	object	"Eason Chan"
ALBUM	object	"孤勇者"
ALBUMID	object	"24212014"
ARTIST	object	"陈奕迅"
ARTISTID	object	"47"
COPYRIGHT	object	"0"
CanSetRing	object	"1"

捕获中...　当前会话　1/16　GET https://search.kuwo.cn/r.s?pn=0&rn=100&all=%E9%99%88%E5%A5%95%E8%BF%85&ft=music&newse

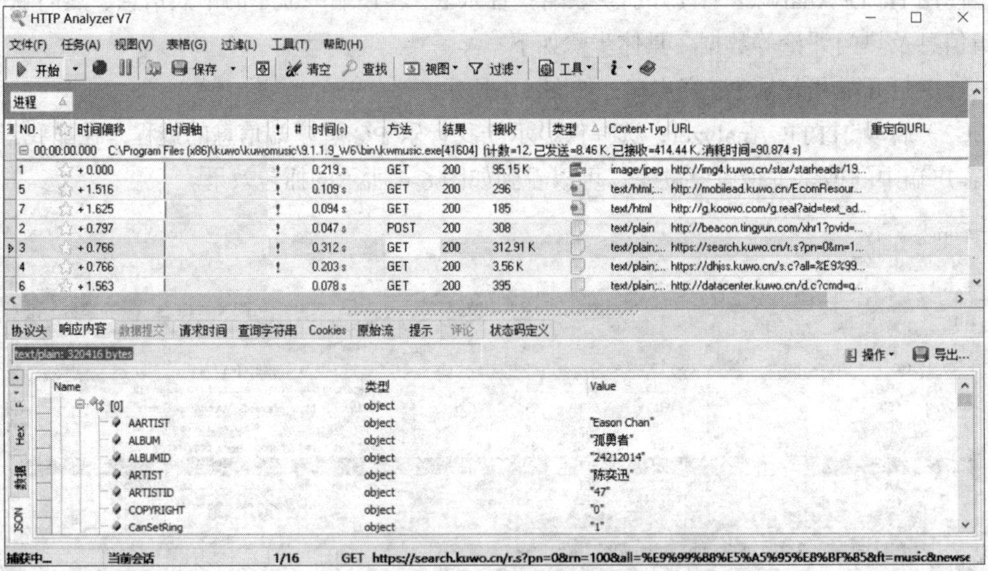

图 6-8　抓包效果 3

由图 6-8 可以看出，响应内容是 JSON 格式的数据，可以使用项目 3 介绍的 Beautiful Soup 库对它进行解析和数据提取。同时，在数据中可发现歌手的个人信息、热门歌曲、专辑信息等内容。

到此，已介绍完使用 HTTP Analyzer 工具分析 PC 客户端的操作流程，用户可以根据这种方式分析出某音乐客户端的所有信息接口，然后启动爬虫并发送请求进行解析。但本小节所介绍的分析内容比较简单，如果客户端的请求链接是加密的，那么分析难度将会上升。例如，网易云音乐的请求链接是加密的，利用 HTTP Analyzer 工具无法爬取指定的内容和结果。因此，用户需要转换思路，利用其他工具进行分析。

任务 6.2 分析 App 客户端抓包

微课 6-2 分析 App 客户端抓包

任务描述

大多数爬虫的对象都是 PC 网页，但随着 App 客户端应用数量的增多，相应的爬取需求也越来越多，因此 App 客户端的数据爬取对于一名爬虫开发者来说是一项常用的技能。本任务以 Android 系统的手机 App 客户端为例，介绍在 PC 端使用 Fiddler 工具对酷我音乐 App 客户端进行抓包，并爬取酷我音乐 App 客户端图片的方法与流程。

任务分析

（1）了解并设置 Fiddler 工具。

（2）通过 Fiddler 工具得到酷我音乐 App 客户端的 JSON 格式数据。

（3）利用 Fiddler 工具抓取的包，对酷我音乐 App 客户端的图片信息进行爬取。

6.2.1 了解 Fiddler 工具

Fiddler 工具是位于客户端和服务器端之间的 HTTP 代理，也是目前最常用的 HTTP 抓包工具之一。Fiddler 工具能够记录客户端和服务器端之间的所有 HTTP 请求，可以针对特定的 HTTP 请求分析请求数据、设置断点、调试 Web 应用、修改请求数据等，甚至可以修改服务器端返回的数据，其功能非常强大，是 Web 应用调试的利器。注意：本项目使用的是 Fiddler Classic 5.0。

1. 设置 Fiddler 工具

设置 Fiddler 工具的具体步骤如下。

（1）打开 Fiddler 工具，单击“Tools”按钮并选择“Options”选项，如图 6-9 所示。

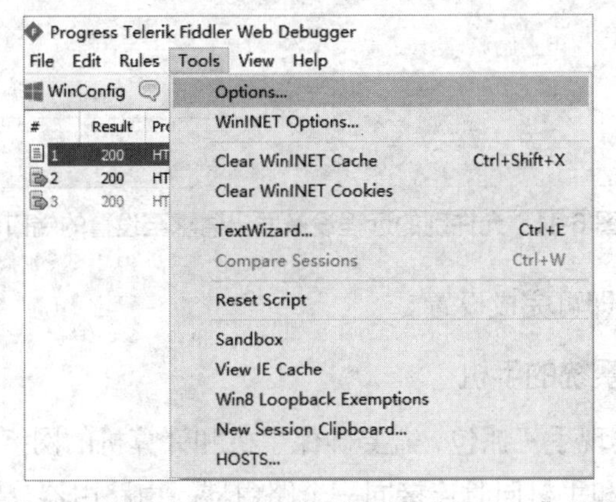

图 6-9 单击“Tools”按钮并选择“Options”选项

（2）勾选“Decrypt HTTPS traffic”复选框，Fiddler 即可截获 HTTPS 请求，如图 6-10 所示。

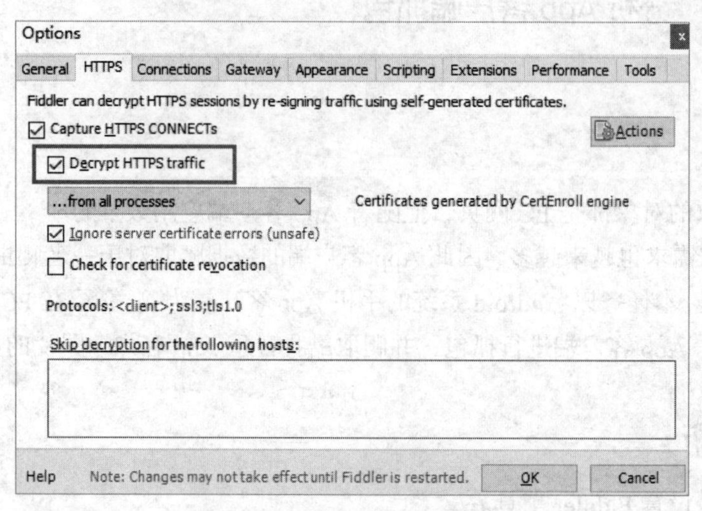

图 6-10　设置截获 HTTPS 请求

（3）切换至“Connections”选项卡，勾选“Allow remote computers to connect”复选框，表示允许别的远程设备将 HTTP/HTTPS 请求发送到 Fiddler，如图 6-11 所示。此处默认的端口号（即图 6-11 中的“Fiddler listens on port”）为“8888”。注意：端口号可以根据需求更改，但不能与已使用的端口号冲突。

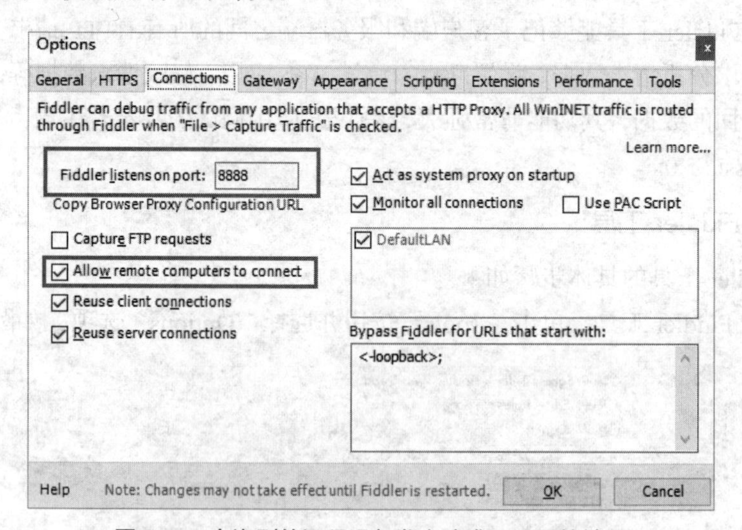

图 6-11　允许别的远程设备发出请求至设置的端口

（4）重启 Fiddler，即可完成设置。

2．设置 Android 系统的手机

使用 Fiddler 工具实现手机抓包，需要确保手机和计算机的网络在同一个局域网内，最简便的方法是让计算机和手机同时连接同一个路由器，由路由器分配设备的 IP 地址。

在命令提示符窗口中通过"ipconfig"命令查看计算机的 IP 地址，找到"无线局域网适配器 WLAN"的"IPv4 地址"并记录，如图 6-12 所示。

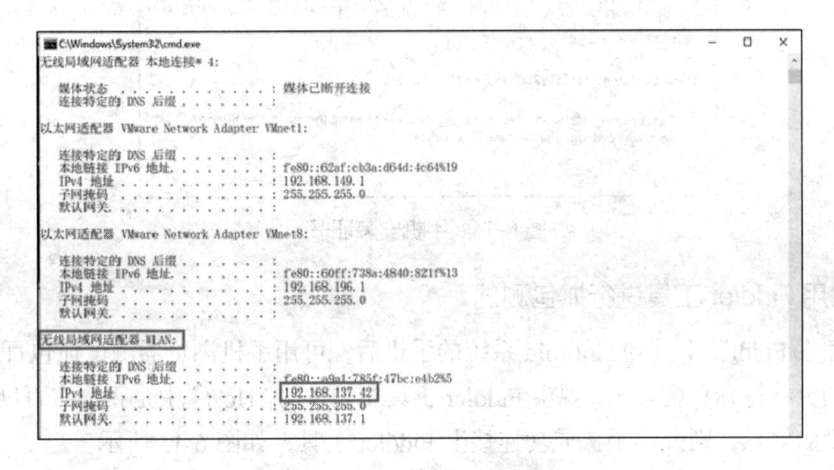

```
C:\Windows\System32\cmd.exe
无线局域网适配器 本地连接* 4:

   媒体状态  . . . . . . . . . . . . : 媒体已断开连接
   连接特定的 DNS 后缀 . . . . . . . :

以太网适配器 VMware Network Adapter VMnet1:

   连接特定的 DNS 后缀 . . . . . . . :
   本地链接 IPv6 地址. . . . . . . . : fe80::62af:cb3a:d64d:4c64%19
   IPv4 地址 . . . . . . . . . . . . : 192.168.149.1
   子网掩码  . . . . . . . . . . . . : 255.255.255.0
   默认网关. . . . . . . . . . . . . :

以太网适配器 VMware Network Adapter VMnet8:

   连接特定的 DNS 后缀 . . . . . . . :
   本地链接 IPv6 地址. . . . . . . . : fe80::60ff:738a:4840:821f%13
   IPv4 地址 . . . . . . . . . . . . : 192.168.196.1
   子网掩码  . . . . . . . . . . . . : 255.255.255.0
   默认网关. . . . . . . . . . . . . :

无线局域网适配器 WLAN:

   连接特定的 DNS 后缀 . . . . . . . :
   本地链接 IPv6 地址. . . . . . . . : fe80::a9a1:785f:47bc:e4b2%5
   IPv4 地址 . . . . . . . . . . . . : 192.168.137.42
   子网掩码  . . . . . . . . . . . . : 255.255.255.0
   默认网关. . . . . . . . . . . . . : 192.168.137.1
```

图 6-12 查看计算机端的 IP 地址

成功获取计算机的 IP 地址和端口号后，在 Android 系统手机的 Wi-Fi 设置中，找到手机连接路由器的 Wi-Fi，修改网络，即可对手机进行代理设置。将"代理"设置为"手动"，填入获取到的计算机 IP 地址和端口号，点击"保存"按钮，如图 6-13 所示。

显示高级选项
代理 手动 >
该浏览器使用 HTTP 代理，但其他应用可能不会使用。
服务器主机名
192.168.137.42
服务器端口
8888
对以下对象绕过代理：
example.com,mycomp.test.com,localhost
IP DHCP >
取消 保存

图 6-13 对 Android 系统的手机进行代理设置

在 Android 系统手机的浏览器中打开无线局域网 IPv4 网址的 8888 端口（本小节设置的安装证书网页为"http://192.168.137.42:8888"），在网页中单击"FiddlerRoot certificate"证书的安装证书即可，如图 6-14 所示。

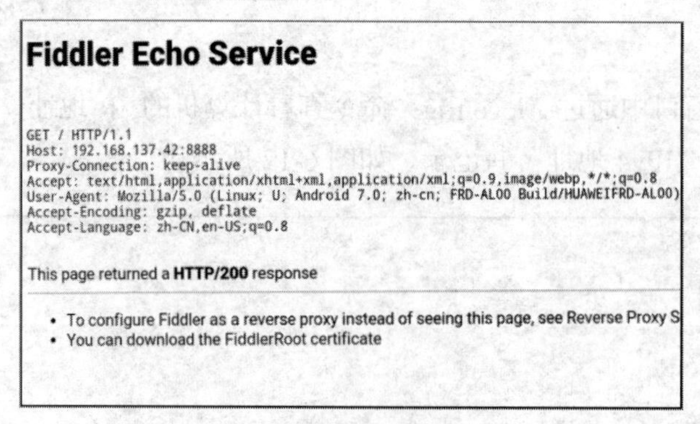

图 6-14　手机安装证书

3．利用 Fiddler 工具进行抓包测试

设置完成 Fiddler 工具和 Android 系统的手机后，可用手机浏览器测试抓包百度首页。通过手机浏览器打开百度首页，观察 Fiddler 工具左侧栏的“Host”中是否含有百度的信息，若含有百度的信息，则说明手机成功连接上 Fiddler 工具，如图 6-15 所示。

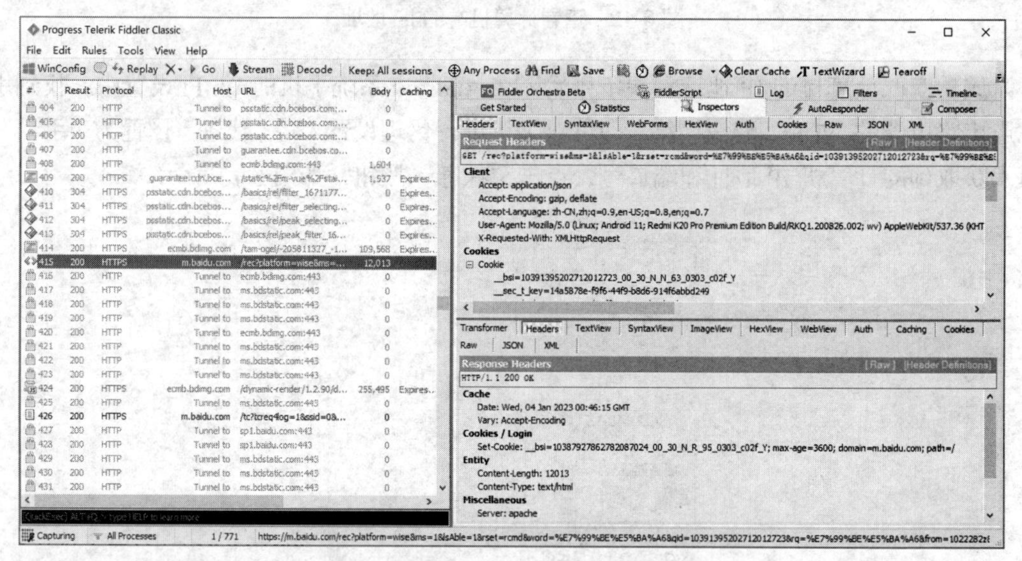

图 6-15　手机浏览器打开百度首页并观察“Host”是否含有百度的信息

6.2.2　分析酷我音乐 App 客户端

打开酷我音乐 App 客户端首页，如图 6-16 所示。

在 Fiddler 工具的左侧栏找到酷我音乐 App 客户端的信息，Fiddler 工具抓取到的每个数据包都会在该列表中展示，单击具体的一个数据包后，可以在右侧单击“Inspectors”选项卡查看数据包的详细内容。Fiddler 工具的右侧主要分为请求信息（即客户端发出的数据）和响应信息（服务器端返回的数据）两部分。在请求信息部分单击“Raw”按钮（显示 Headers 和 Body 数据），在响应信息部分单击“JSON”按钮（若请求数据或响应数据是 JSON 格式，则以 JSON 格式显示请求或响应的内容），结果如图 6-17 所示。

图 6-16 酷我音乐 App 客户端首页

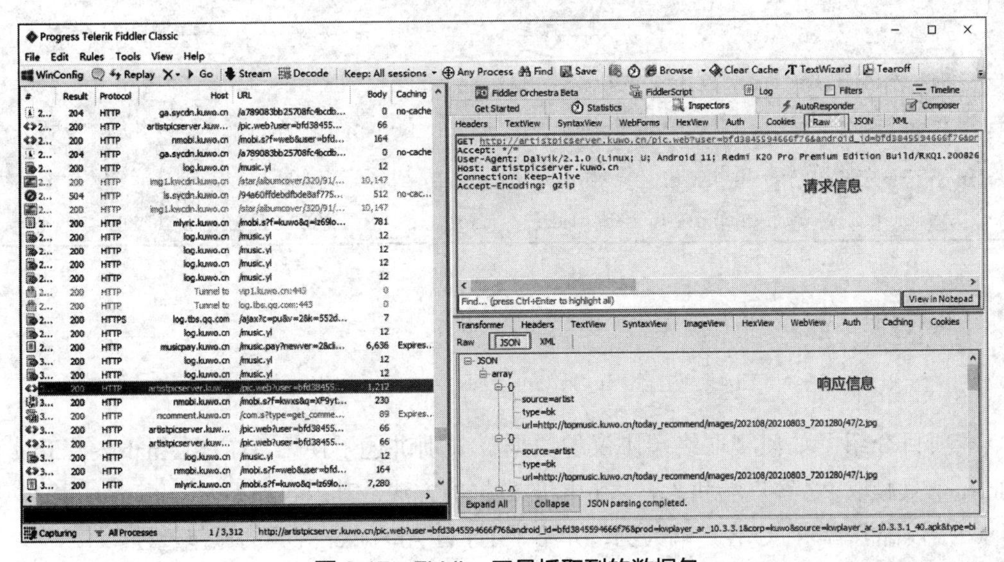

图 6-17 Fiddler 工具抓取到的数据包

解析、爬取、存储酷我音乐 App 客户端首页图片的相关代码如代码 6-1 所示。

代码 6-1　解析、爬取、存储酷我音乐 App 客户端首页图片的相关代码

```
>>> import requests
>>> import urllib
>>> url = 'http://artistpicserver.kuwo.cn/pic.web?user=bfd3845594666f76&android_
id=bfd3845594666f76&prod=kwplayer_ar_10.3.3.1&corp=kuwo&source=kwplayer_ar_
10.3.3.1_40.apk&type=big_pic&pictype=url&content=list&rid=110247&name=%E9%
99%88%E5%A5%95%E8%BF%85&filename=&width=1080&height=2340'
>>> response = requests.get(url).json()
>>> urls = []
>>> for item in response['array']:
>>>     urls.append(item['url'])
>>> # 本地保存
>>> x = 0
>>> for imgurl in urls:
>>>     print(imgurl)
>>>     urllib.request.urlretrieve(imgurl, '../tmp/%s.jpg' % x)
>>>     x += 1
http://topmusic.kuwo.cn/today_recommend/images/202108/20210803_7201280/47/2.jpg
http://topmusic.kuwo.cn/today_recommend/images/202108/20210803_7201280/47/1.jpg
http://topmusic.kuwo.cn/today_recommend/images/201808/20180821_7201280/47/3.jpg
http://topmusic.kuwo.cn/today_recommend/images/201808/20180821_7201280/47/2.jpg
http://topmusic.kuwo.cn/today_recommend/images/201808/20180821_7201280/47/1.jpg
http://topmusic.kuwo.cn/today_recommend/images/201708/20170811_7201280/47/1.jpg
http://topmusic.kuwo.cn/today_recommend/images/201611/20161122_7201280/47/9.jpg
http://topmusic.kuwo.cn/today_recommend/images/201611/20161122_7201280/47/7.jpg
http://topmusic.kuwo.cn/today_recommend/images/201611/20161122_7201280/47/6.jpg
http://topmusic.kuwo.cn/today_recommend/images/201611/20161122_7201280/47/5.jpg
```

小结

本项目介绍了如何爬取终端协议的数据，分别讲述了使用 HTTP Analyzer 工具和 Fiddler 工具爬取 PC 客户端和 App 客户端的数据的方法，其内容如下。

（1）以酷我音乐 PC 客户端为例，介绍了 HTTP Analyzer 工具的抓包过程。

（2）以酷我音乐 App 客户端为例，介绍了 Fiddler 工具抓包的过程及如何爬取酷我音乐 App 客户端首页的图片。

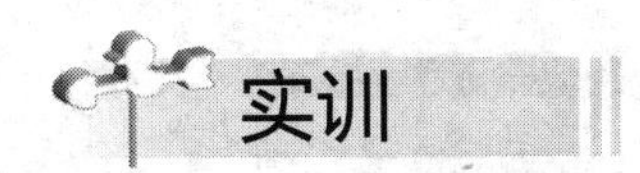

实训

实训 1　获取酷我音乐 PC 客户端的推荐歌曲信息

1. 训练要点

（1）了解 HTTP Analyzer 工具。

（2）掌握使用 HTTP Analyzer 工具进行抓包分析的方法。

2. 需求说明

仅仅爬取网页的信息可能还不够，有时还需要爬取客户端的信息。使用 HTTP Analyzer 工具获取酷我音乐 PC 客户端推荐歌曲的信息。

3. 实现思路及步骤

（1）打开酷我音乐 PC 客户端。

（2）使用 HTTP Analyzer 工具对排行榜的页面信息进行抓包分析，如图 6-18 所示。HTTP Analyzer 工具得到的抓包效果如图 6-19 所示。

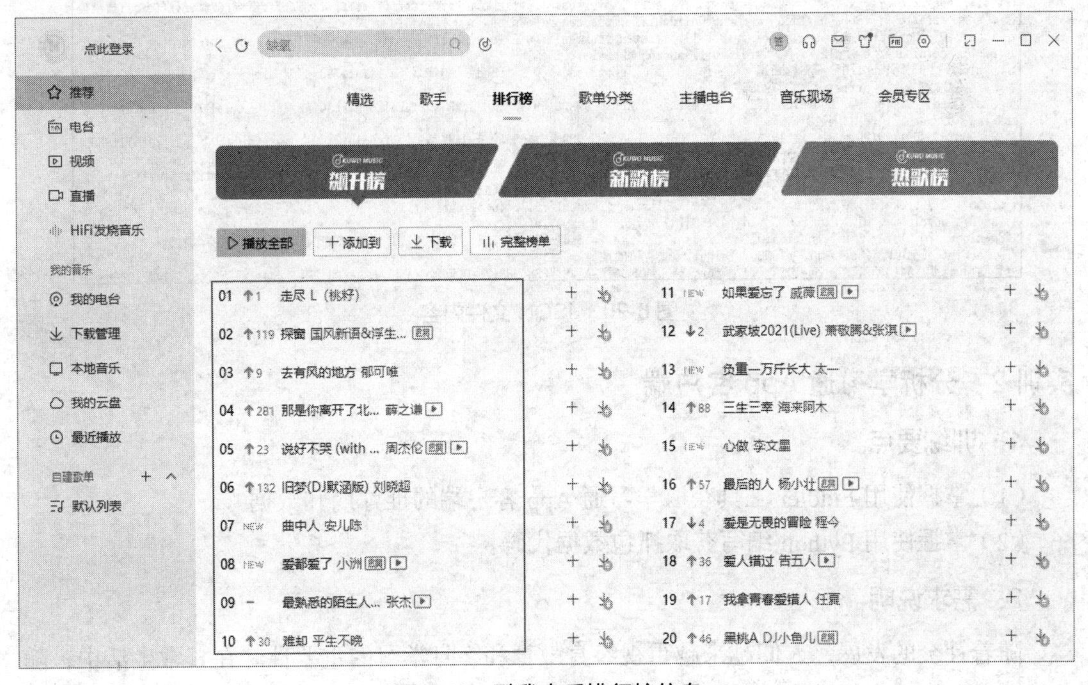

图 6-18　酷我音乐排行榜信息

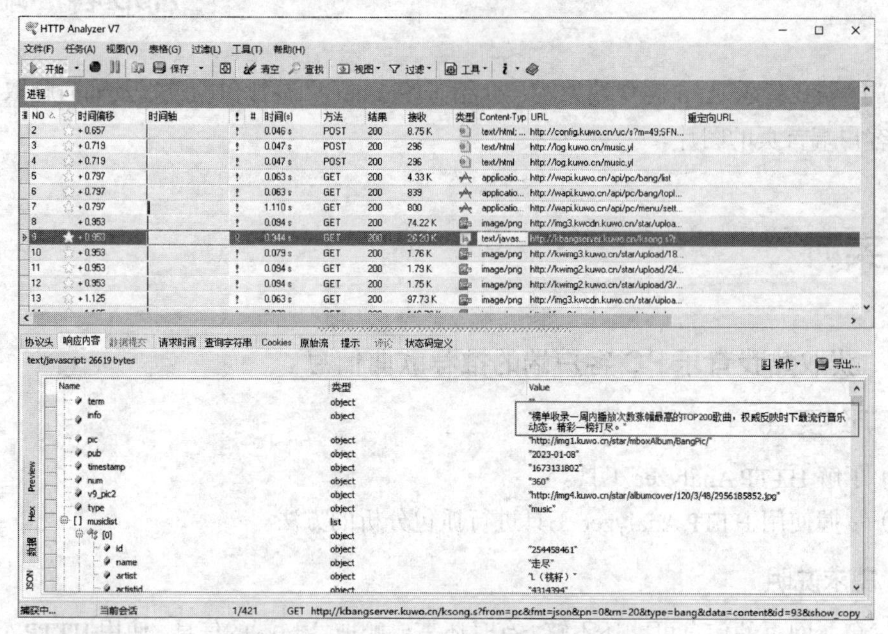

图 6-19　酷我音乐 PC 客户端的抓包效果

（3）将响应内容导出为文件保存，查看导出的 JSON 文件，得到的结果如图 6-20 所示。

{"name":"酷我飙升榜","leader":"酷我飙升榜","term":"","info":"榜单收录一周内播放次数涨幅最高的TOP200歌曲，权威反映时下最流行音乐动态，精彩一榜打尽。","pic":"http://img1.kuwo.cn/star/mboxAlbum/BangPic/","pub":"2023-01-
08","timestamp":"1673131802","num":"360","v9_pic2":"http://img4.kuwo.cn/star/albumcover/120/3/48/2956185852.jpg","type":"music","musiclist":[{"id":"254458461","name":"走尽","artist":"L（桃籽）","artistid":"4314394","album":"走
尽","albumid":"33621032","score100":"65","formats":"WMA96|WMA128|MP3H|MP3192|MP3128|HIRFLAC|ALFLAC|AL|AAC48|AAC24|ZP","mp4sig1":0,"mp4sig2":0,"param":"走尽;L（桃籽）;走
尽;570060965;3855095872;MUSIC_254458461;2333746718;1937328381;MP3_254458461;0;0;MV_0;0","ispoint":"0","mutiver":"0","pay":"16515324","online":"1","copyright":"0","rank_change":"1","isnew":"0","duration":"3","highest_rank":"1","score":"0","transsongname":"","aartist":"","opay":"0","tpay":"0","overseas_pay":"16515324","overseas_copyright":"7ffffffffffffffffffffffffffffffffffffffffffffffffffffff","song_duration":"180","payInfo":{"cannotOnlinePlay":"0","cannotDownload":"0","download":"1111","feeType":
{"album":"0","bookvip":"0","song":"1","vip":"1"},"listen_fragment":"0","local_encrypt":"1","play":"1100","tips_intercept":"0"},"mvpayinfo":{"download":"0","play":"0","vid":"0"},"audiobookpayinfo":
{"download":"0","play":"0"},"nationid":"","fpay":"1","isdownload":"0","trend":"u0"},{"id":"181158353","name":"探窗","artist":"国风新语&浮生梦&汐音社","artistid":"7279085","album":"探
窗","albumid":"21079336","score100":"79","formats":"HIRFLAC|WMA96|WMA128|MP3H|MP3192|MP3128|ALFLAC|AL|AAC48|AAC24|ZP","mp4sig1":0,"mp4sig2":0,"param":"探窗;国风新语&浮生梦&汐音社;探
窗;345266260;4091779176;MUSIC_181158353;846075726;3626643305;MP3_181158353;0;0;MV_0;0","ispoint":"0","mutiver":"0","pay":"16711935","online":"1","copyright":"0","rank_change":"119","isnew":"0","duration":"2","highest_rank":"2","score":"0","transsongname":"","aartist":"","opay":"0","tpay":"1","overseas_pay":"16711935","overseas_copyright":"7ffffffffffffffffffffffffffffffffffffffffffffffffffffff","song_duration":"217","payInfo":{"cannotOnlinePlay":"0","cannotDownload":"0","download":"1111","feeType":
{"album":"0","bookvip":"0","song":"1","vip":"1"},"listen_fragment":"1","local_encrypt":"1","play":"1111","tips_intercept":"0"},"mvpayinfo":{"download":"0","play":"0","vid":"11683785"},"audiobookpayinfo":
{"download":"0","play":"0"},"nationid":"","fpay":"1","isdownload":"0","trend":"u0"},{"id":"256654254","name":"去有风的地方","artist":"郁可唯","artistid":"5260","album":"去有风的地
方","albumid":"34139521","score100":"74","formats":"WMA96|WMA128|MP3H|MP3128|HIRFLAC|ALFLAC|AAC48|ZP","mp4sig1":0,"mp4sig2":0,"para

图 6-20　JSON 文件内容

实训 2　分析学习通 App 客户端

1. 训练要点

（1）掌握使用 Fiddler 工具获取学习通 App 客户端的推荐期刊数据。

（2）掌握使用 Python 编写获取抓包数据代码。

2. 需求说明

随着社会的发展，人们越来越重视终身教育和终身学习的重要性。在日常生活中，随着移动端 App 的使用越来越广泛，学者通过 App 客户端获取学习资源也变得越来越常见，

如何选择优秀的学习资源，可以使用 Fiddler 抓包工具和 Python 爬虫代码，获取学习通 App 客户端的推荐期刊，为学者选择提供一定的参考。

3. 实现思路及步骤

（1）安装、打开学习通 App 客户端，在 Fiddler 工具中分析并找到想要爬取的期刊推荐包。

（2）获取指定推荐的 URL 页面和推荐关键信息，如图 6-21 所示。

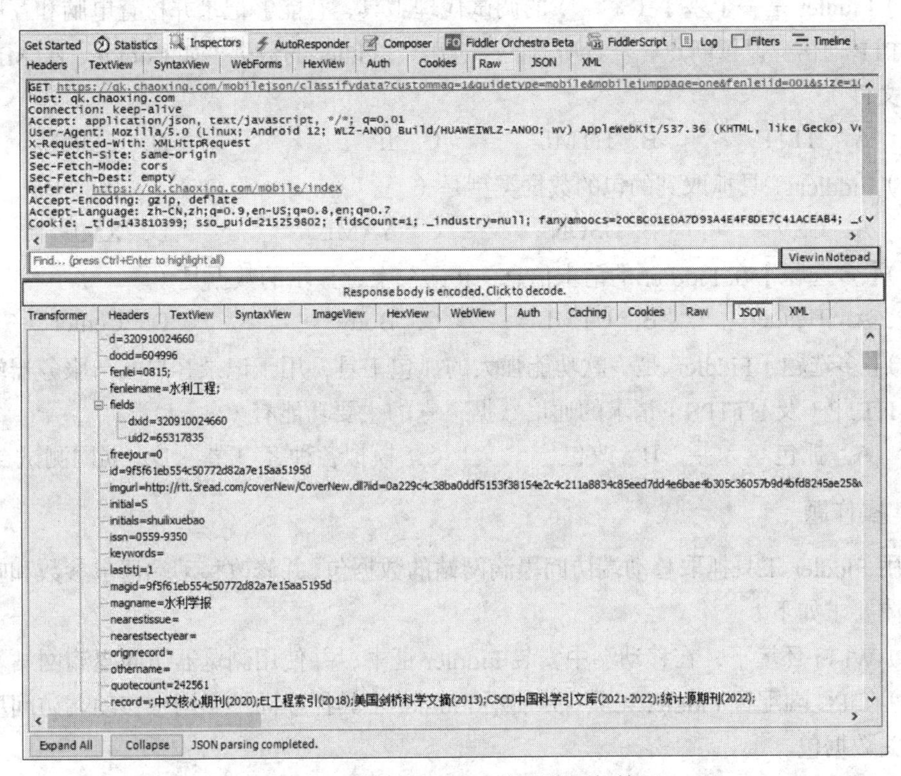

图 6-21 学习通 App 客户端的抓包效果

（3）编写 Python 爬虫程序获取推荐期刊名称。

思考题

【导读】法治社会是构筑法治国家的基础。法治社会建设是实现国家治理体系和治理能力现代化的重要组成部分，是增强人民群众获得感、幸福感、安全感的重要举措，也是全面建设社会主义现代化国家、全面推进中华民族伟大复兴的必然要求和题中应有之义。

【思考题】随着互联网的迅速普及和广泛应用，网络安全问题日益凸显，为了规范和约束网络运营者的行为，保障基础设施和网络空间的安全，国家相继出台了诸多法律法规。

作为未来的互联网从业者，一定要严格遵守法律法规，坚决不触碰法律红线，切实做到知法、懂法、守法。请您列出相关法律法规的名称，并说明法律的适用范围。

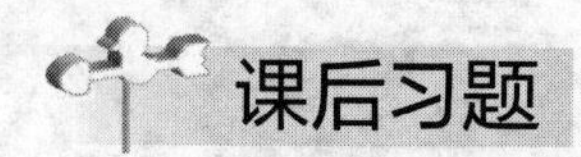

课后习题

1. 选择题

（1）Fiddler 是一个基于（　　）的调试代理工具，它能够记录并检查电脑和互联网之间的 HTTP 通信，设置断点，查看所有的“进出”Fiddler 的数据（如 Cookie、HTML、JS、CSS 等文件）。

A. HTTP　　B. HTML　　C. IP　　D. TCP

（2）Fiddler 工具抓取到的包的数据类型是（　　）。

A. CSV　　B. JSON　　C. YAML　　D. XML

（3）【多选题】在 Fiddler 的请求信息“Raw”上，显示的数据是（　　）。

A. Headers　　B. HTML　　C. Body　　D. Center

（4）【多选题】Fiddler 是一款功能强大的抓包工具，用于记录客户端与服务器端之间的所有 HTTP（及 HTTPS）请求的通信数据，它的主要功能有（　　）。

A. 抓包　　B. 改包　　C. 模拟各种客户端　　D. 弱网测试

2. 操作题

使用 Fiddler 工具抓取移动端访问墨滴网站的数据包，并修改移动端请求参数和响应结果，具体要求如下。

（1）Wi-Fi 环境下，在移动端中安装 Fiddler 证书，并使用浏览器访问墨滴网站。

（2）在 PC 端配置 Fiddler 工具，并使用 Fiddler 工具抓取同一子网中移动端访问墨滴网站的相关数据包。

（3）使用 Fiddler 的断点操作实现修改移动端请求参数和响应结果。

项目 7 使用 Scrapy 爬虫——爬取某企业官网新闻动态

项目背景

近年来，我国积极构建新一代信息技术增长引擎，促进国内数字经济的高速发展。加快发展数字经济，可以促进数字经济和实体经济深度融合，打造具有国际竞争力的数字产业集群。在数字经济时代，随着各种商业模式的不断创新，经营者运用爬虫技术打造的应用场景和商业模式越来越多。与此同时，数据爬取是实现数据流通的重要方式。

在互联网高度发达的今天，各行各业的企业几乎都建立了基于互联网的官网。企业官网的新闻栏目以企业新闻、信息、资讯发布为核心，以企业新闻第一发布平台为定位，以企业和用户为主要服务对象，旨在整合传统媒体与网络媒体优势，为企业和用户提供新闻，有助于用户更好地了解企业的情况和动向。某企业官网的“新闻中心”页面如图 7-1 所示。为了掌握企业的一手相关信息，使用 Scrapy 框架实现爬虫，爬取指定网站的内容或图片，实时获取企业动态，并进行备份和存储。

图 7-1 某企业官网“新闻中心”页面

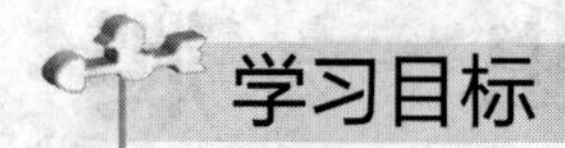

学习目标

1. 技能目标

（1）能够使用 Scrapy 框架爬取网站信息。

（2）能够根据项目最终目标修改 items/pipelines 脚本。

（3）能够编写 spider 脚本，解析网页。

（4）能够修改 settings 脚本，实现下载延迟设置等。

（5）能够定制下载器中间件和 Spider 中间件。

2. 知识目标

（1）了解 Scrapy 框架各组件的作用以及数据流向。

（2）熟悉 Scrapy 的常用命令及其作用。

（3）掌握 Scrapy 爬取文本信息的方法。

（4）掌握下载器中间件、Spider 中间件的定制方法。

3. 素质目标

（1）充分利用计算机主动获取、处理信息。

（2）树立“实践是检验真理的唯一标准”的项目实践理念。

（3）培养网络和信息安全意识，自觉抵制不良诱惑。

（4）通过模块化设计，提升逻辑思考能力和解决问题的能力。

思维导图

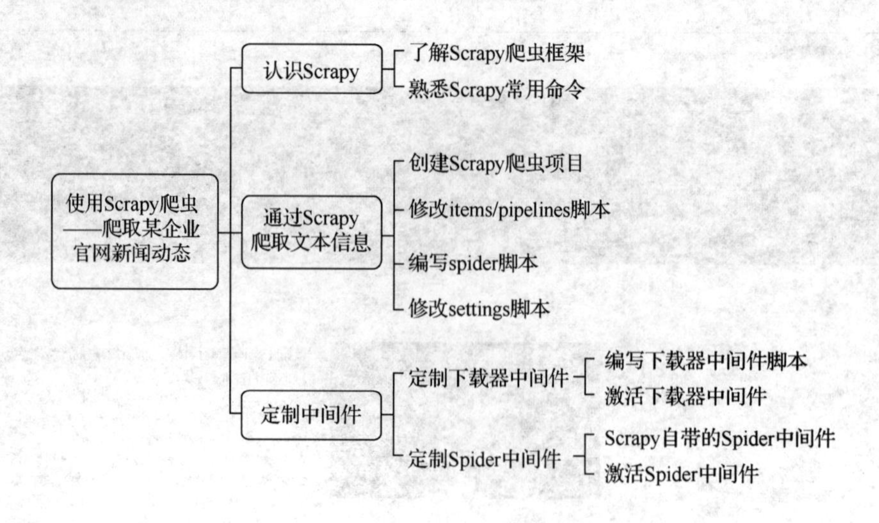

任务 7.1 认识 Scrapy

微课 7-1 认识 Scrapy

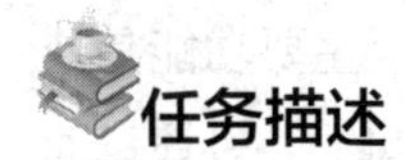

任务描述

Scrapy 是一个为了爬取网站数据，提取结构化数据而编写的应用程序框架，可以应用在包括数据挖掘、信息处理或存储历史数据等一系列功能的程序中。该框架也可以应用在获取 API（如 Amazon Associates Web Services 的 API）所返回的数据或通用的网络爬虫中。在使用 Scrapy 框架之前，需要先了解该框架的构成、常用命令。

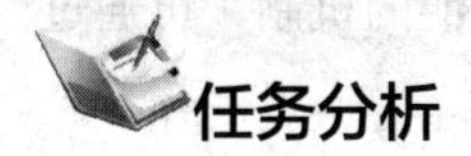

任务分析

（1）了解 Scrapy 爬虫框架的构成。

（2）了解 Scrapy 各组件的作用。

（3）熟悉常见的 Scrapy 命令。

7.1.1 了解 Scrapy 爬虫框架

Scrapy 是一个爬虫框架而非功能函数库，简单地说，它是一个半成品，可以帮助用户简单快速地部署一个专业的网络爬虫。Scrapy 爬虫框架主要由引擎（Engine）、调度器（Scheduler）、下载器（Downloader）、Spiders、Item Pipelines、下载器中间件（Downloader Middlewares）、Spider 中间件（Spider Middlewares）这 7 个组件构成。每个组件具有不同的分工与功能，具体介绍如下。

（1）引擎

引擎负责控制数据流在系统所有组件中的流向，并能在不同的条件下触发相对应的事件。引擎组件相当于爬虫的“大脑”，是整个爬虫的调度中心。

（2）调度器

调度器从引擎接收请求并将该请求加入队列，以便之后引擎需要时将它们提供给引擎。初始爬取的 URL 和后续在网页中获取的待爬取 URL 都将被放入调度器中，等待爬取，同时调度器会自动去除重复的 URL。如果特定的 URL 不需要去重，那么可以通过设置实现，如 POST 请求的 URL。

（3）下载器

下载器的主要功能是获取网页内容，并将其提供给引擎和 Spiders。

（4）Spiders

Spiders 是 Scrapy 用户编写的用于分析响应，并提取 Items 或额外跟进的 URL 的一个类。每个 Spider 负责处理一个（或一些）特定网站。

（5）Item Pipelines

Item Pipelines 的主要功能是处理被 Spiders 提取出来的 Items。典型的处理有清理、验证及持久化（如将 Items 存取到数据库中）。当网页中被爬虫解析的数据存入 Items 后，将被发送到 Item Pipelines，经过几个特定的数据处理次序后，存入本地文件或数据库。

（6）下载器中间件

下载器中间件是一组在引擎及下载器之间的特定钩子（Specific Hook），主要功能是处理下载器传递给引擎的响应（Response）。下载器中间件提供了一个简便的机制，可通过插入自定义代码来扩展 Scrapy 的功能。通过设置下载器中间件可以实现爬虫自动更换 User-Agent、IP 地址等功能。

（7）Spider 中间件

Spider 中间件是一组在引擎及 Spiders 之间的特定钩子，主要功能是处理 Spiders 的输入（响应）和输出（Items 及请求）。同时，Spider 中间件提供了一个简便的机制，可通过插入自定义代码来扩展 Scrapy 的功能。

Scrapy 框架中各组件之间的数据流向如图 7-2 所示。

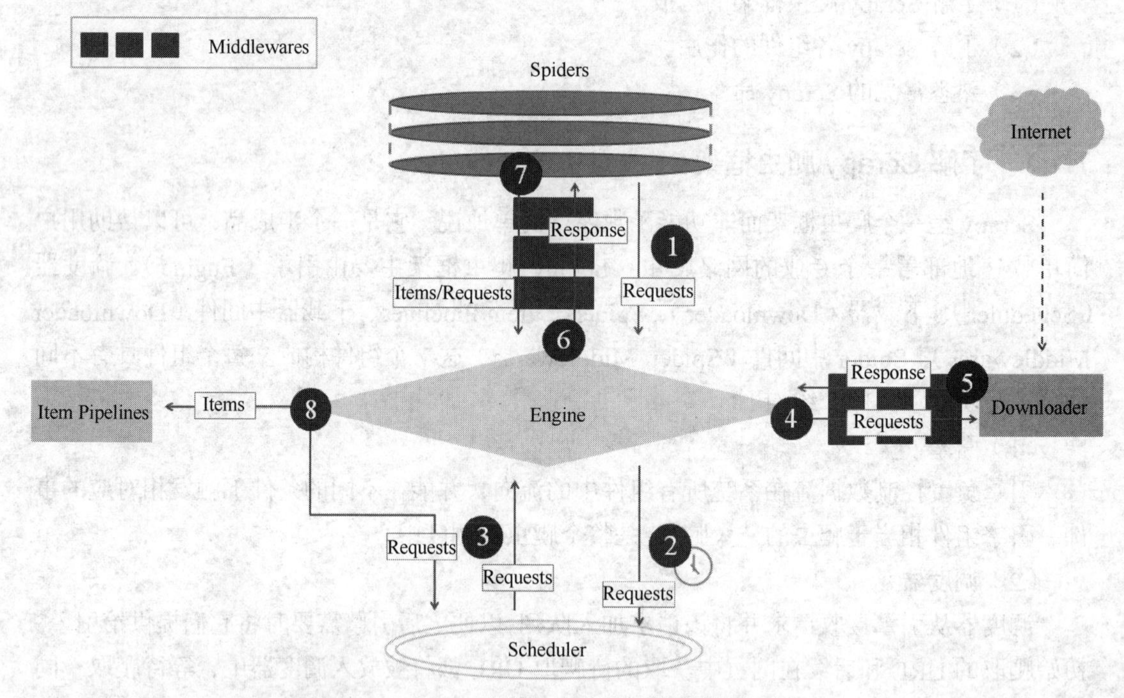

图 7-2 Scrapy 框架中各组件之间的数据流向

数据流在 Scrapy 中由执行引擎控制，其基本步骤如下。

① 引擎打开一个网站，找到处理该网站的 Spiders，并向该 Spiders 请求第一个要爬取的 URL。

② 引擎将爬取请求（Requests）转发给调度器，调度器指挥进行下一步。

③ 引擎从调度器获取下一个要爬取的请求。

④ 调度器返回下一个要爬取的请求，通过下载器中间件（请求方向）将请求转发给下载器。

⑤ 当网页下载完毕时，下载器会生成一个该网页的响应，并将其通过下载器中间件（响应方向）发送给引擎。

⑥ 引擎从下载器中接收到响应并通过 Spider 中间件（输入方向）发送给 Spiders 处理。

⑦ Spiders 处理响应并返回爬取到的 Items 及（跟进）新的请求给引擎。

⑧ 引擎将爬取到的 Items（Spiders 返回的）给 Item Pipelines，将请求（Spiders 返回的）给调度器。

⑨ 重复步骤②直至调度器中没有更多的 URL 请求，引擎关闭该网站。

7.1.2 熟悉 Scrapy 常用命令

Scrapy 通过命令行进行控制，Scrapy 提供了多种命令，用于多种目的，并且每个命令都接收一组不同的参数和选项。Scrapy 的全局命令如表 7-1 所示。

表 7-1 Scrapy 的全局命令

全局命令	说明
startproject	创建 Scrapy 项目
genspider	基于预定义模板创建 Scrapy 爬虫
settings	查看 Scrapy 的设置
runspider	运行一个独立的爬虫 Python 文件
shell	（以给定的 URL）启动 Scrapy shell
fetch	使用 Scrapy 下载器下载给定的 URL，并将内容输出到标准输出流
view	以 Scrapy 爬虫所“看到”的样子在浏览器中打开给定的 URL
version	输出 Scrapy 版本

除了全局命令外，Scrapy 还提供了专用于项目的项目命令，如表 7-2 所示。

表 7-2 Scrapy 项目命令

项目命令	说明
crawl	启动爬虫
check	协议（contract）检查
list	列出项目中所有可用的爬虫
edit	使用 EDITOR 环境变量或设置中定义的编辑器编辑爬虫
parse	获取给定的 URL 并以爬虫处理它的方式解析它
bench	运行 benchmark（基准）测试

在使用 Scrapy 爬虫框架的过程中，常用的命令主要是全局命令中的 startproject、genspider、runspider，以及项目命令中的 crawl、list。

任务 7.2 通过 Scrapy 爬取文本信息

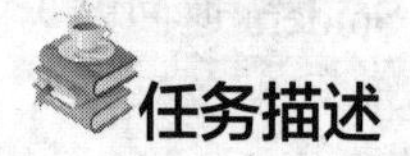

任务描述

Scrapy 框架实现了高度的集成与模块化，实际需要用户所做的工作非常少。同时，为了保证一定的自主性，Scrapy 开放了许多方便用户进行二次开发的接口。本任务通过创建爬虫项目和爬虫脚本模板，修改预定义的 items、pipelines、spider 和 settings 脚本，实现使用 TipDMSpider 项目爬取网站“新闻中心”中的新闻标题等信息。

任务分析

（1）创建 Scrapy 爬虫项目。

（2）修改 items/pipelines 脚本，将数据存储至 CSV 文件和 MySQL 数据库。

（3）创建 spider 爬虫脚本模板。

（4）编写 spider 脚本。

（5）修改 settings 脚本。

（6）运行爬虫项目。

微课 7-2　创建 Scrapy 爬虫项目

7.2.1　创建 Scrapy 爬虫项目

使用 Scrapy 框架进行网页数据爬取的第一步就是启动爬虫，使用 Scrapy 提供的 startproject 命令即可创建一个爬虫项目，其基本语法格式如下。

```
scrapy startproject <project_name> [project_dir]
```

startproject 命令常用的参数及其说明如表 7-3 所示。

表 7-3　startproject 命令常用的参数及其说明

参数名称	说明
project_name	表示创建的 Scrapy 爬虫项目的名称。指定参数后会在 project_dir 参数指定的目录下创建一个名为 project_name 的 Scrapy 爬虫项目
project_dir	表示创建 Scrapy 爬虫项目的目录。指定参数后，project_dir 目录下将会多出一个 project_name 文件夹，整个文件夹统称为一个 Scrapy 爬虫项目。否则会在当前的工作目录下创建一个名为 project_name 的 Scrapy 爬虫项目

打开 PyCharm，在“Terminal”（终端）运行“scrapy startproject TipDMSpider D:\项目 7\code”命令，即可在目录“D:\项目 7\code”下，创建一个名为“TipDMSpider”的 Scrapy

爬虫项目。

创建完成后，在“D:\项目 7\code”下即可生成一个名为 TipDMSpider 的文件夹和 scrapy.cfg 文件，其目录结构如图 7-3 所示。

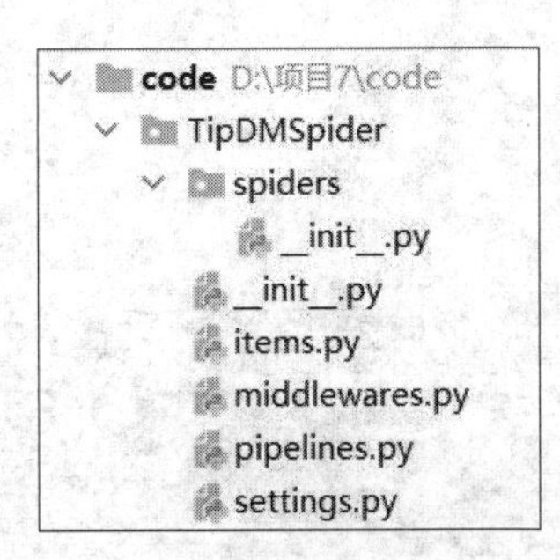

图 7-3 TipDMSpider 爬虫项目的目录结构

图 7-3 中需要用户自定义的目录与脚本文件的名称、作用，如表 7-4 所示。

表 7-4 各目录与脚本文件的名称、作用

目录或文件名称	作用
spiders	创建 Scrapy 项目后自动创建的一个文件夹，用于存放用户编写的爬虫脚本
items.py	表示项目中的 Items。在 items 脚本中定义了一个 Item 类，能够保存爬取到的数据。使用方法和 Python 字典的使用方法类似，并且提供了额外保护机制来避免拼写错误导致的未定义字段错误
middlewares.py	表示项目中的中间件。在 middlewares 脚本中，用户可以根据需要自定义中间件，从而实现代理、User-Agent 等的转换
pipelines.py	表示项目中的 Pipelines。在 pipelines 脚本中定义了一个 pipelines 类，主要用于对爬取数据的存储，其可以根据需求将数据保存至数据库、文件等
settings.py	表示项目的设置

7.2.2 修改 items/pipelines 脚本

微课 7-3 修改 items/pipelines 脚本

爬虫的主要目标是从网页非结构化的数据源中提取结构化的数据。TipDMSpider 项目最终的目标是解析出文章的标题（title）、时间（time）、正文（text）、浏览数（view_count）等数据。Scrapy 提供了 Item 对象来完成将解析数据转换为结构化数据的功能。

Item 对象是一种简单的容器，用于保存爬取到的数据，它提供了类似于字典的 API，以及用于声明可用字段的简单语法。Item 可使用简单定义语法及 Field 对象来声明。新建的 TipDMSpider 项目中的 items 脚本模板如下，用于定义存储数据的 Item 类，该类继承于 scrapy.Item。

```
# Define here the models for your scraped items
#
```

```
# See documentation in:
# https://docs.scrapy.org/en/latest/topics/items.html

import scrapy


class TipdmspiderItem(scrapy.Item):
    # define the fields for your item here like:
    # name = scrapy.Field()
    pass
```

根据 TipDMSpider 项目的目标，对 items 脚本进行定制后，TipdmspiderItem 类如代码 7-1 所示。

代码 7-1　items 脚本的 TipdmspiderItem 类

```
class TipdmspiderItem(scrapy.Item):
    # define the fields for your item here like:
    # name = scrapy.Field()
    title = scrapy.Field()
    text = scrapy.Field()
    time = scrapy.Field()
    view_count = scrapy.Field()
```

由图 7-2 可知，Items 将会流向 Item Pipelines。Item Pipelines 的作用是将获取到的数据持久化，其主要内容如下。

（1）清理爬取到的数据。

（2）验证爬取数据的合法性，检查 Items 是否包含某些字段。

（3）保存数据至文件或数据库中。

值得注意的是，每个 Item Pipelines 都是一个独立的 Python 类，必须实现 process_item() 方法。每个 Item Pipelines 组件都需要调用 process_item()方法，该方法必须返回一个 Item 对象，或抛出 DropItem 异常，被丢弃的 Item 将不会被之后的 Item Pipelines 组件所处理。

在新建的 TipDMSpider 项目中，自动生成的 pipelines 脚本模板如下。

```
# Define your item pipelines here
#
# Don't forget to add your pipeline to the ITEM_PIPELINES setting
# See: https://docs.scrapy.org/en/latest/topics/item-pipeline.html


# useful for handling different item types with a single interface
```

```
from itemadapter import ItemAdapter


class TipdmspiderPipeline:
    def process_item(self, item, spider):
        return item
```

在 pipelines 脚本模板的 process_item()方法中，除“self”参数外，还存在 item 和 spider 这两个参数，其说明如表 7-5 所示。

表 7-5 process_item()方法的参数及其说明

参数名称	说明
self	表示实例对象本身
item	接收 Items。表示爬取对象的 Items。无默认值
spider	接收 Spider。表示爬取该 Items 的 Spider。无默认值

TipDMSpider 项目提取的信息最终将存储至 CSV 文件或数据库中。使用 pandas 库将 Items 中的数据转换为 DataFrame 结构会更方便处理。

pandas 库的 DataFrame 类的基本语法格式如下。

```
class pandas.DataFrame(data=None, index=None, columns=None, dtype=None, copy=False)
```

DataFrame 类的常用参数及其说明如表 7-6 所示。

表 7-6 DataFrame 类的常用参数及其说明

参数名称	说明
data	接收 ndarray、dict。表示 DataFrame 的数据。当取值为 dict 时，该 dict 的值不能包含 series、arrays、constants，或类似 list 的对象。默认为 None
index	接收 index、array。表示行索引。默认为 None
columns	接收 index、array。表示列索引。默认为 None
dtype	接收 dtype。表示强制转换后的类型，仅支持单独一种转换。默认为 None
copy	接收 bool、None。表示是否从输入复制数据。默认为 False

Items 中的数据转换为 DataFrame 结构后即可使用 to_csv()方法轻松地将数据存储至 CSV 文件中。to_csv()方法的基本语法格式如下。

```
DataFrame.to_csv(path_or_buf=None, sep=',', na_rep='', columns=None, header=True, index=True, index_label=None, mode='w', encoding=None)
```

to_csv()方法的常用参数及其说明如表 7-7 所示。

表 7-7　to_csv()方法的常用参数及其说明

参数名称	说明
path_or_buf	接收 str。表示文件路径。默认为 None
sep	接收 str。表示分隔符。默认为“,”
na_rep	接收 str。表示缺失值。默认为“”
columns	接收 list。表示写出的列名。默认为 None
header	接收 bool，表示是否将列名写出。默认为 True
index	接收 bool，表示是否将行名（索引）写出。默认为 True
index_label	接收 sequence。表示索引名。默认为 None
mode	接收特定 str。表示数据写入模式。默认为 w
encoding	接收特定 str。表示存储文件的编码格式。默认为 None

还可以使用 to_sql()方法将数据存储至数据库中，其基本语法格式如下。

```
DataFrame.to_sql(name, con, schema=None, if_exists='fail', index=True,
index_label=None, dtype=None)
```

to_sql()方法的常用参数及其说明如表 7-8 所示。

表 7-8　to_sql()方法的常用参数及其说明

参数名称	说明
name	接收 str。表示数据表名称。无默认值
con	接收数据库连接。无默认值
schema	接收 str。表示指定模式。默认为 None
if_exists	接收 fail、replace、append。fail 表示若表名存在，则不执行写入操作；replace 表示若表名存在，则将原数据表删除，再重新创建；append 表示在原数据表的基础上追加数据。默认为 fail
index	接收 bool。表示是否将行索引作为数据传入数据库。默认为 True
index_label	接收 str 或 sequence。表示是否引用索引名称，若 index 参数为 True，此参数为 None，则使用默认名称。若为多重索引，则必须使用数列形式。默认为 None
dtype	接收 dict。表示写入的数据类型（列名为键，数据格式为值）。默认为 None

需要注意的是，对数据库进行操作需要使用数据连接相关的工具，在项目 3 中已经介绍了使用 PyMySQL 库操作数据库，但 to_sql()方法需要配合 sqlalchemy 库中的 create_engine 函数才能顺利使用。create_engine 函数可用于创建一个数据库连接，其主要参数是一个连接字符串，MySQL 和 Oracle 数据库的连接字符串的格式如下。

```
数据库产品名+连接工具名://用户名:密码@数据库 IP 地址:数据库端口号/数据库名称? charset =
数据库数据编码
```

配合 pandas 库，修改 pipelines 脚本，如代码 7-2 所示。

代码 7-2 修改后的 pipelines 脚本

```
# Define your item pipelines here
#
# Don't forget to add your pipeline to the ITEM_PIPELINES setting
# See: https://docs.scrapy.org/en/latest/topics/item-pipeline.html

# useful for handling different item types with a single interface
from itemadapter import ItemAdapter
import pandas as pd
from sqlalchemy import create_engine

class TipdmspiderPipeline(object):
   def __init__(self):
      self.engine = create_engine('mysql+pymysql://root:123456@127.0.0.1:
3306/tipdm')
   def process_item(self, item, spider):
      data = pd.DataFrame(dict(item))
      data.to_sql('tipdm_data', self.engine, if_exists='append', index=False)
      data.to_csv('TipDM_data.csv', mode='a+', index=False, sep='|',
header=False)
```

7.2.3 编写 spider 脚本

微课 7-4 编写 spider 脚本

创建 TipDMSpider 项目后，爬虫模块的代码都放置于 spiders 目录中。创建之初，spiders 目录下仅有一个“__init__.py”文件，并无其他文件，对于初学者而言极有可能无从下手。使用 genspider 命令，可以解决这一问题，genspider 命令的基本语法格式如下。

```
scrapy genspider [-t template] <name> <domain>
```

genspider 命令的常用参数及其说明如表 7-9 所示。

表 7-9 genspider 命令的常用参数及其说明

参数名称	说明
name	表示创建的爬虫名称。指定了 name 参数后会在 spiders 目录下创建一个名为该参数的 spider 爬虫脚本模板
template	表示创建模板的类型。可产生不同的模板类型
domain	表示爬虫的域名称。domain 用于生成脚本中的 allowed_domains 和 start_urls

在 PyCharm 的“Terminal”中，使用“cd D:/项目 7/code/TipDMSpider”命令进入 Scrapy 爬虫项目目录后，再运行“scrapy genspider tipdm www.tipdm.com”命令即可创建一个 spider 脚本模板。

spider 脚本模板创建后，在 spiders 目录下会生成一个 tipdm 脚本模板，模板内容如下。

```
import scrapy


class TipdmSpider(scrapy.Spider):
    name = "tipdm"
    allowed_domains = ["www.tipdm.com"]
    start_urls = ["http://www.tipdm.com/"]

    def parse(self, response):
        pass
```

在 tipdm 脚本模板中，allowed_domains 变量存放了爬取域的列表，在使用 genspider 命令创建模板时，根据填写的 domain 参数会自动添加一个域，若有其他的域，则可以在脚本中添加。start_urls 变量存放了初始爬取网页的列表，可以根据需要在脚本中编辑或添加，为爬取网站“http://www.tipdm.com/”中的“新闻中心”，需将 start_urls 变量中的网址修改为“http://www.tipdm.com/xwzx/index.jhtml”。

此时，一个爬虫模块的基本结构已经搭建好，其功能类似于网页下载。在 TipDMSpider 项目目录下运行 crawl 命令即可启动爬虫，crawl 命令的基本语法格式如下。

```
scrapy crawl <spider>
```

spider 参数表示 spider 爬虫的名称，即脚本模板中的 name 变量值。在 PyCharm 的“Terminal”中运行“scrapy crawl tipdm”命令后的结果如代码 7-3 所示。

代码 7-3　运行“scrapy crawl tipdm”命令后的结果

```
>>> scrapy crawl tipdm
2023-02-28 11:22:41 [scrapy.utils.log] INFO: Scrapy 2.8.0 started (bot: TipDMSpider)
2023-02-28 11:22:41 [scrapy.utils.log] INFO: Versions: lxml 4.9.2.0, libxml2 2.9.12, cssselect 1.2.0, parsel 1.7.0, w3lib 2.1.0, Twisted 22.10.0, Python 3.8.5 (default, Sep  3 2020, 21:29:08) [MSC v.1916 64 bit (AMD64)], pyOpenSSL 23.0.0 (OpenSSL 3.0.8 7 Feb 2023), cryptography 39.0.1, Platform Windows-10-10.0.19041-SP0
2023-02-28 11:22:41 [scrapy.crawler] INFO: Overridden settings:
{'BOT_NAME': 'TipDMSpider',
 'FEED_EXPORT_ENCODING': 'utf-8',
```

```
 'NEWSPIDER_MODULE': 'TipDMSpider.spiders',
 'REQUEST_FINGERPRINTER_IMPLEMENTATION': '2.7',
 'ROBOTSTXT_OBEY': True,
 'SPIDER_MODULES': ['TipDMSpider.spiders'],
 'TWISTED_REACTOR': 'twisted.internet.asyncioreactor.AsyncioSelectorReactor'}
2023-02-28 11:22:41 [asyncio] DEBUG: Using selector: SelectSelector
......
'start_time': datetime.datetime(2023, 2, 28, 3, 22, 41, 881751)}
2023-02-28 11:22:45 [scrapy.core.engine] INFO: Spider closed (finished)
```

注：由于输出结果太长，此处部分结果已省略。

在 tipdm 脚本中，parse()方法负责解析返回的数据并提取数据，以及生成需要进一步处理的 URL 的 Reponse 对象。在此之前，需要根据爬取目标设计网页爬取的流程。本次爬取的目标是网站“http://www.tipdm.com/”中的“新闻中心”页面中所有的信息。根据这一目标，爬取的流程图如图 7-4 所示。

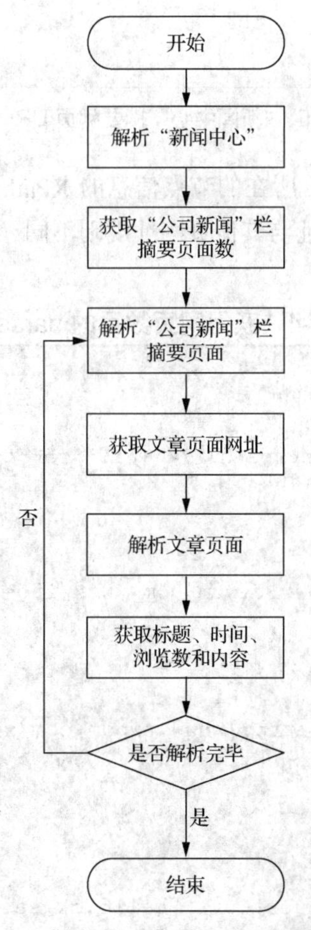

图 7-4　“新闻中心”网页爬取流程图

在 TipdmSpider 类的 parse()方法中，其中一个参数是 response，该参数对传入的响应直接使用 XPath 和 CSS 方法即可根据对应的规则解析网页。要在 TipDMSpider 项目中使用 XPath 进行网页解析，首先需要分析摘要网页 URL 的规律。通过规律能够较快地获得所有的摘要网页的 URL，从图 7-5 所示的网页源代码可以看出，从第 2 页开始，网页的 URL 中发生改变的是 index 与 html 之间的网页编号，例如，第 2 页的网页 URL 后面部分是 index_2.jhtml，第 3 页则是 index_3.jhtml。故获得总共的网页数目，即可知道所有摘要网页的网址。

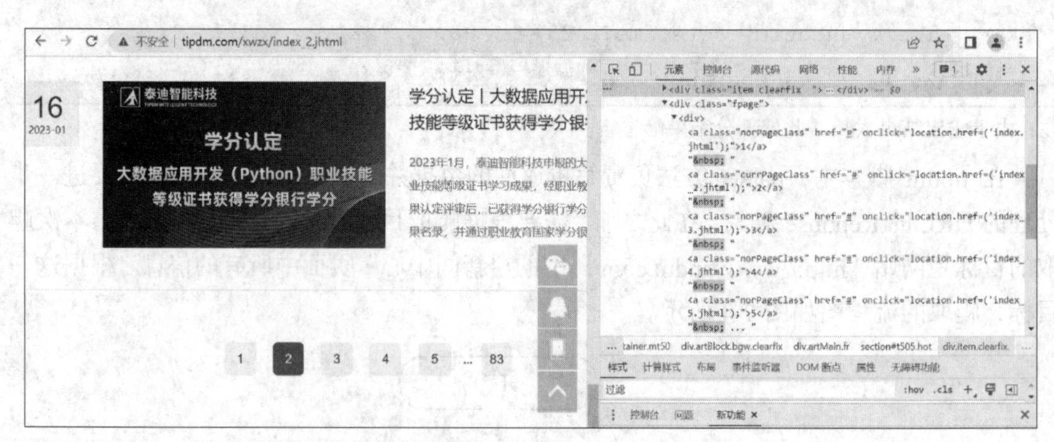

图 7-5 “新闻中心”摘要网页 URL 规律

获得“新闻中心”网页数目所在的节点信息的 XPath 为“//*[@id="t505"]/div[6]/div/a[6]/text()”，同时由于第 1 页网址与其他页网址规则不同，所以需要手动添加。最终 parse()方法的代码如代码 7-4 所示。

代码 7-4 获得网页数目的 parse()方法

```
    def parse(self, response):
        # 网页解析
        number = int(response.xpath('//*[@id="t505"]/div[6]/div/a[6]/text()').extract()[0])
        # 网址拼接
        url_all = ['http://www.tipdm.com/xwzx/index_{}.jhtml'.format(i) for i in range(3, 4)]
        # 加入首页
        url_all.insert(0, 'http://www.tipdm.com/xwzx/index.jhtml')  # 加入第一页内容
        # 回调
        for url in url_all:
            yield scrapy.Request(url, callback=self.parse_url, dont_filter=True)
```

由于 parse()方法默认响应 start_urls 中的网址，同时不同网页需要解析的内容不同，所以后续的解析需要通过调用其他方法来实现，代码 7-4 中的最后一行使用了 Scrapy 中 http 包下的 Request 类用于回调。Request 类的基本语法格式如下。

```
class scrapy.http.Request(url[, callback, method='GET', headers, body,
cookies, meta, encoding='utf-8', priority=0, dont_filter=False, errback,
flags])
```

Request 类的常用参数及其说明如表 7-10 所示。

表 7-10 Request 类的常用参数及其说明

参数名称	说明
url	接收 str。表示用于请求的网址。无默认值
callback	接收同一个对象中的方法。表示用于回调的方法，若未指定，则继续使用 parse()方法。无默认值
method	接收 str。表示请求的方式。默认为“GET”
headers	接收 str、dict、list。表示请求头信息，str 表示单个头信息，list 表示多个头信息，如果该值为 None，那么将不发送 HTTP 请求头信息。无默认值
cookies	接收 list、dict。表示请求的 Cookies。无默认值
meta	接收 dict。表示 Request.meta 属性的初始值。如果给了该参数，那么 dict 将会浅复制。无默认值

Request 类的回调方法的作用是获取所有文章网页网址，分析网页源代码可以获取所有文章网页网址的 XPath，即“//*[@id="t505"]/div/div[3]/h1/a/@href”，同时需要注意获取的网页网址并非一个完整的网址，还需要将每个网址补充完整。获取文章网页网址方法的代码如代码 7-5 所示。

代码 7-5 获得文章网页 URL 的 parse_url()方法

```
    def parse_url(self, response):
        # 网页解析，获得文章网页 URL
        urls = response.xpath('//*[@id="t505"]/div[1]/div[3]/h1/a/@href').
extract()
        # 回调
        for url_sub in urls:
            # 拼接 URL
            urlbase = ''
            yield Request(urlbase + url_sub, callback=self.parse_text, dont_
filter=True)
```

TipDMSpider 项目的最终目标是获取文章的标题、时间、正文、浏览数，在获取了文章的网址之后，对文章网页进行解析即可得到对应的内容。解析文章相关信息的 XPath 如表 7-11 所示。

表 7-11　解析文章相关信息的 XPath

信息名称	XPath
标题（title）	/html/body/div[2]/div/div[1]/div[2]/h1/text()
时间（time）	/html/body/div[2]/div/div[1]/div[2]/div/div[1]/span[1]/text()
正文（text）	//div[@class='artCon']//p/text()
浏览数（view_count）	/html/body/div[2]/div/div[1]/div[2]/div/div[1]/span[3]/text()

如果正文存在分段的现象，那么在解析的过程中会将不同的段落放在同一个 list 中，为了保证存储方便，需要将 list 中的信息进行合并。同时，需要将所有解析出来的信息均存放至 item 中，解析文章网页网址方法的代码如代码 7-6 所示。

代码 7-6　解析文章网页网址的 parse_text()方法

```
    def parse_text(self, response):
        item = TipdmspiderItem()
        # 文章标题
        item['title'] = response.xpath('/html/body/div[2]/div/div[1]/div[2]/
h1/text()').extract()
        # 文章发布时间
        item['time'] = response.xpath('/html/body/div[2]/div/div[1]/div[2]/
div/div[1]/span[1]/text()').extract()
        # 文章浏览数
        item['view_count'] = response.xpath('/html/body/div[2]/div/div[1]/
div[2]/div/div[1]/span[3]/text()').extract()
        # 文章正文
        text = response.xpath("//div[@class='artCon']//p/text()").extract()
        texts = ''
        for strings in text:
            texts = texts + strings + '\n'
        item['text'] = [texts.strip()]
        return item
```

至此，TipDMSpider 项目的 spider 脚本已基本编写完成，但需要注意，由于在 parse()、parse_url()两个方法中调用了 Request 类，在 parse_text()方法中调用了 item，所以需要在创建的 spider 脚本最前端加入导入 Request 类和 TipDMSpider 项目构建的 Item 类的代码，完成添加后的 spider 脚本的所有导入函数与类的语句，如代码 7-7 所示。

代码 7-7 spider 脚本与导入函数与类相关的语句

```
import scrapy
from scrapy.http import Request
from TipDMSpider.items import TipdmspiderItem
```

7.2.4 修改 settings 脚本

微课 7-5 修改 settings 脚本

Scrapy 设置允许自定义所有 Scrapy 组件，包括核心、扩展、管道和爬虫本身。设置的基础结构可提供键值映射的全局命名空间，代码可以使用它，并从全局命名空间提取配置值。用户可以通过不同的机制来填充设置，这些设置也是选择当前活动的 Scrapy 项目的机制之一。

在 TipDMSpider 项目的默认 settings 脚本中共有 25 个设置，每个设置的详细情况如表 7-12 所示。

表 7-12 TipDMSpider 项目的默认 settings 脚本设置说明

设置名称	说明
BOT_NAME	此 Scrapy 项目实施的 bot 的名称（也称为项目名称）。用于在默认情况下构造 User-Agent，也用于日志记录。默认为项目名称
SPIDER_MODULES	Scrapy 将使用的 Spiders 列表。默认为 Spiders 项目目录，可存在多个目录
NEWSPIDER_MODULE	新的 Spiders 位置。默认为 Spiders 项目目录，仅接收 str
ROBOTSTXT_OBEY	是否遵守 robots.txt 协议。默认为 True
CONCURRENT_REQUESTS	Scrapy 下载程序执行的并发（即同时）请求的最大数量。默认为 16
DOWNLOAD_DELAY	下载器在从同一网站下载连续网页之前应等待的时间，主要用于限制爬取的速度。默认为 3
CONCURRENT_REQUESTS_PER_DOMAIN	任何单个域执行的并发（同时）请求的最大数量。默认为 16
CONCURRENT_REQUESTS_PER_IP	单个 IP 地址执行的并发（即同时）请求的最大数量。若非 0，则忽略 CONCURRENT_REQUESTS_PER_DOMAIN 设置，而改为使用此设置，表示并发限制将应用于每个 IP 地址，而不是每个域。默认为 16
COOKIES_ENABLED	是否启用 Cookie 中间件，若禁用，则不会将 Cookie 发送至 Web 服务器。默认为 True
TELNETCONSOLE_ENABLED	是否启用 telnet 控制台。默认为 True
DEFAULT_REQUEST_HEADERS	用于 Scrapy HTTP 请求的默认标头。默认为{'Accept':'text/html,application/xhtml+xml,application/xml;q=0.9,*/*;q=0.8','Accept-Language': 'en',}

续表

设置名称	说明
SPIDER_MIDDLEWARES	项目中启用的 Spider 中间件的字典及其顺序。默认为{}
DOWNLOADER_MIDDLEWARES	项目中启用的下载器中间件的字典及其顺序。默认为{}
EXTENSIONS	项目中启用的扩展及其顺序的字典。默认为{}
ITEM_PIPELINES	项目中启用的管道及其顺序的字典。默认为{}
AUTOTHROTTLE_ENABLED	是否启用 AutoThrottle 扩展。默认为 False
AUTOTHROTTLE_START_DELAY	最初的下载延迟（以 s 为单位）。默认为 5.0
AUTOTHROTTLE_MAX_DELAY	在高延迟情况下设置的最大下载延迟（以 s 为单位）。默认为 60.0
AUTOTHROTTLE_TARGET_CONCURRENCY	Scrapy 应平行发送到远程网站的平均请求数量。默认为 1.0
AUTOTHROTTLE_DEBUG	是否启用 AutoThrottle 调试模式，该模式将显示收到的每个响应的统计数据，以便用户实时调整参数。默认为 False
HTTPCACHE_ENABLED	是否启用 HTTP 缓存。默认为 False
HTTPCACHE_EXPIRATION_SECS	缓存请求的到期时间，以 s 为单位。默认为 0
HTTPCACHE_DIR	用于存储（低级别）HTTP 缓存的目录，如果为空，则 HTTP 缓存将被禁用，提供的应该是基于 Scrapy 目录的相对路径
HTTPCACHE_IGNORE_HTTP_CODES	禁用缓存列表中的 HTTP 代码响应。默认为[ ]
HTTPCACHE_STORAGE	实现高速缓存存储后端的类。默认为“scrapy.extensions.httpcache.FilesystemCacheStorage”

TipDMSpider 项目中需要修改的设置分别为 ROBOTSTXT_OBEY、DOWNLOAD_DELAY、ITEM_PIPELINES、HTTPCACHE_ENABLED、HTTPCACHE_DIR。修改后的设置语句，如代码 7-8 所示。

代码 7-8　TipDMSpider 项目 settings 脚本修改后的设置语句

```
ROBOTSTXT_OBEY = False
DOWNLOAD_DELAY = 5
ITEM_PIPELINES = {
    'TipDMSpider.pipelines.TipdmspiderPipeline': 300,
}
HTTPCACHE_ENABLED = True
HTTPCACHE_DIR = "D:/项目 7/tmp"
```

此时，TipDMSpider 项目的脚本定制工作已基本完成，可以在 PyCharm 的“Terminal”中运行“scrapy crawl tipdm”命令运行项目，结果如代码 7-9 所示。

代码 7-9 运行 TipDMSpider 项目

```
>>> scrapy crawl tipdm
2023-02-28 11:25:43 [scrapy.utils.log] INFO: Scrapy 2.8.0 started (bot:
TipDMSpider)
2023-02-28 11:25:43 [scrapy.utils.log] INFO: Versions: lxml 4.6.1.0, libxml2
2.9.10, cssselect 1.2.0, parsel 1.7.0, w3lib 2.1.1, Twisted 22.10.0, Python
3.8.5 (default, Sep  3 2020, 21:29:08) [MSC v.1916 64 bit (AMD64)], pyOpenSSL
23.0.0  (OpenSSL  3.0.8  7  Feb  2023),  cryptography  39.0.1,  Platform
Windows-10-10.0.17763-SP0
2023-02-28 11:25:43 [scrapy.crawler] INFO: Overridden settings:
{'BOT_NAME': 'TipDMSpider',
 'DOWNLOAD_DELAY': 5,
 'FEED_EXPORT_ENCODING': 'utf-8',
 'HTTPCACHE_DIR': 'D:/项目 7/tmp',
 'HTTPCACHE_ENABLED': True,
 'NEWSPIDER_MODULE': 'TipDMSpider.spiders',
 'REQUEST_FINGERPRINTER_IMPLEMENTATION': '2.7',
 'SPIDER_MODULES': ['TipDMSpider.spiders'],
 'TWISTED_REACTOR': 'twisted.internet.asyncioreactor.AsyncioSelectorReactor'}
……
```

注：由于输出结果太长，所以此处部分结果已省略。

通过代码 7-9 的结果可以发现，开始的时间为 11:25:43，且 items、settings 脚本中的部分信息均出现在命令行中。由于在修改 TipDMSpider 项目的 settings 脚本时，为了减轻 Web 服务器的负担，设置的爬取间隔是 5s，所以爬取时间会相对较久，最终结果如代码 7-10 所示。

代码 7-10 运行 TipDMSpider 项目的最终结果

```
……
None
{'downloader/request_bytes': 4875,
 'downloader/request_count': 13,
 'downloader/request_method_count/GET': 13,
 'downloader/response_bytes': 133466,
 'downloader/response_count': 13,
 'downloader/response_status_count/200': 13,
 'elapsed_time_seconds': 1.209006,
```

```
 'finish_reason': 'finished',
 'finish_time': datetime.datetime(2023, 2, 28, 3, 25, 57, 908091),
 'httpcache/hit': 13,
 'httpcompression/response_bytes': 376087,
 'httpcompression/response_count': 13,
 'item_scraped_count': 10,
 'log_count/DEBUG': 27,
 'log_count/INFO': 10,
 'request_depth_max': 2,
 'response_received_count': 13,
 'scheduler/dequeued': 13,
 'scheduler/dequeued/memory': 13,
 'scheduler/enqueued': 13,
 'scheduler/enqueued/memory': 13,
 'start_time': datetime.datetime(2023, 2, 28, 3, 25, 56, 699085)}
2023-02-28 11:25:57 [scrapy.core.engine] INFO: Spider closed (finished)
```

注：由于输出结果太长，所以此处部分结果已省略。

代码 7-10 所示结果中记录了 TipDMSpider 项目在运行过程中的请求字节数（request_bytes）、请求次数（request_count）、响应字节数（response_bytes）、响应次数（response_count）、完成时间（finish_time）、最大请求深度（request_depth_max）、开始时间（start_time）等信息，通过这些信息能够了解项目运行的整体情况，及时发现项目中存在的问题。

任务 7.3 定制中间件

任务描述

中间件分为下载器中间件和 Spider 中间件，定制下载器中间件能够实现 IP 地址代理，改变下载频率等，定制 Spider 中间件能够限制最大爬取深度、筛选未成功响应等。本任务针对 TipDMSpider 项目定制合适的中间件，通过创建中间件脚本、激活中间件等操作，实现随机选择访问 User_Agent 与 IP 地址。

任务分析

（1）创建中间件脚本。

（2）激活中间件。

7.3.1 定制下载器中间件

微课 7-6 定制下载器中间件

下载器中间件位于引擎和下载器之间。引擎将未处理的请求发送给下载器的时候，会经过下载器中间件，这时在中间件里可以包装请求，如修改请求头信息（设置 User-Agent、Cookie 等）和添加代理 IP 地址。当下载器将网站的响应发送给引擎时，也会经过下载器中间件，此时即可对响应内容进行处理。

1．编写下载器中间件脚本

每个中间件组件都是一个 Python 类，下载器中间件定义了 process_request()、process_response()、process_exception()中的一种或多种方法。

process_request()方法将会被所有通过下载器中间件的每一个请求调用，具有 request 和 spider 两个参数，参数说明如表 7-13 所示。

表 7-13 process_request()方法的参数说明

参数名称	说明
request	接收 request。表示被处理的请求。无默认值
spider	接收 Spiders。表示被处理请求对应的 Spiders。无默认值

process_request()方法的返回值有 4 种类型，每种返回值类型的说明如表 7-14 所示。

表 7-14 process_request()方法的返回值类型说明

返回值类型	说明
None	Scrapy 将继续处理该请求，执行其他中间件的相应方法，直到合适的下载器处理函数被调用，该请求才被执行
Response	Scrapy 不会调用其他的 process_request()、process_exception()方法，或相应的下载方法，而将返回该响应。已安装的中间件的 process_response()方法则会在每个响应返回时被调用
Request	Scrapy 停止调用 process_request()方法并重新调度返回的请求
Raise IgnoreRequest	下载器中间件的 process_exeption()方法会被调用。如果没有任何一个方法处理该返回值，那么 Request 的 errback()方法会被调用。如果没有代码处理抛出的异常，那么该异常将被忽略且无记录

下载器中间件常用于防止爬虫被网站的反爬虫规则所识别。绕过这些规则的常见方法如下。

（1）动态设置 User-Agent，随机切换 User-Agent，模拟不同用户的浏览器信息。

（2）禁用 Cookie，即不启用 CookiesMiddleware，不向服务器发送 Cookie。有些网站通过 Cookie 的使用来发现爬虫行为，可以通过 COOKIES_ENABLED 控制 CookiesMiddleware 的开启和关闭。

（3）设置延迟下载，防止访问过于频繁，设置延迟时间为 2s 或更高，可以通过 DOWNLOAD_DELAY 控制下载频率。

（4）使用百度等搜索引擎服务器网页缓存获取的网页数据。

（5）使用 IP 地址池，现在大部分网站都是根据 IP 地址来判断是否为同一访问者的。

（6）使用 Crawlera（专用于爬虫的代理组件），正确配置 Crawlera 和下载器中间件后，项目所有的请求都可通过 Crawlera 发出。

从实现难度上看，比较容易实现的方法是（1）、（2）、（3）、（5），其中，（2）与（3）通过修改 settings 脚本即可实现，另外两种则是使用 process_request()方法随机选择访问网页的 User-Agent 与随机切换访问 IP 地址来实现的。在 TipDMSpider 项目的 middlewares 脚本下创建下载器中间件，实现（1）、（5）两种方法，如代码 7-11 所示。

代码 7-11　下载器中间件代码

```
import random
import base64
# 随机的User-Agent
class RandomUserAgent(object):
   user_agent_list = [
       "Mozilla/5.0 (Macintosh; Intel Mac OS X 10_10_1) AppleWebKit/537.36\
(KHTML, like Gecko) Chrome/41.0.2227.1 Safari/537.36",
       "User-Agent:Mozilla/5.0 (Macintosh; U; Intel Mac OS X 10_6_8; en-us)\
AppleWebKit/534.50 (KHTML, like Gecko) Version/5.1 Safari/534.50",
       "Mozilla/5.0 (Macintosh; Intel Mac OS X 10_8_2) AppleWebKit/537.13\
KHTML, like Gecko) Chrome/24.0.1290.1 Safari/537.13",
       "Mozilla/5.0(compatible;MSIE9.0;WindowsNT6.1;Trident/5.0",
       "Mozilla/5.0(Macintosh;IntelMacOSX10.6;rv:2.0.1)Gecko/
20100101Firefox/4.0.1",
       "Mozilla/5.0(WindowsNT6.1;rv:2.0.1)Gecko/20100101Firefox/4.0.1",
       "Mozilla/5.0 (compatible; MSIE 10.0; Windows NT 6.2; ARM; Trident/6.0)"
   ]
   def process_request(self, request, spider):
       useragent = random.choice(user_agent_list)
       request.headers.setdefault("User-Agent", useragent)

class RandomProxy(object):
   PROXIES = [
       {'ip_port': '111.8.60.9:8123', 'user_passwd': 'user1:pass1'},
       {'ip_port': '101.71.27.120:80', 'user_passwd': 'user2:pass2'},
```

```
        {'ip_port': '122.96.59.104:80', 'user_passwd': 'user3:pass3'},
        {'ip_port': '122.224.249.122:8088', 'user_passwd': 'user4:pass4'}
]

    def process_request(self, request, spider):
        if proxy['user_passwd'] is None:
            # 没有代理账户验证的代理使用方式
            request.meta['proxy'] = "http://" + proxy['ip_port']
        else:
            # 对账户密码进行base64编码转换
            base64_userpasswd = base64.b64encode(proxy['user_passwd'])
            # 对应到代理服务器的信令格式中
            request.headers['Proxy-Authorization'] = 'Basic ' + base64_
userpasswd
            request.meta['proxy'] = "http://" + proxy['ip_port']
```

除了定制下载器中间件外，在 Scrapy 框架中已经默认提供并开启了众多下载器中间件，在内置的下载器中间件中，DOWNLOADER_MIDDLEWARES_BASE 设置的各中间件说明及其顺序如表 7-15 所示。

表 7-15 Scrapy 内置的下载器中间件说明及顺序

中间件名称	说明	顺序
CookiesMiddleware	该中间件使得爬取需要 Cookie（如使用 session）的网站成为可能。其追踪了 Web 服务器发送的 Cookie，并在之后的请求中将其发送回去，就如浏览器所做的那样	900
DefaultHeadersMiddleware	该中间件设置 DEFAULT_REQUEST_HEADERS 指定的默认 request header	550
DownloadTimeoutMiddleware	该中间件设置 DOWNLOAD_TIMEOUT 指定的请求下载超时时间	350
HttpAuthMiddleware	该中间件完成某些使用HTTP认证的Spiders生成的请求的认证过程	300
HttpCacheMiddleware	该中间件为所有 HTTP 请求及响应提供了底层（low-level）缓存支持，由 Cache 存储后端及 Cache 策略组成	900
HttpCompressionMiddleware	该中间件允许从网站接收和发送压缩（gzip、deflate 格式）数据	590
HttpProxyMiddleware	该中间件提供了对请求设置 HTTP 代理的支持。用户可以通过在 Request 对象中设置 proxy 元数据来开启代理	750
RedirectMiddleware	该中间件根据响应状态处理重定向的请求	600
MetaRefreshMiddleware	该中间件根据<meta-refresh>标签处理请求的重定向	580
RetryMiddleware	该中间件将重试可能由于临时的问题（如连接超时或 HTTP 500 错误）而失败的网页	500

续表

中间件名称	说明	顺序
RobotsTxtMiddleware	该中间件过滤所有 robots.txt exclusion standard 中禁止的请求	100
DownloaderStats	保存所有通过的请求、响应及异常的中间件	850
UserAgentMiddleware	用于指定 Spiders 的默认 User-Agent 的中间件	400

2. 激活下载器中间件

激活下载器中间件组件，需要将其加入 settings 脚本下的 DOWNLOADER_MIDDLEWARES 设置中。这个设置是一个字典（dict），键为中间件类的路径，值为其中间件的顺序（order），同时会根据顺序值进行排序，最后得到启用中间件的有序列表，即第一个中间件最靠近引擎，最后一个中间件最靠近下载器。激活 TipDMSpider 项目中 middlewares 目录下创建的下载器中间件，如代码 7-12 所示。

代码 7-12　激活中间件（在 settings 脚本中追加）

```
DOWNLOADER_MIDDLEWARES = {
    'TipDMSpider.middlewares.DownloaderMiddleware': 310,
}
```

在 settings 脚本中，对 DOWNLOADER_MIDDLEWARES 设置进行修改后，会与 Scrapy 内置的下载器中间件设置 DOWNLOADER_MIDDLEWARES_BASE 合并，但并不会覆盖。若要取消 Scrapy 默认在 DOWNLOADER_MIDDLEWARES_BASE 中打开的下载器中间件，可在 DOWNLOADER_MIDDLEWARES 中将该中间件的值设置为 0。如果需要关闭 RobotsTxtMiddleware，那么需要在 DOWNLOADER_MIDDLEWARES 设置中将该中间件的值设置为 0，如代码 7-13 所示。

代码 7-13　关闭内置下载器中间件 RobotsTxtMiddleware

```
DOWNLOADER_MIDDLEWARES = {
    'TipDMSpider.middlewares.DownloaderMiddleware': 310,
    # 关闭内置下载器中间件 RobotsTxtMiddleware
    'scrapy.downloadermiddlewares.robotstxt.RobotsTxtMiddleware': 0,
}
```

7.3.2 定制 Spider 中间件

微课 7-7　定制 Spider 中间件

在 Scrapy 中自带 Spider 中间件，通过激活 Spider 中间件可以获取到 Item，即爬取数据的封装结构。

1. Scrapy 自带的 Spider 中间件

Spider 中间件位于 Spiders（程序）和引擎之间，在 Item 即将到达 Item Pipeline 之前，对 Item 和响应进行处理。

Spider 中间件是介入 Scrapy 中的 Spiders 处理机制的钩子框架，可以在其中插入自定义功能来处理发送给 Spiders 的响应，以及 Spiders 产生的 Items 和请求。

Spider 中间件定义了 process_spider_input()、process_spider_output()、process_spider_exception()、process_start_requests()中的一种或多种方法。根据 Spider 中间件的功能不同，需要用到的方法也不同，很多时候，Scrapy 默认提供并开启的 Spider 中间件就已经能够满足多数需求。在内置的 Spider 中间件中，SPIDER_MIDDLEWARES_BASE 设置的中间件说明及其顺序如表 7-16 所示。

表 7-16 Spider 中间件说明及其顺序

中间件名称	说明	顺序
DepthMiddleware	用于跟踪被抓取站点内每个请求的深度。这个中间件能够用于限制爬取的最大深度，还能以深度控制爬取优先级	900
HttpErrorMiddleware	筛选出未成功的 HTTP 响应，可以让 Spider 不必处理这些响应，减少性能开销、资源消耗，降低逻辑复杂度	50
OffsiteMiddleware	过滤 Spider 允许域外的 URL 请求，同时允许域清单的子域也被允许通过	500
RefererMiddleware	根据生成响应的 URL 填充请求的 Referer 头信息	700
UrlLengthMiddleware	筛选出 URL 长度超过 URLLENGTH_LIMIT 的请求	800

2. 激活 Spider 中间件

激活 Spider 中间件组件的方法与激活下载器中间件的方法基本相同，需要将定制的 Spider 中间件加入 settings 脚本下的 SPIDER_MIDDLEWARES 设置中。这个设置同样是一个字典，键为中间件类的路径，值为其中间件的顺序，同时会根据顺序值进行排序，最后得到启用中间件的有序列表，即第一个中间件最靠近引擎，最后一个中间件最靠近 Spiders。

另外，针对 Spider 中间件，Scrapy 同样内置了中间件设置 SPIDER_MIDDLEWARES_BASE，该设置也不能覆盖，在启用时会结合 SPIDER_MIDDLEWARES 设置。若要取消 Scrapy 默认在 SPIDER_MIDDLEWARES_BASE 中打开的 Spider 中间件，同样需要在 SPIDER_MIDDLEWARES 设置中将中间件的值设置为 0，如代码 7-14 所示。

代码 7-14 停用 RefererMiddleware 中间件（在 settings 脚本中追加）

```
SPIDER_MIDDLEWARES = {
    'scrapy.spidermiddlewares.referer.RefererMiddleware': 0,
}
```

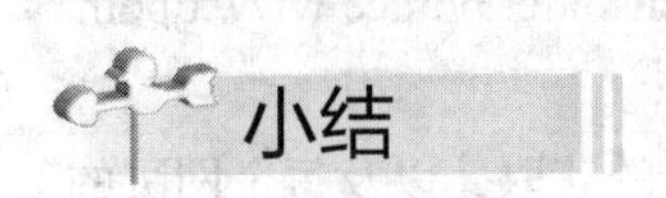

小结

本项目以 Scrapy 框架爬取网站“http://www.tipdm.com/”中的“新闻中心”为主题，

主要介绍了以下内容。

（1）Scrapy 框架各组件的作用以及数据流向。

（2）Scrapy 的常用命令及其作用。

（3）创建 Scrapy 爬虫项目以及脚本模板的方法。

（4）根据项目最终目标修改 items/pipelines 脚本。

（5）编写 spider 脚本，解析网页。

（6）修改 settings 脚本，实现下载延迟设置等。

（7）定制下载器中间件，实现随机选择访问 User_Agent 与 IP 地址。

（8）打开与关闭 Scrapy 提供的 Spider 中间件。

实训

实训 1　爬取某企业官网的所有新闻动态

1. 训练要点

（1）掌握创建 Scrapy 爬虫项目的方法。

（2）掌握创建 spider 脚本模板的方法。

（3）掌握定义 items/pipelines 脚本的方法。

（4）掌握将数据写入 CSV 文件与数据库的方法。

（5）掌握 spider 脚本的编写规则与方法。

（6）掌握常见设置的取值与修改 settings 脚本的方法。

2. 需求说明

熟练运用 Scrapy 框架快速构建起高效的爬虫应用。通过 Scrapy 框架爬取网站“http://www.tipdm.org”中的新闻动态，熟练使用 Scrapy 的常用命令，掌握修改 items、pipelines、settings 脚本，以及编写 spider 脚本的基本规则与技巧。

3. 实现思路及步骤

（1）打开命令行/控制台，进入提前创建好的用于存放爬虫项目的目录。

（2）运行“scrapy startproject BdRaceNews”命令。

（3）修改 items 脚本，添加 title、text、time 和 view_counts。

（4）修改 pipelines 脚本，将数据最终输出至 CSV 文件与 MySQL 数据库。

（5）进入刚刚创建的项目目录./BdRaceNews，运行“scrapy genspider bdrace www.tipdm.org”命令创建 spider 脚本模板。

（6）编写 spider 脚本，使其能够实现所有新闻动态网页网址的获取，以及每个网页的标题（title）、正文（text）、时间（time）、浏览数（view_counts）的提取。

（7）通过修改 settings 脚本实现使网页延迟 5s 下载与使用 HTTP 缓存。

实训 2 定制 BdRaceNews 爬虫项目的中间件

1. 训练要点

（1）掌握创建下载器中间件的方法。

（2）掌握关闭 Scrapy 提供且默认开启的中间件的方法。

（3）掌握激活中间件的方法。

2. 需求说明

Scrapy 框架提供的下载器中间件与 Spider 中间件进一步扩展与提升了 Scrapy 的可用度与自由度。掌握中间件的用法，能够让用户更加深刻地理解 Scrapy 框架的结构和数据流向，也能够帮助用户创建功能更加强大的爬虫应用。

3. 实现思路及步骤

（1）在 BdRaceNews 爬虫项目中创建 middlewares 文件夹。

（2）在 middlewares 文件夹中创建 bdracenewsmiddlewares.py 文件。

（3）编辑 bdracenewsmiddlewares.py，添加随机选择 User-Agent 的代码。

（4）编辑 settings 脚本，激活创建的中间件。

（5）编辑 settings 脚本，关闭 RobotsTxtMiddleware 下载器中间件。

（6）编辑 settings 脚本，关闭 UrlLengthMiddleware Spider 中间件。

实训 3 爬取猫眼电影网站的影片信息

1. 训练要点

（1）掌握创建 Scrapy 爬虫项目的方法。

（2）掌握创建 spider 脚本模板的方法。

（3）掌握定义 items/pipelines 脚本的方法。

（4）掌握将数据写入 CSV 文件与数据库的方法。

（5）掌握 spider 脚本的编写规则与方法。

（6）掌握常见设置的取值与修改 settings 脚本的方法。

2. 需求说明

熟练运用 Scrapy 框架快速构建起高效的爬虫应用。使用 Scrapy 框架爬取猫眼电影网站“https://maoyan.com/board/4”的影片信息，能够熟练使用 Scrapy 的常用命令，掌握修改 items、pipelines、settings 脚本，以及编写 spider 脚本的基本规则与技巧。

3. 实现思路及步骤

（1）打开命令行/控制台，进入提前创建好的用于存放爬虫项目的目录。

（2）运行“scrapy startproject Maoyan100”命令。

（3）进入刚刚创建的项目目录./Maoyan100，运行“scrapy genspider maoyan www.maoyan.com”命令创建 spider 脚本模板。

（4）修改 items 脚本，添加 name、star、time。

（5）编写 spider 脚本，使其能够实现所有分页列表中电影信息的获取，以及每部电影的名称（name）、主演（star）、上映时间（time）内容的提取。

（6）修改 pipelines 脚本，将数据最终输出至 CSV 文件与 MySQL 数据库。

（7）通过修改 settings 脚本添加日志输出、激活管道 pipelines、添加数据库常用变量。

实训 4　配置 Maoyan100 爬虫项目的设置文件

1. 训练要点

（1）掌握 settings 脚本的设置方法。

（2）能够对 settings 脚本的各项设置内容进行编辑。

2. 需求说明

Scrapy settings 配置脚本提供了定制 Scrapy 组件的方法，可以控制核心（core）、插件（extension）、pipeline、日志及 spider 组件等。掌握配置脚本的用法，能够让用户更加深刻地理解 Scrapy 框架的结构和数据流向，也能够帮助用户创建功能更加强大的爬虫应用。

3. 实现思路及步骤

（1）编辑 settings 脚本，设置 ROBOTSTXT_OBEY 为 False，不遵循 robots 协议。

（2）编辑 settings 脚本，设置日志级别为 DEBUG。

（3）编辑 settings 脚本，设置下载器延迟时间，以 s 为单位。

（4）编辑 settings 脚本，设置导出数据的编码格式。

（5）编辑 settings 脚本，添加请求头等信息。

（6）编辑 settings 脚本，激活管道，并添加数据存放 MySQL 的类，200 为执行优先级。

思考题

【导读】不久之前，一款名叫“华夏万象”的应用在 App Store 悄然上架了，并在上架后得到了广泛的关注。这款应用聚焦中国的地理与文化，旨在通过多媒体互动的方式展示中国各地的自然风光、人文历史等内容，激发人们对中华优良传统文化的重视和对大自然的热爱。在与该应用开发者访谈中，开发者表示：开发中最耗费精力的是百科部分。百科的图片无法全部使用自己的图片，为此使用了 Public Domain 和遵循 CC0 协议的免版权图片，并在 App 的“菜单-版权”里做了版权归属与出处说明。

【思考题】假如您是一位独立开发者，当接收到客户委托的开发外包工作，或是制作小工具的任务时，您应该如何进行充分的项目准备，使开发过程符合伦理道德并严格遵守法律法规。

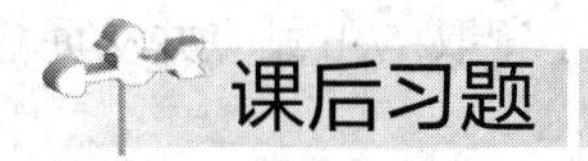

课后习题

1. 选择题

（1）下列 Scrapy 爬虫框架的组件描述错误的是（　　）。

A. 引擎组件是整个爬虫的调度中心

B. Spider 中间件的主要功能是处理 Spiders 的输入和输出

C. 调度器会自动去除重复的 URL

D. 下载器中间件的主要功能是获取网页内容，并将其提供给引擎和 Spiders

（2）下列对 Scrapy 数据流向描述错误的是（　　）。

A. 引擎仅需要负责打开一个网站，并找到该网站的 Spiders，并向该 Spiders 请求第一个要爬取的 URL

B. 调度器返回下一个要爬取的 URL 给引擎，引擎将 URL 通过下载器中间件（请求方向）转发给下载器

C. Spiders 处理响应并返回爬取到的 Items 及（跟进的）新的请求给引擎解析中间件

D. 一旦网页下载完毕，下载器会生成一个该网页的响应，并将其通过下载器中间件（响应方向）发送给引擎

（3）下列不属于 Scrapy 全局命令的是（　　）。

A. startproject　　B. shell　　C. list　　D. settings

（4）下列对 Scrapy 爬虫项目目录说法错误的是（　　）。

A. spiders 目录用于存放用户编写的爬虫脚本

B. items 脚本定义了一个 Item 类，能够存储爬取到的数据

C. settings 脚本用于设置中间件

D. pipelines 脚本定义了一个 pipeline 类，可以根据需求将数据保存至数据库、文件等

（5）下列对 Scrapy 的设置说法错误的是（　　）。

A. Scrapy 设置允许自定义所有 Scrapy 组件的行为，包括核心、扩展、管道和爬虫本身

B. DOWNLOAD_DELAY 设置能够限制爬取的速度

C. HTTPCACHE_ENABLED 设置能够启用 HTTP 缓存，并设置路径

D. DOWNLOADER_MIDDLEWARES 设置能够激活用户定制的下载器中间件

（6）【多选题】为了创建一个 Spider，必须继承 scrapy.Spider 类，并定义（　　）这 3 个属性。

A. name　　B. start_urls　　C. parse　　D. allowed_domain

（7）【多选题】Scrapy 是一个基于 Python 的 Web 爬虫框架，用于爬取 Web 站点并从页面中提取结构化的数据。Scrapy 框架的优点包括（　　）。

A. 更容易构建大规模的爬取项目

B. 异步处理请求速度非常快

C. 可以使用自动调节机制自动调整爬行速度

D. Scrapy 使用了 Twisted 异步网络库来处理网络通信

2. 操作题

（1）列举出 Scrapy 的常用的功能命令。

（2）创建一个 Scrapy 项目爬取网站“http://www.tipdm.com/”的某网页的所有摘要的内容与标题。

（3）使用 Scrapy 提取豆瓣电影 Top 250“https://movie.douban.com/top250/”中的电影名称和电影评分。